普通高等教育"十三五"规划教材

U0172269

C程序设计
与系统开发

C CHENGXU SHEJI YU XITONG KAIFA

主编 祁建宏

中国铁道出版社有限公司
CHINA RAILWAY PUBLISHING HOUSE CO., LTD.

内 容 简 介

本书是普通高等教育"十三五"规划教材,在编写过程中,采用"案例教学法",将烦琐而抽象的语法规则融入具体的例子当中,便于读者理解和掌握相关知识点。

本书注重培养学生综合运用相关知识解决实际问题的能力,内容包括:算法及其描述方法、程序设计基础、数组及字符串、复杂数据类型、指针、函数、文件、系统开发与链表、位运算和预处理。本书注重应用性和实践性,通过一些典型案例的解析,可进一步加强学生对 C 语言的理解,培养学生综合运用相关知识解决实际问题的能力。

本书适合作为普通高等院校计算机相关专业的教材,也可作为社会培训班及 C 程序爱好者的参考用书。

图书在版编目(CIP)数据

C程序设计与系统开发 / 祁建宏主编. —北京: 中国铁道出版社有限公司,2020.6

普通高等教育"十三五"规划教材

ISBN 978-7-113-26163-4

Ⅰ. ①C… Ⅱ. ①祁… Ⅲ. ①C语言 – 程序设计 – 高等学校 – 教材 Ⅳ. ①TP312.8

中国版本图书馆CIP数据核字(2019)第238648号

书　　名:C程序设计与系统开发
作　　者:祁建宏

责任编辑:彭立辉　　　　　　编辑部电话:(010)51873628
封面设计:刘　颖
责任校对:张玉华
责任印制:樊启鹏

出版发行:中国铁道出版社有限公司(100054,北京市西城区右安门西街8号)
网　　址:http://www.tdpress.com/51eds/
印　　刷:三河市航远印刷有限公司
版　　次:2020年6月第1版　2020年6月第1次印刷
开　　本:880 mm×1 230 mm　1/16　印张:17.5　字数:406千
书　　号:ISBN 978-7-113-26163-4
定　　价:52.00元

2010 年《国家中长期教育改革和发展规划纲要 (2010—2020)》颁布以来，教育部就开始筹划高等教育体制和结构改革，核心是改变以往单一的学术型或研究型办学模式，将高职、新建地方本科院校、独立学院纳入现代职业教育体系，对高等学校实行分类管理。2014 年 6 月，国务院出台《关于加快发展现代职业教育的决定》，同时，教育部等 6 部委联合印发《现代职业教育体系建设规划（2014—2020 年）》，今后高校分为研究型高校、应用技术型高校、高等职业学校。另外，2014 年 3 月教育部表示高考改革方案分为技术技能人才高考和目前的学术型人才高考。这些措施，都表明我国对应用型人才培养的重视程度在逐渐提高。

程序设计的特点之一是技术实践性很强，应用型特征明显，但长期以来，高校中对该类课程的教育都是以理论为主，培养的人才实践能力差。如何满足市场对程序设计人才的实际需求，改变传统授课模式，培养出既掌握理论知识、具有很强实践动手能力，又能综合运用所学相关知识高效而准确地解决实际问题的软件开发人才，是高校计算机人才培养方面的一个重要课题。

C 语言自推向市场，就以其丰富的数据类型及运算符、自由灵活的编程风格、强大的硬件编程能力等独特优点，始终牢牢占据编程市场很大的份额。时至今日，许多学校的计算机语言教学，通信、控制等领域的软件开发，都首选 C 语言。

本书作者全部为兰州城市学院一线教师。在编写过程中，借鉴了我校这些年教学改革成功经验，通过编程解决实际问题，达到掌握语言本身相关规则的目的，同时培养读者解决实际问题的能力。此外，课后还配以针对性的习题，以巩固对相关知识点的理解掌握。与同类书相比，本书具有以下优点：

（1）开发环境采用目前 C 语言教学及考试的主流版本 VC 6.0。

（2）采用"案例教学法"，将烦琐而抽象的语法规则融入具体例子当中，有助于激发学习兴趣，培养学生解决实际问题的能力。

（3）增加了传统课本所不具备的图形模式编程案例，以满足部分学员图形模式编程需要。

（4）对于程序设计基础知识，采取了"先实践，后总结"的组织模式，使学生从实践中产生感性认识，再能动地发展到理性认识，最后从理性认识再回到实践，更容易为初学者所接受。

（5）增加了"数据结构"的基础性内容，以提高读者综合编程能力。

（6）增加了"软件工程"的基础性内容，通过完整案例介绍了软件生命周期，以便读者掌握完整软件开发的一般流程。

（7）针对C语言学习中的难点——指针及其最常见应用场合——链表，专门设计了案例以加强对这部分内容的理解及掌握。

（8）专门增加了行业应用案例（主要包含在配套的实践教程中），加大了编程技术在各行业应用的教学力度，增强编程实用性，从而提高学生学习兴趣，扩大学生知识面。

（9）习题以程序为主，通过大量的练习培养学生实践动手能力。

（10）附录中收录大量实用资料，方便学生参考。

本书全面介绍了C语言本身的相关内容，另外，还涉及"数据结构""软件工程""计算机组成原理"课程的部分内容。

全书共分10章，内容包括：算法及其描述方法、程序设计基础、数组及字符串、复杂数据类型、指针、函数、文件、系统开发与链表、位运算和预处理。

前7章介绍C语言编程基础知识；第8章主要是对前述内容的综合应用，讲述完整系统开发的一般流程及单链表的相关操作；第9章介绍了位运算，以重点满足利用C语言进行通信、控制等领域软件开发的需求；第10章讲述预处理，用于增强软件可移植性。

本书由祁建宏任主编，刘子江、屈宜丽、张明、任志国、郭媛参与编写。其中：郭媛编写了第 1 章，屈宜丽编写了第 2 章，刘子江编写了第 3 章，张明编写了第 4、5 章，任志国编写了第 6、7 章，祁建宏编写了第 8~10 章，附录由屈宜丽和郭媛共同编写。全书由祁建宏统稿，书中涉及的一些非计算机领域的案例，得到了刘子江、郭媛两位老师的指导和建议。

　　本书配套的实验指导书重点介绍了以编程方式解决实际问题时常用的一些经典算法及典型软件系统的开发过程，同时专门收集了一些用计算机技术编程解决的非计算机专业方面的问题，以针对性地训练实践动手能力和解决现实问题的能力。

　　由于时间仓促，编者水平有限，书中难免存在疏漏与不妥之处，敬请广大读者批评指正。

编　者

2019 年 12 月

CONTENTS 目 录

第 1 章

算法及其描述方法

- 算法的概念及主要特征。
- 算法的几种常见描述方法。
- 算法的三种基本结构。
- C 语言简介。

算法的概念
及基本特征

1.1 为什么要编写程序

先来看一个趣味题：将数字 1、3、5、7、9、11、13 共 7 个数填入图 1-1，使得每个圆圈内 4 个数字相加的和都相等，一种确定的填充方案中每个数字只能出现一次。请找出所有符合条件的填充方案。

分析：如果仅找出一种方案，此问题很简单，但现在要找出所有方案，如何实现呢？为便于讨论，对图 1-1 中的 7 个填充位置按图 1-2 所示进行标注。

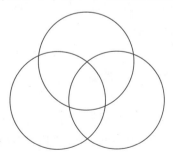

图 1-1　趣味图

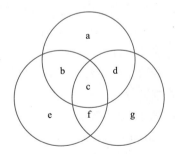

图 1-2　标注过的趣味图

由题可知，每个位置可供选择的数字是 1、3、5、7、9、11、13 这 7 个数中的某一个，即每个位置有 7 种取值可能性，那么，7 个填充位置共有 7^7 即 823 543 种可能的情形，只要将这些可能情形全部列举出来，再挑选出其中符合题目要求的情形，就可找出所有填充方案。

上述方法称为穷举法。部分可能情形如表 1-1 所示。

表1-1　部分可能情形

a	b	c	d	e	f	g	是否符合填充条件?
1	3	5	7	9	11	13	否
1	3	5	7	9	13	11	否
1	3	5	7	11	9	13	否
1	3	5	7	11	13	9	否
1	3	5	7	13	9	11	否
1	3	5	7	13	11	9	否
…	…	…	…	…	…	…	…

但是，由于此问题的可能情形共有 823 543 种，手工完成速度太慢。对于此类已经有了解决方法，但手工解决明显太慢的问题，可利用计算机来解决，这就需要编写程序。

相对于人而言，计算机具有信息存储容量大、检索速度快、数据精确度高等优势，对于一些按传统方式不好解决，难以达到速度、精度等方面要求的问题，就可以考虑发挥计算机的优势，编写程序解决。

上述问题的参考程序见本章后习题4。

利用计算机编程解决实际问题时，大体分为两个步骤：

第一步：针对具体问题制定解决方案，即设计算法。

第二步：根据制定的解决方案编写程序，在计算机上调试运行程序，得出结果。

1.2　算法的概念及基本特征

解决实际问题时，首先要制定一个针对具体问题的解决步骤和方法，以此为据去实现目标。将为了解决实际问题而制定的步骤、方法称为算法（Algorithm）。

【例1-1】有分段函数如图1-3所示。如果 x 及对应的 y 都为整数，则手工计算也比较方便，但如果是实数，且位数较多，则手工计算的难度会大大增加，此时可考虑编程解决。通过分析手工做题过程，可以总结出根据 x 计算 y 值的一种算法如下：

$$y = \begin{cases} x+20 & , x>0 \\ x-20 & , x=0 \\ x \times 20 & , x<0 \end{cases}$$

图1-3　例1-1的分段函数

第一步：输入 x 的值。

第二步：判断 x 是否大于 0，若大于 0 则 y 值为 $x+20$，然后转第五步；否则进行第三步。

第三步：判断 x 是否等于 0，若等于 0 则 y 值为 $x-20$，然后转第五步；否则进行第四步。

第四步：y 值为 $x \times 20$（因为第二、三两步所对应的条件不成立，则第四步所对应条件肯定成立），继续向下进行。

第五步：输出 y 的值后结束。

注意：针对同一个问题，可能有多个不同的算法，如此例就可以设计出另外的算法，请读者自行尝试完成。

有些算法可以在计算机中实现，有些则无法在计算机中实现，以后所提到的算法都是指能在计算机中实现的算法。

算法具有如下一些基本特征：

1. 有穷性

算法中所包含的步骤必须是有限的，不能无穷无止，应该在人们所能接受的合理时间段内产生结果。

设计算法的目的是为了解决实际问题，如果一个算法中包含的步骤是无限的，也就意味着按此算法得到答案的时间是无限的，这样的算法明显没有意义。

另外，对于有些算法，虽然其步骤有限，但其实现的时间满足不了实际要求，也不能算是合格的算法。例如，设计了一个预测天气状况的算法，只要将有关天气情况的历史数据和当前数据输入进去，经过复杂的计算推导，就可以精准地对以后的天气状况进行预测，但其运算量特别大，速度慢，即使采用计算机来实现，对于第三天的天气状况的预测结果也要到第四天才能出来，这样的算法就没有实际意义。

2. 确定性

算法中的每一步所要实现的目标必须是明确无误的，面对不同的人或机器，要有相同的理解，不能有二义性，否则就会导致同一个算法对于同一组数据，产生不同的结果，这显然是不合情理的。

3. 有效性

算法中的每一步如果被执行了，就必须被有效地执行。例如，有一步是计算 X 除以 Y 的结果，如果 Y 为非 0 值，则这一步可有效执行；但如果 Y 为 0 值，则这一步就无法得到有效执行。

4. 有零或多个输入

根据算法的不同，有的在实现过程中需要输入一些原始数据，而有些算法可能不需要输入原始数据。

5. 有一个或多个输出

设计算法的最终目的是为了解决问题，为此，每个算法至少应该有一个输出来反映问题的最终结果。

1.3　结构化程序设计方法

早期在设计算法及相应程序时，对格式结构没有严格统一的要求，以追求速度为目的，算法流程可根据用户的要求自由设置。例如：

```
1   我要告诉你一个秘密，请看 5
2   答案请看 11
3   不要生气，请看 15
4   冷静，不要生气，请看 13
5   首先请看 2
6   不要生气，请看 12
7   我只想告诉你，我爱你
8   我想告诉你的是，答案在 14
9   请耐心地看 4
10  这是我最后一次这样做了，请看 7
11  当我让你看 6 时我希望你不要生气
```

12 抱歉，请看 8
13 不要生气，请看 10
14 我不知道怎么说，但请看 3
15 你一定十分生气，请看 9

其最大特点是，可以非常自由地进行流程的跳转，这给算法及程序设计人员提供了极大的灵活性，但在算法复杂的情况下，流程的跟踪很难，算法的可读性很差，不易修护。

E.W.Dijikstra 在 1965 年提出了结构化程序设计（Structured Programming）方法，是软件发展的一个重要里程碑。它是按照模块划分原则以提高程序可读性和易维护性、可调性和可扩充性为目标的一种程序设计方法，采用"自顶向下、逐步细化、模块化"的程序设计模式，将一个大问题从全局到局部逐层分解为若干个子模块，直到每个子模块的功能及规模相对简单为止。

该方法的要点如下：

1. 提倡用 3 种标准结构设计算法，这 3 种结构都有一个共同点：一个入口、一个出口

结构化程序设计方法提倡一个算法由 3 种基本控制结构组成，这 3 种控制结构都是只有一个入口、一个出口，这样便于跟踪算法的流程；反之，如果允许多个入口或多个出口，就会出现类似迷宫的情况，到一个位置以后，下一步会有多种选择，会大大增加跟踪算法流程的难度，不利于算法的分析及查错。提倡用 3 种标准结构设计算法的目的是使算法的流程更清晰简洁，以方便用户读懂算法，增强算法的可读性。

这 3 种基本结构分别是：

（1）顺序结构：按从前向后的顺序逐步执行的控制结构，这是现实中最常见、最自然的一种结构，如人们每天的生活，就是按一定顺序逐步进行的。

（2）选择结构：又称分支结构，根据指定条件做出决策，在两条或多条分支路径中选择其中的一条执行。

（3）循环结构：根据是否满足指定的条件而决定是否重复执行指定操作。

根据理论证明，任何复杂的处理过程都可以用这 3 种控制结构组合实现。也就是说，一种计算机语言中如果有了这 3 种控制结构，就可以解决任何复杂的问题。因此，掌握这 3 种控制结构的基本思想，是学习程序设计的基础。

2. 严格控制无条件转移语句 GOTO 的使用以避免算法结构混乱

早期经常用到的无条件转移语句 GOTO 可使算法流程任意进行跳转，这在有些情况下会提高算法设计的灵活性，但同时也会导致算法的流程严重混乱，对算法的分析增加难度，不利于排错。

3. 采用"自顶向下、逐步细化"的方法，对复杂问题进行处理，分解为若干个小模块

现实中人们处理复杂问题的一种通用办法就是进行分解，化整为零，这种做法一方面有利于将复杂问题简单化。一个复杂问题分解成多个子模块之后，每个子模块只对应其中的一部分，复杂程度肯定会降低；另一方面，将问题分解开之后，也有利于多人分工合作。

4. 采用主程序员组的组织形式

主程序员组的组织形式指开发程序的人员组织方式应采用由一个主程序员（负责全部技术活动）、一个后备程序员（协调、支持主程序员）和一个程序管理员（负责事务性工作，如收

集、记录数据、文档资料管理等）3 个为核心，再加上一些专家（如通信专家、数据库专家）、其他技术人员组成小组。

其中，前两条是解决程序结构规范化问题，第三条是解决将大化小、将难化简的求解方法问题，第四条是解决软件开发的人员组织结构问题。

1.4 算法的几种描述方法

有多种方法来描述具体算法，常见的有以下几种：

算法的几种
描述方法

1.4.1 自然语言

自然语言是描述算法的一种最简单工具，如汉语、英语等，其优点是通俗易懂，易于掌握，一般人都会用。但也有其缺点：一是烦琐，不直观；二是容易产生歧义。此种方法在计算机领域内很少使用。

1.4.2 流程图

流程图使用一些约定的图框表示各种类型的操作，用线条指示操作的执行顺序。相对于自然语言，流程图所表示的算法显得更简洁、直观、易懂。

常用的图框符号如图 1-4 所示。

流程图中所用的符号说明如下：

（1）起止框：用于标明算法的开始及结束位置，每个算法的开头和结尾各放置一个。

（2）输入 / 输出框：在算法中要进行输入及输出的位置放置此框，框内注明要具体进行的输入及输出操作。

（3）处理框：用于表示对数据的加工处理，具体的处理操作在框内说明。

（4）判断框：用于给出判断的依据，框内标明判断条件，用于"分支"及"循环"两种控制结构。

（5）流程线：用于将上述各框连接起来并指明执行的方向。按一般约定，如果是从上向下、从左向右方向，则箭头可以省略；但如果是从下向上或从右向左，则箭头不能省略。

（6）连接框：为正圆形状，以便与起止框相互区分。有时要绘制的流程图可能比较大，一个页面放不下，需要放到多个页面中，这会导致流程图断开。此时，可在前页中断开的地方放置一个连接框，框内用符号标注；然后在后页中与前页断开处相对应的位置也放置一个连接框，框内用与前面断开处相对应的符号进行标注，这样，通过使用连接框就可以将断开的位置联系起来。

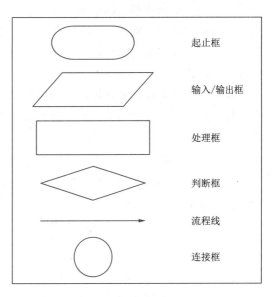

图 1-4 流程图常用图框符号

对于前面所讲的 3 种控制结构，用流程图表示如图 1-5 所示。

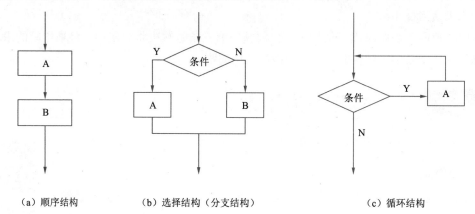

（a）顺序结构　　　　　　（b）选择结构（分支结构）　　　　　（c）循环结构

图 1-5　用流程图所表示的 3 种基本的控制结构

图中的"Y"指"Yes"，表示条件成立，"N"指"NO"，表示条件不成立，而"A""B"表示算法中的某一步骤。

针对这 3 种结构的说明如下：

（1）顺序结构：按从前往后的顺序执行，每个步骤的执行次数为固定的 1 次。

（2）分支结构：先判断条件，若条件成立则执行分支"A"，条件不成立则执行分支"B"。可以看出，条件判断进行 1 次，分支"A"及分支"B"的执行次数为 0 次（不执行）或 1 次（执行）。其实际效果就是根据条件从两个分支中选择一个执行。

（3）循环结构：先判断条件，若条件成立则执行"A"，执行完后接着判断条件……这样就可以反复多次判断条件并执行"A"；若条件不成立则结束此循环并继续向下推进，"A"可能会反复执行多次，习惯上称为"循环体"。可以看出，条件判断至少 1 次，多则可能是很多次，"A"的最少执行次数为 0 次（第 1 次进行条件判断时就不成立），多则可能是很多次，但不能是无数次，那样就会违反算法的有穷性原则。

循环结构的实际效果就是根据条件对循环体进行多次执行，通常用于完成一些需要多次重复进行的操作。

需要指出的是，此处仅列出了 3 种控制结构的部分常见形式，实际应用中还有其他形式，以后的章节中会进一步说明。

对于前面的例 1-1，用流程图所描述的算法如图 1-6 所示。

1.4.3　N–S 图

N–S 图是描述算法的另一种常见工具，是对流程图的一种改进，最大改变是省掉了流程

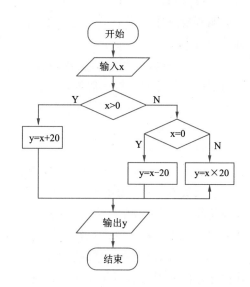

图 1-6　例 1-1 的算法流程图

图中的流程线，使得图形更紧凑。

用 N-S 图所表示的 3 种基本控制结构如图 1-7 所示。

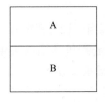 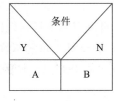 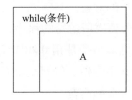

（a）顺序结构　　　　（b）选择结构（分支结构）　　　　（c）循环结构

图 1-7　用 N-S 图所表示的 3 种基本的控制结构

用流程图绘制的图形比较松散，占用页面空间比较多。与流程图相比较，N-S 图能直观地用图形表示算法，自然地去掉了导致程序非结构化的流程线，实际绘制出来的图更紧凑，这样可以节省页面空间，但如果要进行修改，则显得不够方便。

对前述例 1-1 用 N-S 图进行描述的结果如图 1-8 所示。

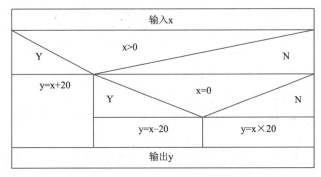

图 1-8　例 1-1 的算法 N-S 图

1.4.4　计算机语言

前述几种方法所描述的算法只能供人阅读，不能在计算机上运行，无法发挥出计算机的优势。要借助于计算机解决问题，就需要将算法用计算机语言进行描述，即所谓的编程序，这就要用到计算机语言。

采用某种计算机语言，按其语法规则所描述出来的算法就是程序，程序实质体现的是一种算法。

人与人之间交流要用语言，即所谓的自然语言，而人与计算机进行交流也要用专门的、能被计算机直接或间接识别的语言，即计算机语言。

计算机语言通常是一个能完整、准确和规则地表达人们的意图，并用以指挥或控制计算机工作的"符号系统"。

按其发展过程，计算机语言通常分为三类：机器语言、汇编语言和高级语言。

1. 机器语言

机器语言是直接用二进制代码指令进行表达的计算机语言，其中所使用的指令称为机器指令，机器指令是用 0 和 1 组成的一串代码，它们有一定的位数，并分成若干段，各段的编码表示不同的含义。

一条机器指令从功能方面可分为两部分：操作码和地址码。其中，操作码指明了指令的操作性质及功能，用于告诉计算机"干什么"；地址码则给出了操作数或操作数的地址，用于指明操作的对象。

用机器语言所编写的程序，计算机可以直接执行，机器语言相当于计算机的母语。

由于机器指令是用 0 和 1 组成的一串代码，非常不好记忆，若用机器语言去编写程序，用户会极其不方便。针对机器语言中机器指令难以记忆的缺陷，后来又发展出了第二代计算机语言——汇编语言。

2. 汇编语言

汇编语言（Assembly Language）是一种符号语言，其基本思想是，用英文单词或英文单词的缩写代替机器指令中的操作码和地址码，这种英文单词或英文单词的缩写通常称为助记符。相对于机器语言中 0 和 1 的代码串，汇编语言中的助记符更易于记忆，给编程人员带来了方便。

使用汇编语言编写的程序，计算机不能直接识别，要由一种程序将汇编语言翻译成机器语言，这种起翻译作用的程序称为汇编程序，属于计算机系统软件的一种。用汇编语言所设计的程序在计算机中执行的方式如图 1-9 所示。

图 1-9　汇编语言程序执行方式

机器语言及汇编语言都与具体的计算机硬件联系紧密，严重依赖于具体的计算机类型，学习这两种计算机语言，首先，要求对所使用的计算机硬件有十分深入的了解，这对于一般计算机用户来讲，很难做到。同时，不同公司所设计生产的计算机，其所使用的机器语言及汇编语言并不通用，这就意味着将在一种类型计算机上用机器语言或汇编语言编写的程序直接移植到其他不同类型的计算机上几乎是不可能的，程序可移植性差，制约了这两类语言的实际应用。

为了克服上述机器语言及汇编语言的局限性，人们又开发出了第三代计算机语言——高级语言。

3. 高级语言

高级语言的语法和结构更接近于普通英文，且由于远离对硬件的直接操作，使得一般人经过学习之后就可以编程。高级语言并不是特指某一种具体的语言，而是包括很多，如 C、C++、Delphi 等，这些语言的语法、命令格式都不相同。

高级语言与计算机的硬件结构及机器指令系统无关，它有更强的表达能力，可方便表示数据的运算和程序的控制结构，能更好地描述各种算法，而且容易学习掌握。

同时，由于高级语言的硬件无关性，使得用其编写的程序在大部分计算机上都可以正常运行，具有良好的可移植性。

用高级语言编写的程序不能被计算机直接执行，通常有两种方式来执行高级语言源程序，分别为编译方式和解释方式，如图 1-10 所示。

（a）编译方式　　　　　　　　　　（b）解释方式

图 1-10　执行高级语言源程序的两种方式

可以看出，高级语言一方面易于掌握，另一方面具有良好的可移植性，大大方便了其实际应用。但是，高级语言中编译生成的目标程序代码一般比用汇编语言设计的程序代码要长，执行的速度也慢。所以，通常用汇编语言编写一些对速度和代码长度要求较高的程序和直接控制硬件的程序。

机器语言、汇编语言和高级语言都是用于编写计算机程序的计算机语言。

下面是利用高级语言中的 C 语言所编写的有关例 1-1 的程序：

```c
#include "stdio.h"
int main()
{
    int x,y;
    printf("\n请输入 x 的值（整数）: ");
    scanf("%d",&x);
    if(x>0)
        y=x+20;
    else
        if(x==0)
            y=x-20;
        else
            y=x*20;
    printf("x=%6d,y=%6d\n",x,y);
    return 0;
}
```

程序运行结果如图 1-11 所示。

算法要在计算机上运行，就必须用计算机语言描述出来。但是，不论是何种计算机语言，一般都有严格的、不同的格式要求、语法限制等，这也给用户带来了一定的不便。

图 1-11　例 1-1 程序运行结果

用计算机语言所描述的算法就是通常所说的程序，程序体现的是一种算法。当然，程序除了算法以外，还涉及数据的组织存储方式，即数据结构。结构化程序设计的先驱 Niklaus Wirth 有一个著名的公式：算法＋数据结构＝程序，就很好地表述了程序的要点。

1.4.5　伪代码

流程图、N-S 图是描述算法的几种图形工具，使用这些图形工具描述出的算法直观、易读、逻辑关系清楚，但画起来比较费事，修改起来困难；同时，流程图、N-S 图、自然语言等跟程序相比较差异很大，不利于转化成程序。如果直接用计算机语言去描述算法，则需要先掌握相应计算机语言的语法规则，难度也挺大。为此，在描述算法时还经常用到一种工具——伪代码。

"伪代码"是介于自然语言与计算机语言之间的一种文字和符号相结合的算法描述工具，形式上同计算机语言比较接近，但没有严格的语法规则限制，通常是借助某种高级语言的控制结构，中间的操作可以用自然语言，也可以用程序设计语言描述，这样，既避免了严格的语法规则，又比较容易最终转换成程序。

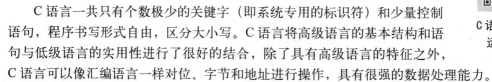

1.5　C 语言简介

C 语言是在 1972—1973 年间由美国的贝尔实验室所开发的一套高级程序设计语言，相对于其他高级程序设计语言而言有以下特点：

C 语言简介及运行过程

1. 简洁紧凑、灵活方便

C 语言一共只有个数极少的关键字（即系统专用的标识符）和少量控制语句，程序书写形式自由，区分大小写。C 语言将高级语言的基本结构和语句与低级语言的实用性进行了很好的结合，除了具有高级语言的特征之外，C 语言可以像汇编语言一样对位、字节和地址进行操作，具有很强的数据处理能力。

2. 运算符丰富

C 语言的运算符包含的范围很广泛，可以方便地完成算术运算、关系运算、逻辑运算、位运算、赋值等。C 语言的运算符极其丰富，表达式类型多样化。灵活使用各种运算符可以实现在其他高级语言中难以实现的运算。

3. 数据类型丰富

C 语言的数据类型有整型、实型、字符型、数组型、指针型、结构体型、共用体型等，可用来实现各种复杂数据结构的运算。由于引入了指针概念，具有强大的硬件编程操作能力，可以实现内存空间的动态分配。

4. C 是结构化语言

结构化语言的显著特点是代码及数据的分隔化，即程序的各个部分除了必要的信息交流外彼此独立。这种结构化方式可使程序层次清晰，便于使用、维护和调试。C 语言以函数为编程的基本单位，这些函数可方便地调用。C 语言具有多种实现选择、循环结构的语句控制程序流向，从而使程序完全结构化。

5. 语法限制不太严格，程序设计自由度大

虽然 C 语言也是强类型语言，但它的语法比较灵活，给编程者提供了非常大的编程自由度。

C 语言设计原则的第一条是："信任程序员"，给程序员最大的发挥空间，让他们可以自由地在代码中挥洒激情和创意，相信程序员的决定一定是正确的，即使有错误也一定能自己修正。

当然，这要求程序员自身的自律性很强，编程功底要深厚。这对于刚接触程序设计的人员来讲，是个不小的挑战。

6. 允许直接访问物理地址，对硬件进行操作

由于 C 语言允许直接访问物理地址，可以直接对硬件进行操作，因此它既具有高级语言的功能，又具有低级语言的许多功能，能够像汇编语言一样对位、字节和地址进行操作，所

以有些用户又把 C 语言称为"中级语言"。

7. 生成目标代码质量高，程序执行效率高

C 语言一般只比汇编程序生成的目标代码效率低 10% ~ 20%。

8. 适用范围大，可移植性好

C 语言有一个突出的优点就是适合于多种操作系统，如 DOS、UNIX、Windows 系列，也适用于多种机型。C 语言具有强大的绘图能力，可移植性好，并具备很强的数据处理能力，因此适于编写系统软件，二维、三维图形处理软件和动画软件，同时也是非常好的编写数值计算类程序的计算机语言。C 语言具有预处理功能，通过预处理，可为用户编程提供方便，并进一步提高软件的可移植性。

9. 具有递归功能

对于某些特定算法，采用递归方式编写程序，可大大简化编程复杂度。

另外，其他一些常见的语言（如 Java 等），在编写程序时，其语法结构也与 C 语言十分相似。学好了 C 语言，也就为其他语言的学习打下了坚实的基础。

1.6　C 语言程序上机调试过程

1.6.1　C 语言程序的编制运行过程

C 语言是一种高级计算机语言，用其所编的程序不能在计算机上直接运行（计算机只能直接运行机器语言程序），它采用"编译"方式运行程序。具体过程如图 1-12 所示。

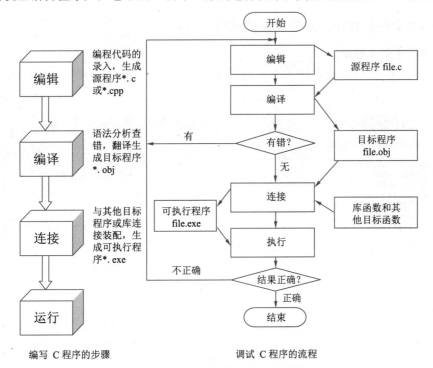

图 1-12　C 语言程序的运行过程

C 语言有多种版本、多种开发环境，本书选择的是 Visual C++6.0（以下简称为 VC 6.0），在此环境下可以完成上述所有操作。

1.6.2 VC 6.0 的启动

一般通过 Windows 的"开始"菜单启动，即选择"开始"→"所有程序"→ Microsoft Visual Studio 6.0 → Microsoft Visual C++ 6.0 命令。启动成功后的界面如图 1-13 所示。

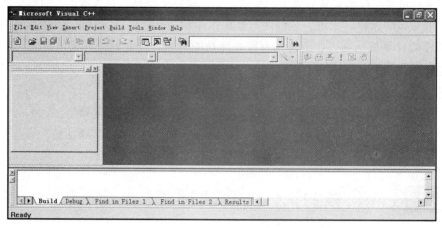

图 1-13　VC 6.0 启动界面

1.6.3 VC 6.0 的关闭

选择 File → Exit 命令即可关闭 VC 6.0。

1.6.4 VC 6.0 中新程序的建立及调试运行

1. 新源程序文件的建立

（1）选择 File → New 命令，在打开的对话框中选择 Files → C++ Source File 选项，如图 1-14 所示。

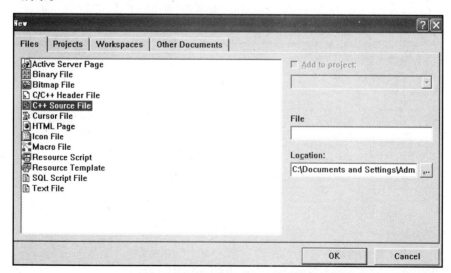

图 1-14　新建源程序文件对话框

（2）对文件进行命名并选择存放路径，单击 OK 按钮。

2. 源程序的输入

在打开的窗口空白处录入 C 语言源程序，此处以计算图 1-3 所示分段函数（即本章 1.2 节中的例 1-1）的算法为例：

输入其相关程序，完成后的结果如图 1-15 所示。

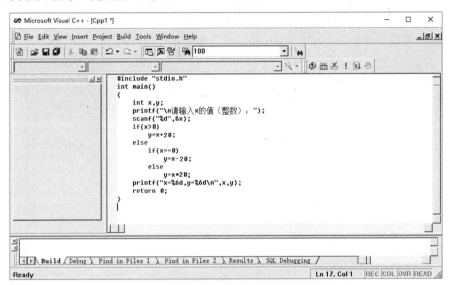

图 1-15　编辑源程序

注意：C 语言是由美国人设计的，在程序中除了提示及注释外，其他所有符号（包括空格）都只支持英文，输入程序过程中一定要注意中英文之间的正确切换。

3. 保存源程序

选择 File → Save 命令或直接按【Ctrl+S】组合键，在打开的对话框中输入文件名，此处为 sjlx1，然后单击"保存"按钮，如图 1-16 所示。

图 1-16　保存源程序

4. 编译源程序

（1）选择 Build → Compile sjlx1.cpp 命令，或直接按【Ctrl+F7】组合键，会打开一个创建工作空间的提示框，如图 1-17 所示。

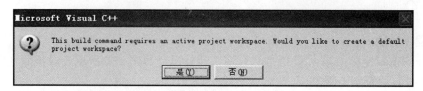

图 1-17 是否创建工作目录

（2）单击"是"按钮，则系统对程序进行编译。如果有错误，则会在下方调试窗口中显示。此处没错误，错误及警告信息均显示为"0"个，如图 1-18 所示。

图 1-18 编译结果

5. 运行程序

（1）选择 Build → Execute sjlx1.exe 命令，或直接按【Ctrl+F5】组合键，会打开一个创建可执行文件的提示框，如图 1-19 所示。

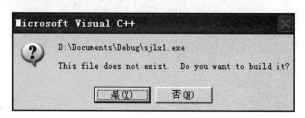

图 1-19 是否创建可执行文件

（2）单击"是"按钮，则程序开始运行，打开运行窗口，输入数字 2 并按【Enter】键，运行结果如图 1-20 所示。

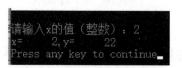

图 1-20 运行窗口

至此，程序运行完成，如果没有错误，就可将此程序保存下来以备将来之用；若有错，按任意键返回到输入源程序的编辑窗口，修改后再重新编译运行即可。

另外，若程序进行了改动，最好随时保存（可按【Ctrl+S】组合键实现）。

1.6.5 当前源程序及相关环境的关闭

程序调试没问题后就可考虑长久保存起来，然后关闭其运行环境。方法如下：

（1）选择 File → Close Workspace 命令，打开是否关闭文档窗口提示框，如图 1-21 所示。

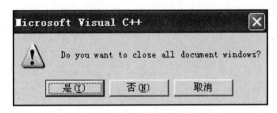

图 1-21 是否关闭文档窗口

（2）单击"是"按钮，则将当前程序及运行环境关闭。

注意：编写完成一个程序后，一定要按上述方法关闭当前源程序文件及相关运行环境，然后再去建立一个新的程序文件并编译调试运行。如果是在没有关闭当前源程序及其运行环境的情况下新建程序文件，则会在后面的编译、连接过程中产生错误。

1.6.6 已存在的程序文件的打开及运行

如果一个程序已经存在（如前一次做练习时已经保存下来的程序文件），要对其进行修改，则没必要再次录入，可直接打开修改。方法如下：选择 File → Open 命令，或直接按【Ctrl+O】组合键，会打开一个对话框，如图 1-22 所示。

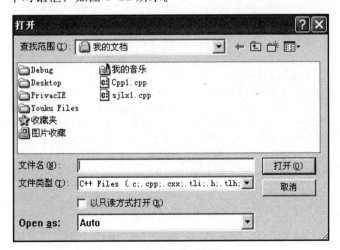

图 1-22 打开对话框

在其中输入要打开的程序文件名或者选中程序文件名，单击"打开"按钮即可将其调入，根据需要进行修改，其运行过程同上。

习　　题

1. 简述算法的概念及其主要特点。

2. 分别用自然语言、流程图、N-S 图描述计算下面分段函数（见图 1-23）值的算法。

$$y = \begin{cases} x+100 & , x<-100 \\ 0 & , 0>x \geq -100 \\ -1 & , x \geq 0 \end{cases}$$

图 1-23　分段函数

3. 参照前述例题中的程序，编写针对图 1-23 所示函数的程序并上机调试运行，验证其正确性。

4. 以下程序用于产生本章 1.1 节中图 1-1 所示问题的答案，请上机输入此程序并运行：

```c
#include "stdio.h"
// 判断各位置上的数是否相同
int judge(int a[])
{
    int i,j,yn=1;
    for(i=1;i<=7;i++)
        for(j=1;j<=7;j++)
            if((i!=j)&&(a[i]==a[j]))
                yn=0;
    return yn;
}
int main()
{
    int a[8],count=0,i;
    printf(" 可行的填充方案如下: \n");
    printf(" a  b  c  d  e  f  g\n");
    for(a[1]=1;a[1]<=13;a[1]=a[1]+2)
        for(a[2]=1;a[2]<=13;a[2]=a[2]+2)
            for(a[3]=1;a[3]<=13;a[3]=a[3]+2)
                for(a[4]=1;a[4]<=13;a[4]=a[4]+2)
                    for(a[5]=1;a[5]<=13;a[5]=a[5]+2)
                        for(a[6]=1;a[6]<=13;a[6]=a[6]+2)
                            for(a[7]=1;a[7]<=13;a[7]=a[7]+2)
// 下面一行为条件，表示 3 个圈之和相等及各位置上的数不能相同
                                if((a[1]+a[2]+a[3]+a[4
]==a[2]+a[3]+a[5]+a[6])&&(a[1]+a[2]+a[3]+a[4]==a[3]+a[4]+a[6]+a[7])&&jud
ge(a))
                                {
                                    count++;
                                    for(i=1;i<=7;i++)
                                        printf("%3d",a[i]);
                                    printf("\n");
                                }
    printf(" 共有 %d 种填充方案! \n",count);
    return 0;
}
```

5. 某处发生一起案件，侦察得知如下可靠线索：

（1）ABCD 四人都有作案可能。

（2）AB 中至少一人参与作案。

（3）BC 中至少一人参与作案。

（4）CD 中至少一人参与作案。

（5）AC 中至少一人未参与作案。

请分析谁最有可能是案犯，设计算法并选择相应工具加以描述。

提示：可依照本章 1.1 节例题设计算法。

第2章

程序设计基础

本章重点

- 数据的输入、输出方法。
- 数据在内存中的存储（常量、变量及数据类型）。
- 数据的加工（各类运算符）。
- 顺序结构程序设计。
- 选择结构程序设计。
- 循环结构程序设计。
- 标识符。
- 数据类型转换。

2.1　信息处理流程及其在 C 语言中的基本实现方法

2.1.1　信息处理流程概述

　　相对于人来讲，计算机具有运算速度快、信息存储容量大、计算精确度高等优点。对于一些人工难以解决或无法解决的问题，可以借助于计算机来解决。

　　计算机实质是一种信息处理机，协助人们高效、精准地完成一些复杂的信息处理工作，其处理信息的一般流程如图 2-1 所示。

信息处理流程及
其在 C 语言中的
基本实现方法

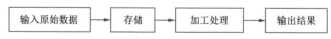

图 2-1　利用计算机处理信息的一般流程

　　用户先通过键盘等输入设备将待处理的原始数据输入计算机，存入计算机的存储器，再按要求加工处理得到相应结果，最后将结果通过显示器等输出设备输出给用户，以作为决策的依据。

　　编程解决现实问题时，通常有两个主要步骤：一是设计算法；二是选用合适的计算机语言实现算法，即编写程序，然后运行程序实现对数据的加工处理并得到结果。

　　其中第一个步骤既可以借鉴已有的成熟算法，也可以自行设计新算法，设计算法是编程序的关键一步。关于编程实现对数据加工处理的第二个步骤，首先需要解决图 2-1 所示 4 个步骤的技术实现问题。

2.1.2 数据的输入、存储、加工处理及输出流程示例

这里通过一个非常简单的算术运算的例子来说明如何用 C 语言编程序控制计算机实现数据的输入、存储、加工处理及输出。

【例 2-1】基本数值运算。编一个程序，输入两个整数，分别求出其和、差、积、商、余数并输出。

（1）分析：对于此问题，用计算机处理的基本步骤如下。

第一步：输入两个数 a 和 b。

第二步：求出这两个数的和、差、积、商及余数，分别用 he、cha、ji、shang、yu 这 5 个符号表示。

第三步：输出上述 5 个值，结束。

（2）算法：用 N-S 图所描述的算法如图 2-2 所示。

说明：图 2-2 中的"*"表示乘，"/"表示除，"%"表示求余数。

图 2-2　例 2-1 的 N-S 图

（3）算法实现：

```c
#include "stdio.h"  // 包含头文件 stdio.h 到当前程序文件，以实现下面的输入及输出
int main()           // 函数首部，main 为函数名，int 为返回值类型。下面为函数体
{
    /* 定义了 7 个整型变量，用来存放原始的两个数及和、差、积、商、余数 */
    int a,b,he,cha,ji,shang,yu;    //int 表示整型
    /* 向屏幕输出提示信息 */
    printf("请输入两个整数: ");
    /* 下面命令行用于输入原始的两个数，来源是键盘 */
    scanf("%d%d",&a,&b);
    /* 计算和、差、积、商、余数并分别赋给 5 个变量 */
    he=a+b;            // 求和
    cha=a-b;           // 求差
    ji=a*b;            // 求乘积
    shang=a/b;         // 求商
    yu=a%b;            // 求余数
    /* 下面命令行用于输出 5 个计算结果 */
    printf("和、差、积、商、余数分别为: %d %d %d %d %d\n",he,cha,ji,shang,yu);
    return 0;
}
```

上机输入此程序并运行，结果如图 2-3 所示。

图 2-3　例 2-1 程序运行效果

（4）说明：

① C 语言程序以函数为基本组成单位，一个程序可以包含一个或多个函数。C 语言规定，不管是简单程序还是非常复杂的程序，都从名为 main 的函数开始执行，程序中没有 main()函数，就无法确定执行的起点；程序中存在两个或两个以上的 main()函数，也无法确定执行的起点。因此，一个程序有且只能有一个 main() 函数。此例只包含一个函数，即 main() 函数。

② 一个函数又分为两部分：函数首部和函数体。函数首部是对函数的一个整体描述，包括返回值的类型（此例中为 int，表示整型）、函数名、一对小括号及括号中的参数（此例中没有参数）；函数体是对函数功能的具体描述，用一对大括号括起来，大括号中是实现函数功能的具体命令行。

③ 数据的存放可利用变量来实现，其实质对应内存单元。此例中定义了 7 个变量。

④ 数据的加工处理通过相应的运算符实现，此例中用到了 "+、−、*、/、%" 5 个算术运算符，分别实现加、减、乘、除及求余数 5 种算术运算。被除数和除数都为整数时 "/" 进行整除，否则进行实数除。例如，6/4 的结果为 1，而 6.0/4 的结果为 1.5。

⑤ 将计算结果存放到相应变量中的功能通过赋值运算符 "=" 实现。其具有方向性，功能是计算右边表达式的值并存到左边的变量中。

⑥ 数据的输入和输出通常使用两个标准函数（即系统自带的实现特定功能的函数）scanf() 及 printf() 实现。为了正常使用这两个函数，按 C 语言规定，需要先用 #include 命令将这两个函数所在的头文件 stdio.h 包含进当前程序文件中来。程序中第一行完成此任务。

⑦ C 语言允许一行中放置多条命令，为了使系统将各条命令相互区分开，要求每条命令后面跟一个分号 ";" 以作为本条命令的结束标记。

按 C 语言的语法规则，一行中放一条命令也可以，放多条命令也可以，但最好一行中放一条命令，这样有助于调试程序时对错误位置进行定位。因为编译系统是按行定位错误的，若一行放一条命令，本行有错就可肯定是此条命令有错；但若一行放多条命令，本行有错时就不好确定是哪条命令出错了。

⑧ 例 2-1 中用 "/*" 及 "*/" 括起来的部分称为注释。为了增强程序的可读性，一种比较好的习惯是在程序的关键地方加注释。注释的作用是方便编程人员读懂程序，在程序的真正执行过程中不起任何作用。

加注释有两种方法：一是用 "/*" 及 "*/" 将注释内容括起来，这种方法允许注释内容是多行；二是以 "//" 开头，注释内容跟在后面即可，这种方法只允许注释内容是一行，即将 "//" 到本行尾的内容都当作注释对待。

⑨ 程序中要用到各类符号，包括标点符号和字母、数字、空格等。除字符串（由多个字符组成，用一对英文双引号括起来）中的符号及注释内容之外，其他地方的符号（包括空格）都必须是英文符号，原因是我们所使用的软件本来是按英文规则开发的。

【例 2-2】设计一个程序根据圆半径计算其周长和面积。

（1）分析：知道圆半径后，计算其周长及面积的公式大家都比较熟悉。

（2）算法：N-S 图如图 2-4 所示。

可看出算法涉及 4 个数据：半径、周长、面积和圆

| 输入圆半径 |
| 计算圆的周长及面积 |
| 输出周长及面积 |

图 2-4　例 2-2 的 N-S 图

周率，其中前 3 个会发生变化，圆周率是个定值。

（3）算法实现：

```
#include <stdio.h>
int main()
{
    // 定义 3 个实型变量，分别用于存放圆半径、面积、周长
    double r,area,circumference;        //double 表示双精度实型
    printf(" 输入圆半径: ");
    scanf("%lf",&r);                    //VC6.0 中 double 型数据的输入格式符要用 %lf
    area=3.14*r*r;                      // 求面积
    circumference=2*3.14*r;            // 求周长
    printf(" 半径: %f\n面积: %f\n周长: %f\n",r,area,circumference);
    return 0;
}
```

程序运行结果如图 2-5 所示。

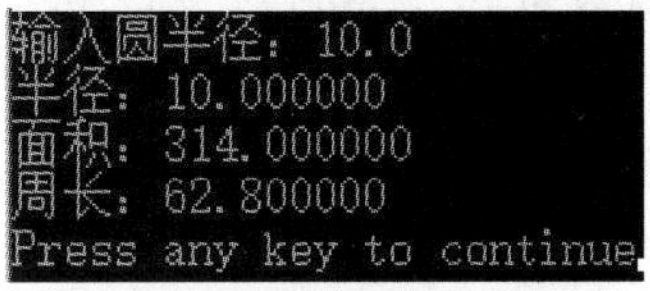

（4）说明：

①此程序中的 r、area、circumference 所代表的值，在程序运行的不同情况下可能会改变，称为变量。

②此例中的 3.14 在不改变源程序的情况下始终保持不变，是个固定值，称为常量。因为是直接给出的值，称为直接常量。

图 2-5 例 2-2 程序运行效果

直接常量使用方便，但有两个方面的缺陷：一是某个常量代表什么意义，常量本身反映不出来，只能通过程序上下文来了解，加大了读程序的难度；二是像上例这种情况，如果要提高计算的精确度，使圆周率值的有效位数达到 8 位，就需要改动多个位置（此例中改动两个位置），比较烦琐。

为了克服上述缺陷，可定义符号常量，将上述程序修改为如下形式：

```
#include <stdio.h>
// 以下语句用于定义一个符号常量 PAI
#define PAI 3.14
int main()
{
    // 定义 3 个实型变量，分别存放圆半径，面积、周长
    double r,area,circumference;
    printf(" 输入圆半径: ");
    scanf("%lf",&r);
    area=PAI*r*r;                      // 使用符号常量 PAI
    circumference=2*PAI*r;            // 使用符号常量 PAI
    printf(" 半径: %f\n面积: %f\n周长: %f\n",r,area,circumference);
    return 0;
}
```

此例中用命令 #define 定义了一个符号常量 PAI 来代表常量 3.14，以后程序中的 PAI 都代表 3.14。一方面，PAI 是一个标识符，可以起一个比较能反映数据实质的名字，提高程序可读性；另一方面，如果要改变此常量的值，只需要将 3.14 改为 3.1415926，就可以达到"一改全改"的目的。

需要说明的是，定义符号常量的命令后面不需要加分号";"，除非分号就是常量本身的一部分。

③ C 语言中以"#"开头的命令称为预处理命令，按语法规则，一行中只能放一条，不需要分号。有关预处理命令的详细介绍见第 10 章。

2.2 顺序结构程序设计

顺序结构是程序的默认结构，不需要专门的控制语句，程序在执行时根据各条语句的先后顺序"从前往后"执行，每条语句执行一次，其 N-S 图如图 2-6 所示。

顺序结构程序设计

【例 2-3】整数的分解及组合。

任意从键盘输入一个三位正整数，先求出其逆置后的数，再输出原数与逆置数的和。例如，原数为 123，则逆置数为 321，和应该为 444；原数为 789，则逆置数为 987，和应该为 1776。

（1）分析：此问题就算法而言比较简单，包括输入、逆置、求和、输出这么几步，关键是逆置数的产生办法。

（2）算法：N-S 图如图 2-7 所示。

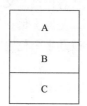

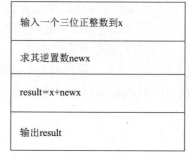

图 2-6　顺序结构的 N-S 图　　　图 2-7　例 2-3 的 N-S 图

关键在于如何将一个多位正整数逆置。

由于系统本身没有提供将一个数直接逆置的运算符或函数，逆置操作只能利用现有的运算符实现。

要将一个多位正整数逆置，可先将其各位上的值分解出来，再按要求重新组装成一个多位数。详细说明如下：

①低位的分解。如整数 123 或 1234，要将其中最低一位分解出来，可用对 10 求余数的方法，即 123 对 10 求余为 3，1234 对 10 求余为 4。若要将这两个数的最低两位分解出来，可用对 100 求余数的办法，如 123 对 100 求余数为 23，1234 对 100 求余数为 34。

推而广之，要从一个十进制整数 x 中分解出其最低的 n 位数，可求 x 对 $10\cdots0$（共 n 个 0）的余数。

C 语言中求余数的运算符为"%"，如 123%10 为 3，123%100 为 23。

②高位的分解。整数 123 或 2345，要将其中最高一位分解出来，可分别整除 100 及 1000，所得商分别为 1 和 2。整数 123 或 2345，要将其中最高两位分解出来，可分别整除 10

及 100，所得商分别为 12 和 23。

推而广之，要从一个十进制整数 x 中分解出其最高的 n 位数，可求 x 整除 $10\cdots0$（0 的个数根据情况设置）的商。

C 语言中的整除用 "/" 实现，如 123/100 为 1，2345/1000 为 2，2345/100 为 23。

③中间位的分解。将上述两种方法稍加改动，结合使用，即可实现中间位的分解，如将 2345 中的百位数分解出来，可选用下面任意一种方法实现：

方法一：2345/100，得到 23，即将高两位分解出来，丢弃低位部分，再将 23 中的低位对 10 求余即得 3。

方法二：2345 对 1000 求余得 345，345 再整除 100 得 3。

④将多个数组装成一个多位数。按十进制数的特征，一个多位十进制数可写成多项式和的形式：

$$x_n x_{n-1} x_{n-2} \cdots x_1 x_0 = x_n \times 10^n + x_{n-1} \times 10^{n-1} + \cdots + x_1 \times 10^1 + x_0 \times 10^0$$

要将多个一位数组装成一个多位数，可按此式进行，如某数 x 的个、十、百位上的数分别为 1、2、3，则 x 的值可表示为下式：

$$x = 3 \times 10^2 + 2 \times 10^1 + 1 \times 10^0$$

将一个多位整数拆分或将多个一位整数按要求组装成一个多位整数是 C 语言程序设计过程中常用的技巧。

至此，对例 2-3 的详细算法描述如图 2-8 所示。

输入一个三位正整数到x
ge=x%10 shi=x%100/10 bai=x/100 newx=ge*100+shi*10+bai*1 result=x+newx
输出result

图 2-8　例 2-3 的算法描述

（3）算法实现：

```c
#include "stdio.h"
int main()
{
    // 定义 6 个整型变量
    int x,ge,shi,bai,newx,result;
    printf("请输入一个三位正整数："); // 在屏幕上输出提示信息以告诉使用者做什么
    scanf("%d",&x);              // 用于输入原始的三位数
    ge=x%10;                     // 计算个位
    shi=x%100/10;                // 计算十位
    bai=x/100;                   // 计算百位
    newx=ge*100+shi*10+bai*1;    // 生成逆置数
    result=x+newx;
    // 输出结果
    printf("结果为: %d\n",result);
    return 0;
}
```

程序运行结果如图 2-9 所示。

（4）说明：此例重点需要掌握将一个多位整数分解为多个一位整数以及将多个一位整数合并为一个多位整数的方法。

图 2-9　例 2-3 程序运行结果

2.3　格式化输出及输入函数

2.3.1　格式化输出函数 printf()

最常用的输出设备就是显示器，向显示器输出数据通常用格式化输出函数 printf() 来实现，其一般格式如下：

```
printf("格式控制字符串",表达式 1,表达式 2,…,表达式 n);
```

格式化输出及
输入函数

功能：按照"格式控制字符串"所规定的格式，计算各表达式的值并显示在计算机屏幕上。

【例 2-4】格式化输出函数示例（一）。

```
#include <stdio.h>
int main()
{
    int a=2;          //定义整型变量a并赋初值为2
    double b=123.45;
    char c='?';
    printf("%d,%f,%c\n",a,b,c);
    return 0;
}
```

程序运行结果如图 2-10 所示。

说明：此函数的主要难点在于格式控制字符串的用法。格式控制字符串用于控制输出数据的格式，其中所包含的字符可分为三大类。

```
2,123.450000,?
Press any key to continue
```

图 2-10　例 2-4 程序运行结果

1. 格式控制符

以"%"开头的一个或多个字符，用以说明输出数据的类型、形式、长度、小数位数等。其格式如下：

```
%[修饰符]格式控制字符
```

常用格式控制符如表 2-1 所示，常用修饰符如表 2-2 所示。

表 2-1　常用格式控制符

格式控制符	功　　能
d	以带符号十进制整数形式输出
o	以八进制无符号整数形式输出（无前导 0）
x	以十六进制无符号整数形式输出（无前导 0x）
u	以十进制无符号整数形式输出
c	以字符形式输出单个字符
s	输出一个字符串（可能是多个字符）
f	以小数形式输出浮点数（6 位小数），即小数格式的实数
e 或 E	以标准指数形式（即科学计数法形式）输出（6 位小数）浮点数
g	以 %f、%e 两种方式中输出宽度较小的一种方式输出浮点数

表 2-2　常用修饰符

修 饰 符	功　　能
l	double 型实数，加在 f、e、g 前
m	格式为 %md,%mf 等，表示数据占用的最小宽度，如 %md 表示输出的整数占 m 位，数据宽度大于 m，按实际宽度输出，数据宽度小于 m 时，补空格
n	格式为 %.nf 或 %m.nf，表示输出 n 位小数，如 %m.nf 表示输出的实数共占 m 位，其中小数占 n 位
-	改变输出内容的对齐方式，按左对齐方式输出，默认数字为右对齐，字符串为左对齐
0	输出数字中的前导 0

【例 2-5】格式化输出函数示例（二）。

```c
#include <stdio.h>
int main()
{
    int a=2;
    double b=1234.56789;
    // 整数默认宽度为其实际位数，实数默认小数位数为 6 位
    printf("%d%f\n",a,b);
    // 整数占 6 位；实数占 20 位，其中小数部分占 10 位，数值默认对齐方式为右对齐
    printf("%6d%20.10f\n",a,b);
    // 整数占 6 位，设为左对齐方式输出；实数占 20 位，其中小数部分占 10 位
    printf("%-6d%20.10f\n",a,b);
    return 0;
}
```

程序运行结果如图 2-11 所示。

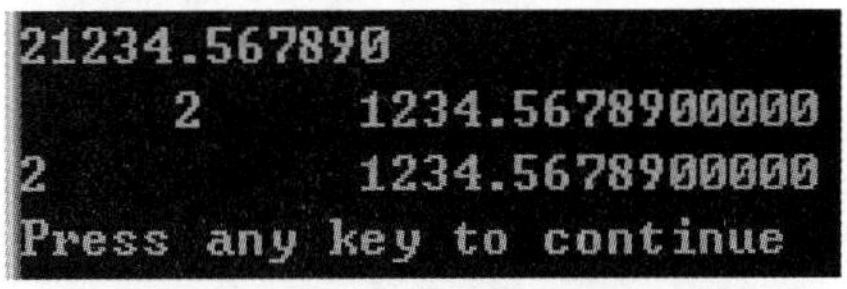

格式控制符与后面的表达式在个数方面要相同，数据类型方面要匹配，即要么数据类型相同，要么数据类型相容，相互之间可以进行正常转换，否则会导致数据要么无法输出，要么输出意想不到的结果。

图 2-11　例 2-5 程序运行结果

【例 2-6】格式化输出函数示例（三）。

```c
#include <stdio.h>
int main()
{
    double a,b; //a 和 b 都为双精度实型
    a=15.8;
    b=a*10;
    // 要输出的表达式与格式控制符的类型不匹配，导致输出数据错误
    printf("a=%d\n",a);
    // 要输出的表达式的个数多于格式控制符的个数，导致有些数据没有输出
    printf("a=%f\n",a,b);
    // 要输出的表达式的个数少于格式控制符的个数，导致输出意想不到的数
    printf("a=%f,b=%f,c=%f\n",a,b);
    return 0;
}
```

程序运行结果如图 2-12 所示。

2. 转义字符

以 "\" 开头的字符，用于实现一些特殊的控制功能，常用转义字符如表 2-3 所示。

```
a=-1717986918
a=15.800000
a=15.800000,b=158.000000,c=0.000000
Press any key to continue
```

图 2-12　例 2-6 程序运行结果

表 2-3　常用转义字符

转 义 字 符	含　　义	ASCII 码（十六／十进制）
\0	空字符（NULL）	00H/0
\n	换行符（LF）	0AH/10
\r	回车符（CR）	0DH/13
\t	水平制表符（HT）	09H/9
\v	垂直制表（VT）	0B/11
\a	响铃（BEL）	07/7
\b	退格符（BS）	08H/8
\f	换页符（FF）	0CH/12
\'	单引号	27H/39
\"	双引号	22H/34
\\	反斜杠	5CH/92
\?	问号字符	3F/63
\ddd	任意字符	三位八进制数所对应的字符
\xhh	任意字符	二位十六进制数所对应的字符

3. 常规字符

既不是格式控制符，也不是转义字符的普通字符，在输出时按原样输出。

【例 2-7】格式化输出函数示例（四）。

```c
#include <stdio.h>
int main()
{
    char ch='A';                    //定义字符型变量 ch
    printf("ch=%c\n", ch);          //输出 A
    printf("ch=%d\n", ch);          //输出 65，即字符 A 的 ASCII 编码
    int   a=20;                     //定义整型变量 a
    printf("%d\n",a);               //输出 20
    printf("%4d%4d%4d\n",1,2,3);    //输出   1   2   3
    printf("my name is %s\n", "Wang Jinghua"); //输出 my name is WangJinghua
    double f=-12.3;                 //定义实型变量 f
    printf("%f\n", f);              //输出 -12.300000
    printf("%8.4f\n", f);           //输出 -12.3000
    double e=1234.8998;             //定义实型变量 e
    printf("%e\n", e);              //输出 1.234900e+003，即指数格式，e 代表底数 10
    printf("%E\n", e);              //输出 1.234900E+003，即指数格式，E 代表底数 10
    return 0;
}
```

程序运行结果如图 2-13 所示。

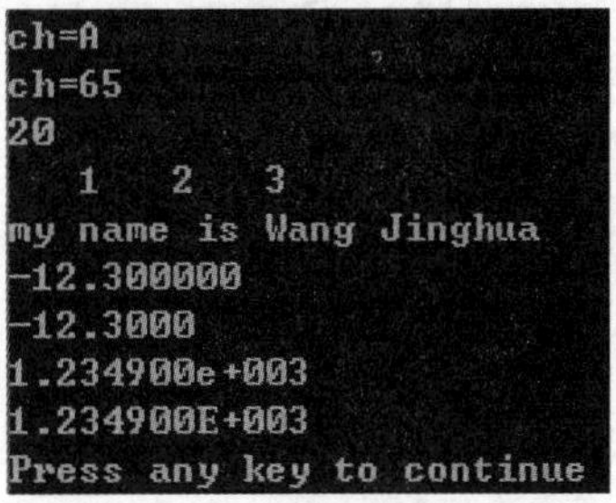

2.3.2 格式化输入函数 scanf()

最常用的输入设备是键盘，从键盘获取数据通常用格式化输入函数 scanf() 来实现。其一般格式如下：

```
scanf ("格式控制字符串",&变量1,&变量2,…,&变量n);
```

功能：在格式控制字符串的控制下，接收用户的键盘输入，并将输入的数据依次存放到变量 1，变量 2，…，变量 n 中。

【例 2-8】格式化输入函数示例（五）。

```
#include <stdio.h>              // 包含 scanf 所在的头文件至当前程序文件中
int main()
{
    int a,b;
    scanf("%d%d",&a,&b);        // 假设输入：10    20 ↙
    printf("A=%d,B=%d\n",a,b);  // 输出结果为：A=10,B=20
    return 0;
}
```

图 2-13 例 2-7 程序运行结果

说明：

（1）对于普通变量，要用"取地址运算符 &"来获得其地址，即在变量名前加"&"。本例中的 a 和 b 都为普通变量，在输入函数中都用到了"&"。有关地址的概念在第 5 章中再进行详细说明。

（2）数据输入时，一般以【Enter】键为数据输入结束的标志，按了此键后开始接收数据。上例中的"↙"代表【Enter】键。

（3）输入多个值时，各值之间一般用空格（至少一个）分隔。若用其他符号分隔，则需要显式指明，如上例中若要用","将相邻两个数值分开，则输入语句需要改成如下形式：

```
scanf("%d,%d",&a,&b);         // 输入时的格式：10,20
```

（4）格式控制符与后面变量个数要相同，类型方面要匹配，即要么相同，要么相容，如变量类型为 float 型，则实际输入的数值为 123 或 123.45，系统都可以正确存放，因为整数完全可以转换成实数。

2.4 选择结构程序设计

算法有时并不一定能按固定顺序执行，某一步操作进行完后，下一步进行什么操作，要根据某一条件来决定。

【例2-9】判断是奇数还是偶数——选择结构的实现。

从键盘输入一个整数，判断其是奇数还是偶数。

（1）分析：能被 2 整除，即除以 2 余数为 0 的是偶数，否则为奇数。

（2）算法：上述问题的算法描述如图 2-14 所示。

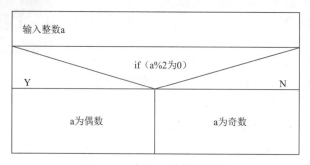

图 2-14　例 2-9 的算法描述

（3）算法实现：

```c
#include "stdio.h"
int main()
{
    //定义 1 个整型变量
    int a;
    printf("请输入一个整数：");       // 在屏幕上输出提示信息以告诉使用者做什么
    scanf("%d",&a);                  //用于输入一个整数
    if(a%2==0)                       // 能被 2 整数
        printf(" 偶数 \n");
    else                             // 不能被 2 整数
        printf(" 奇数 \n");
    return 0;
}
```

若分别输入为 7 和 8，则运行结果如图 2-15 和图 2-16 所示。

图 2-15　例 2-9 输入 7 时的运行结果　　图 2-16　例 2-9 输入 8 时的运行结果

（4）说明：很明显，针对不同情形，采取的处理办法不一样，需要分情况对待，这就要用到选择（分支）结构。

C 语言中的选择结构主要有两种形式，如图 2-17 所示。

从图 2-17 可以看出，选择结构中都包含一个判断条件，根据条件判断的结果来决定对哪个分支进行操作，每个分支的执行次数可能是一次（被选中）或是零次（未被选中）。

对于选择结构，在 C 语言中有专门的控制语句来实现其功能，如图 2-18 所示。

选择结构程序
设计及关系
运算

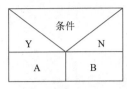
（a）选择结构（形式1）

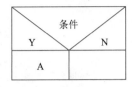
（b）选择结构（形式2）

图 2-17　C 语言中选择结构的两种形式

（1）形式一：	（2）形式二：

if(条件表达式)
　　操作A;
else
　　操作B;
	if(条件表达式)
	　　操作A;

图 2-18　C 语言中选择结构的实现语句

对上述选择结构实现命令的相关解释：

①上述形式中的"操作 A"及"操作 B"可能对应一条语句（命令），也可能对应多条语句，如果是多条语句，必须用一对大括号括起来，设置成"复合语句"，否则会产生语法或算法方面的错误。

②条件表达式必须用一对小括号括起来。

③条件表达式后面不要分号。

④书写程序时选择结构一般采用"缩进式"格式，控制部分前凸，被控制部分后凹，以便使控制部分与被控制部分的关系体现得比较明显，增加可读性。

【例 2-10】求一元二次方程根——关系运算符。

编程序求方程 $ax^2+bx+c=0$ 的根，要求考虑各种不同情况。

（1）分析：方程 $ax^2+bx+c=0$ 从形式上来看是一元二次方程，但在具体求解时情况比较复杂。当 a 为 0 时变成了一元一次方程 $bx+c=0$，当 a 不为 0 时为一元二次方程，此时若 $b^2-4ac>0$，则有两个不相等的实根，若 $b^2-4ac=0$，则有两个相等的实根，否则没有实根。

（2）算法：在允许 3 个系数任意输入的情况下，详细算法如图 2-19 所示。

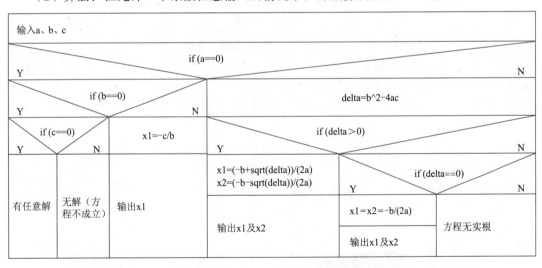

图 2-19　例 2-10 的详细算法描述

图 2-19 中的 sqrt() 是指开平方，是 C 语言的一个标准函数，在头文件 math.h 中。另外，改变运算优先级通过加小括号"("和")"实现，可以多层嵌套，此时，按从内到外的顺序依次计算。

此例共分为 6 种情况，用了 5 个选择结构层层嵌套加以区分。

（3）算法实现：

```
#include <stdio.h>
#include <math.h>          // 将数学运算类头文件包含进来以便使用其中的数学函数
```

```
int main()
{
    double a,b,c,delta,x1,x2;
    printf(" 请输入 3 个系数: ");
    scanf("%lf%lf%lf",&a,&b,&c);      //double 型数据的输入在 VC 6.0 中要用 %lf
    if(a==0)                          // 一元一次方程
    {
        if(b==0)
            if(c==0)
                printf(" 方程有任意解! \n");
            else    //c 不等于 0
                printf(" 方程不成立! \n");
        else        //b 不等于 0
        {           // 复合语句
            x1=-c/b;
            printf(" 此一元一次方程的根为: x-%f\n",x1);
        }
    }
    else            //a 不等于 0, 一元二次方程
    {
        delta=b*b-4*a*c;
        if(delta>0)
        {    // 复合语句
            x1=(-b+sqrt(delta))/(2*a);
            x2=(-b-sqrt(delta))/(2*a);
            printf(" 一元二次方程有两个不相等的实根: x1=%f, x2=%f\n",x1,x2);
        }
        else      //delta 不大于 0
            if(delta==0)
            {    // 复合语句
                x1=-b/(2*a);
                printf(" 一元二次方程有两个相等的实根: x1=x2=%f\n",x1);
            }
            else //delta 小于 0
                printf(" 此一元二次方程无实根! \n");
    }
    return 0;
}
```

部分运行结果如图 2-20 ~ 图 2-23 所示。

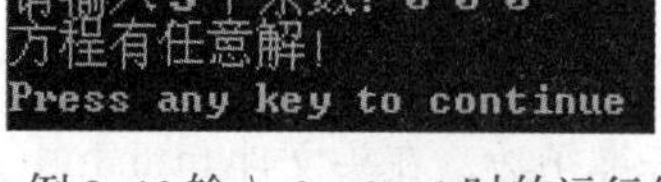

图 2-20　例 2-10 输入 0、0、0 时的运行结果

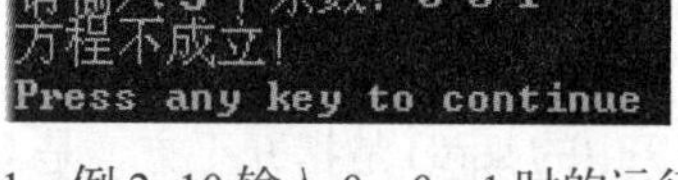

图 2-21　例 2-10 输入 0、0、1 时的运行结果

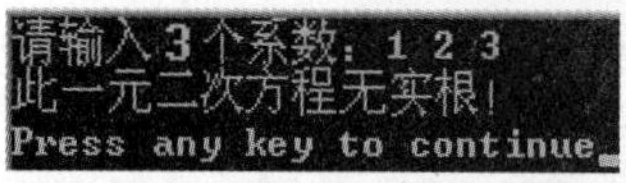

图 2-22　例 2-10 输入 1、2、3 时的运行结果

图 2-23　例 2-10 输入 1、2、1 时的运行结果

（4）说明：选择结构都用到条件，此时就要用到关系运算符及逻辑运算符来表示各种简单或复杂的条件。

关系运算符有 6 个，用于比较两个数据的大小关系，如表 2-4 所示。

表 2-4　关系运算符

关系运算符	格　式	作　用	结　果	举　例
>	a>b	判断 a 是否大于 b	都是用来判断运算符两边的表达式（即 a 和 b）能否使中间的运算符所表明的关系成立，结果只有两种可能性："成立"或"不成立"。在传统的 C 语言版本中，没有逻辑型的数据类型，"成立"用数值 1 表示，"不成立"用数值 0 表示	10>20 的结果为 0 15.8>3.6 的结果为 1
>=	a>=b	判断 a 是否大于等于 b		10>=20 的结果为 0 15.8>=3.6 的结果为 1
<	a<b	判断 a 是否小于 b		10<20 的结果为 1 15.8<3.6 的结果为 0
<=	a<=b	判断 a 是否小于等于 b		10<=20 的结果为 1 15.8<=3.6 的结果为 0
==	a==b	判断 a 是否等于 b		10==20 的结果为 0 15.8==3.6 的结果为 0
!=	a!=b	判断 a 是否不等于 b		10!=20 的结果为 1 15.8!=3.6 的结果为 1

对表 2-4 的相关解释：

①表 2-4 中的 a 和 b 可以是常量，也可以是变量或表达式（如 2+3*5 就是一个算术表达式）。

②如果运算符由两个符号组成（如 <=），两个符号中间不允许出现空格等其他符号。

③位于关系运算符两边参加比较的两个表达式（即表 2-4 中的 a 和 b 所代表的对象）的数据类型要么相同（如都是 int 型或 float 型），要么兼容（如一个是 int 型而另一个为 float 型），否则比较的结果没有意义。

④比较的结果有两种："成立"和"不成立"。传统 C 语言版本中没有设置逻辑型的数据类型，比较结果"成立"和"不成立"分别用数值 1 和 0 表示。

⑤数值的比较按其数学意义来进行。

⑥单个字符也可以比较大小，其大小的依据是每个字符所对应的内部编码，一般为 ASCII 码，编码大的则大，编码小的则小，如果在采用 ASCII 编码的情况下，'a'<'b' 的结果为 1（'a' 的编码小于 'b' 的编码），而 'a' >'A' 的结果为 1（'a' 的编码大于 'A' 的编码）。具体各字符的编码可查看附录 D。

⑦字符串（即多个字符，如人的姓名）也可以比较大小，其比较特点是"逐位比较"，即两个字符串先按照排在第一位上的字符比较大小，若能区分大小则得出大小比较结果，若不能区分大小则进一步再按第二位上的字符比较大小……

```
1234>456      // 数值比较，整体进行比较，比较结果是 1（成立）
"1234">"456"  // 字符串比较，逐位进行比较，比较结果是 0（不成立）
```

【例 2-11】多位整数的分解——逻辑运算符。

任意从键盘输入一个三位正整数，要求正确分离出它的个位、十位和百位数，并分别在屏幕上输出。

（1）分析：将一个多位整数分解，可以通过整除及求余去实现。

（2）算法：解决此问题的最简单算法如图 2-24 所示。

选择结构程序设计
及逻辑运算

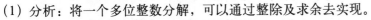

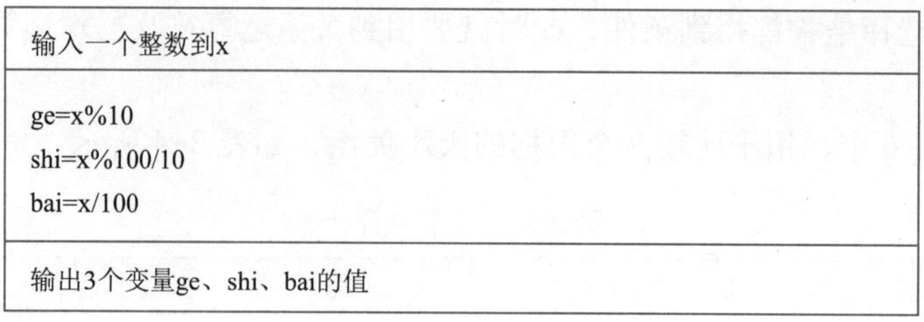

输入一个整数到x
ge=x%10 shi=x%100/10 bai=x/100
输出3个变量ge、shi、bai的值

图 2-24 例 2-11 的算法

（3）算法实现：

```c
#include <stdio.h>
int main()
{
    int x,ge,shi,bai;
    printf("请输入一个正整数: ");
    scanf("%d",&x);
    ge=x%10;
    shi=x/10%10;
    bai=x/100;
    printf("百位: %d, 十位: %d, 个位: %d\n",bai,shi,ge);
    return 0;
}
```

部分运行结果如图 2-25 和图 2-26 所示。

图 2-25 例 2-11 输入 123 时的运行结果　　图 2-26 例 2-11 输入 1234 时的运行结果

（4）说明：第二次运行的结果不对，百位产生了错误输出，原因在于本程序假定输入的肯定是三位正整数，但实际输入的数不是三位正整数，从而产生了错误结果。

现在，对原来算法进行改进，输入数后如果是三位正整数则继续分解其各位上的数字；如果不是三位正整数，则给出一个错误提示。改进后的算法流程如图 2-27 所示。

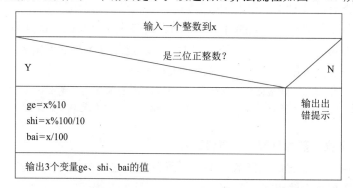

图 2-27 例 2-11 改进后的算法流程（1）

如何判断一个整数是三位正整数呢？三位正整数的正常取值应该在 100～999 之间，即

应该是 (x>=100) 并且 (x<=999) 或者 (x>99) 并且 (x<1000)。因此，只要判断整数 x 的取值是否在要求的区间内，就可确定其是否为三位数。新的算法描述如图 2-28 所示。

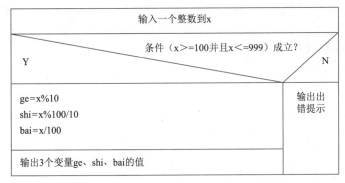

图 2-28 例 2-11 改进后的算法流程（2）

此例中的条件是个复杂条件。对于复杂条件，需要先分别写出单条件，再用相应符号将各个单条件组合起来，最终形成复杂条件，这就要用到"逻辑运算符"来对各单条件进行组合。

逻辑运算符有 3 个，如表 2-5 所示。

表 2-5 逻辑运算符

逻辑运算符	格　式	作　用	举　例			说　明
&&（与）	a&&b	判断 a 和 b 是否同时成立（为 1）	a	b	a&&b	a 和 b 都为 1 时结果为 1，其他情况下结果都为 0，对应于现实中的"并且"
			0	0	0	
			0	1	0	
			1	0	0	
			1	1	1	
‖（或）	a‖b	判断 a 和 b 是否至少有一个成立（为 1）	a	b	a‖b	a 和 b 都为 0 时结果为 0，其他情况下结果都为 1，对应于现实中的"或者"
			0	0	0	
			0	1	1	
			1	0	1	
			1	1	1	
!（非）	!a	对 a 取反	a		!a	取反
			0		1	
			1		0	

对表 2-2 的相关解释：

①表中的 a 和 b 可以是常量，也可以是变量或表达式，其数据类型应该是逻辑型的，在传统 C 语言版本中取值为 0（不成立）或 1（成立）。

②传统 C 语言版本中没有设置逻辑型的数据类型，逻辑型的值"成立"和"不成立"分别用数值 1 和 0 表示，但因为数值的取值比较多，在实际应用中，若将一个数值当作逻辑型的数据去使用，则 0 按"不成立"对待，而非 0 值都按"成立"对待。

③对于一些比较复杂的条件，必须先分解成简单条件，再利用逻辑运算符逐个连接起来，最终形成一个复杂条件表达式，如前面的例子可写成如下表达式：

```
(x>=100)&&(x<=999)        // 正确
```

注意：下面这种形式在现实当中是允许的，但在计算机内无法达到预期目的，因此不能写成这种形式。

```
(100<=x<=999)                    // 错误
```

至此，例 2-11 程序如下：

```
#include "stdio.h"
int main()
{
    int x,ge,shi,bai;
    printf("请输入一个正整数: ");
    scanf("%d",&x);
    if((x>=100)&&(x<=999))        // 复杂条件
    {   // 复合语句开始位置
        ge=x%10;
        shi=x/10%10;
        bai=x/100;
        printf("百位: %d, 十位: %d, 个位: %d\n",bai,shi,ge);
    }   // 复合语句结束位置
    else
        printf("输入数据不是三位正整数! \n");
    return 0;
}
```

部分运行结果如图 2-29 和图 2-30 所示。

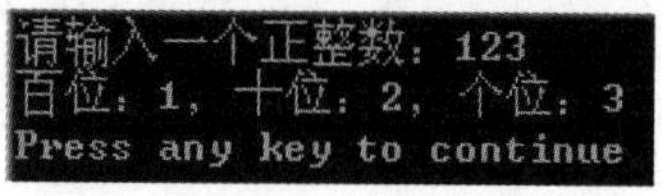

请输入一个正整数: 123
百位: 1, 十位: 2, 个位: 3
Press any key to continue

请输入一个正整数: 1234
输入数据不是三位正整数!
Press any key to continue

图 2-29 例 2-11 输入 123 时的运行结果 　　图 2-30 例 2-11 输入 1234 时的运行结果

上述程序中，若将其中标志复合语句开始及结束位置的一对大括号去掉，则编译时就会出错，表明有语法错误。

对于此例，也可以将判断的条件反过来，则左右分支的执行语句也要做相应对调，如图 2-31 所示。

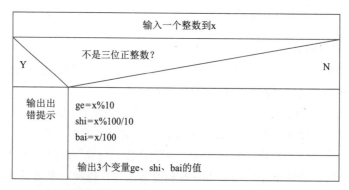

图 2-31 例 2-11 调整左右分支后的 N-S 图（一）

将判断条件具体化后的算法如图 2-32 所示。

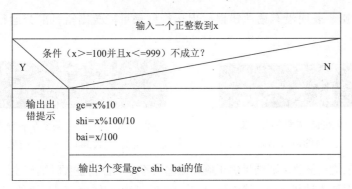

图 2-32　例 2-11 调整左右分支后的 N-S 图（二）

在条件不成立时（右分支）要执行多条语句，此时应将与右分支对应的多条语句用一对大括号括起来，设置成复合语句，相应程序如下：

```c
#include "stdio.h"
int main()
{
    int x,ge,shi,bai;
    printf("请输入一个正整数: ");
    scanf("%d",&x);
    if(!((x>=100)&&(x<=999)))
        printf("输入数据不是三位正整数！\n");
    else
    { // 复合语句开始位置
        ge=x%10;
        shi=x/10%10;
        bai=x/100;
        printf("百位: %d, 十位: %d, 个位: %d\n",bai,shi,ge);
    } // 复合语句结束位置
    return 0;
}
```

运行结果与前面相同。

此程序中，若将其中标志复合语句开始及结束位置的一对大括号去掉，程序如下：

```c
#include "stdio.h"
int main()
{
    int x,ge,shi,bai;
    printf("请输入一个正整数: ");
    scanf("%d",&x);
    if(!((x>=100)&&(x<=999)))
        printf("输入数据不是三位正整数！\n");
    else
        ge=x%10;        // 语句 1
        shi=x/10%10;    // 语句 2
        bai=x/100;      // 语句 3
        printf("百位: %d, 十位: %d, 个位: %d\n",bai,shi,ge);   // 语句 4
    return 0;
}
```

则编译不出错，表明没有语法错误，但运行结果可能会出错，部分运行结果如图 2-33 和图 2-34 所示。

图 2-33　例 2-11 调整左右分支后　　　　图 2-34　例 2-11 调整左右分支后
　　　　输入 123 时的运行结果　　　　　　　　　输入 1234 时的运行结果

输入如果是三位正整数，则结果仍正确，但输入不是三位正整数时则产生了错误的输出。产生此种错误的原因是这时 if...else... 结构只对"语句 1"有控制作用，对后面的三条语句"语句 2、语句 3、语句 4"都没有控制作用，即无论条件成立与否，后 3 条语句都要执行，但其实在输入的值不是三位正整数的情况下，这三条语句不应该执行，所以就会有输入 1234 时输出错误结果的情况发生。这属于一种逻辑错误，在相应位置加上标志复合语句的大括号就可避免此类情况的发生。

至此，大括号在 C 语言中的作用有两个：一是作为函数体开始和结束的标志；二是作为复合语句开始和结束的标志。

2.5　循环结构程序设计

某些情况下，算法中的有些步骤需要反复多次执行，此时就会用到循环结构。

【例 2-12】求两个正整数的最大公约数——当型循环。

（1）分析：最大公约数在分数化简时经常用到，指能同时被几个正整数整除的最大整数，如 60 和 80 的最大公约数为 20，比较好计算，但 12345678 与 123456 的最大公约数是多少呢？手工计算就不太好完成了，此时，可借助于计算机解决此问题。

循环结构程序设计——求最大公约数

要计算两个正整数 m 和 n（设 m<=n）的最大公约数，一种方法是按其定义进行，设一个变量 i，从 1 至 m 逐个反复取数去试，最后一次能被 m 和 n 同时整除的 i 则为最大公约数；另一种方法是让 i 从大（m）到小（1）逐个取值去试，第一次能被 m 和 n 同时整除的 i 就是所要计算的最大公约数。按后一种方法设计的算法描述如图 2-35 所示。

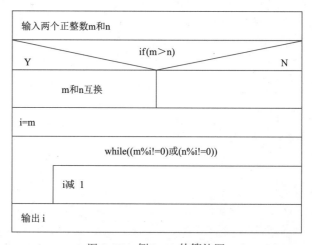

图 2-35　例 2-12 的算法图

（2）算法：算法中的条件 (m%i!=0) 或 (n%i!=0) 表示 m 和 n 中至少有一个不能整除 i，表明当前的 i 取值还不是 m 和 n 的最大公约数，需要再试下一个，反复去试，这就要用到循环结构。

（3）算法实现：对于例 2-12，可用 while 语句实现。

```
#include "stdio.h"
int main()
{
    int m,n,t,i;
    printf("请输入两个正整数: ");
    scanf("%d%d",&m,&n);
    if(m>n)                      // 若 m 比 n 大则交换
    {
        t=m;                     // 以下三条语句实现 m 和 n 的内容的互换
        m=n;
        n=t;
    }
    i=m;                         // 初始化循环控制变量
    while((m%i!=0)||(n%i!=0))    // i 不能被 m 或 n 整除时则重复进行循环
        i--;                     // 循环体，需反复执行。等价于 i=i-1，即使 i 的值减 1
    printf("所求最大公约数为: %d\n",i);
    return 0;
}
```

部分运行结果如图 2-36 所示。

（4）说明：C 语言中的循环结构有两种：当型循环和直到型循环，具体有三条实现语句。其中当型循环 N-S 图如图 2-37 所示。

图 2-36　例 2-12 程序运行结果

图 2-37　当型循环 N-S 图

对当型循环的解释：

①执行流程：先判断条件，若成立则执行一次循环体语句，然后再去判断条件，若成立再执行循环体语句……即"当条件成立时反复执行循环体"，条件不成立时结束循环。

②执行特点：先判断条件后执行循环体。

③条件判断至少 1 次，循环体最少执行 0 次（第一次判断条件就不成立）。

④条件判断和循环体的执行可以是很多次，但不能是无数次，那样会违反算法的有穷性原则。

当型循环在 C 语言中的实现语句如下：

```
while(条件表达式)
    循环体语句 ;
```

对当型循环执行命令的解释：

①循环体如果由一条以上语句组成，则要设置成复合语句，否则达不到预期目的。

②通常需要在循环体内设置改变条件表达式结果的语句以使循环能正常结束，否则会形成永不结束的"死循环"。

③条件表达式后面一般不直接加分号";"，否则达不到预期效果。

④书写程序时一般采用"缩进式"格式，控制部分前凸，被控制部分后凹，以便使控制部分与被控制部分的关系体现得比较明显，增加可读性。

例 2-12 中在"m>n"时需要互换，假设 m 为 8，n 为 6，互换一般按如下步骤实现：

① t=m; 将 m 中原来的值临时存入 t。

② m=n; 将 n 中的值存入 m，覆盖 m 中原来的值。

③ n=t; 将 t 中所存的 m 的原来的值存入 n。

交换过程如图 2-38 所示。

交换过程中的变量变化情况如图 2-39 所示。

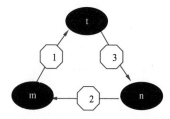

步骤	m	n	t
开始交换前	8	6	未知
t=m;	8	6	8
m=n;	6	6	8
n=t;	6	8	8

图 2-38　交换过程　　　　图 2-39　交换过程中的变量变化情况

对上述程序有如下说明：

①循环体有可能执行很多次，也有可能一次也不执行，例如，输入的两个值为 10 和 20 时，第一次判断条件就不成立，循环体就根本不执行。

②在循环体内要对循环条件进行修改，否则将可能出现循环无法结束的情况（死循环），此例中通过语句"i--;"修改循环控制变量以使循环正常结束。

③在执行 while 语句之前，循环控制变量（即程序中的 i）必须初始化，否则执行的结果将是不可预知的，原因是在 C 语言中如果变量在定义之后没有赋值，则其值通常是一个随机数。

④此程序有一定缺陷，即输入的两个数必须保证是正整数，否则无法得到正确结果。如果允许任意输入，则要改进原算法。

⑤这种计算最大公约数的算法速度比较慢，效率比较高的有"辗转相除法"，可查看相关资料。

【例 2-13】多项式求和（累加）——直到型循环。

按下式计算圆周率的近似值，直到最后一项的绝对值小于 0.000 001 为止。

$$\frac{\pi}{4} \approx 1 - \frac{1}{3} + \frac{1}{5} - \frac{1}{7} + \frac{1}{9} \cdots \frac{1}{2n-1} \tag{2-1}$$

（1）分析：此公式的关键是计算右面表达式的值。

可将减去一个数看作加上一个负数，则右面表达式实质是计算很多个数的和。按传统思想，写一个比较长的加法表达式，则表达式特别长，程序实际无法完成；写成多个加法式，则式子非常多，也难以实现。那么，到底如何实现求和呢？按数学方面的性质，设 s_i 代表前 i 项之和，则有如下公式：

$$\begin{cases} s_i = 0 & , i = 0 \\ s_i = s_{i-1} + a_i & , i \geqslant 1 \end{cases} \qquad (2\text{-}2)$$

式中，a_i 表示原式中第 i 项的值。

式（2-2）右边表达式的计算可按表 2-6 所示过程进行。

表 2-6　圆周率计算的迭代过程

i	s_i	a^i	功　能
0	$s_i=0$		s_i 对应 s_0
1	$s_i=s_i+a_i$	a_i 取 1	左边 s_i 对应 s_1，右边 s_i 对应 s_0
2	$s_i=s_i+a_i$	a_i 取 -1/3	左边 s_i 对应 s_2，右边 s_i 对应 s_1
3	$s_i=s_i+a_i$	a_i 取 1/5	左边 s_i 对应 s_3，右边 s_i 对应 s_2
4	$s_i=s_i+a_i$	a_i 取 -1/7	左边 s_i 对应 s_4，右边 s_i 对应 s_3
…	…	…	…

可见，只要按上述步骤执行足够多的"$s_i=s_i+a_i$"操作，即可最终计算出所需要的 s_i。在不同的步骤，s_i 及 a_i 代表不同的数据。这个计算过程是一个重复进行的过程，可通过循环结构实现。

设一个变量 s_i，初值为 0，然后将 a_i 逐个累加到 s_i 中即可实现多个值求和。另外，分析 a_i 的规律可发现，a_i 的绝对值与其序号 i 之间的关系为：$|a_i|=\dfrac{1}{2i-1}$，而符号变化的规律是一正一负。再设一个变量 signal，用于表示当前 a_i 的符号，初值取 1，每计算一个 a_i，signal 取一次反，就可获得相应 a_i 的符号，从而第 i 项的真实值为 $a_i=\text{signal} \times |a_i|$。

（2）算法：有关上述问题的详细算法如图 2-40 所示。

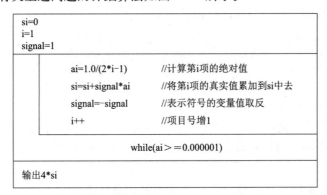

图 2-40　例 2-13 的详细 N-S 图

（3）算法实现：

```
#include "stdio.h"
int main()
{
    int i=1,signal=1;          // 这两行用于定义变量并赋初值
    double si=0,ai;
    do
    {  // 复合语句
        // 计算第 i 项的绝对值，要用到小数部分，式中取 1.0 而非 1 以实现实数除
```

```
        ai=1.0/(2*i-1);
        si=si+signal*ai;          // 将第 i 项的真实值累加到 si 中去
        signal=-signal;           // 表示符号的变量值取反
        i++;                      // 数据项号增 1
    }while(ai>=0.000001);         // 加分号以表示循环的结果
    printf("圆周率的近似值为 %.16f\n",4*si);// 输出结果
    return 0;
}
```

程序运行结果如图 2-41 所示。

（4）说明：例 2-13 所对应算法中用到直到型循环，其 N-S 图如图 2-42 所示。

圆周率的近似值为3.1415946535856922
Press any key to continue_

循环体语句
while(条件)

图 2-41　例 2-13 程序运行结果　　　　　图 2-42　直到型循环 N-S 图

对直到型循环的解释：

①执行流程：先执行一次循环体语句，再判断条件，若成立再执行循环体语句，然后再去判断条件……即"反复执行循环体直到条件不成立"，条件不成立时结束循环。

②执行特点：先执行循环体后判断条件。

③循环体最少执行 1 次，条件判断至少 1 次。

④条件判断和循环体的执行可以是很多次，但不能是无数次，那样会违反算法的有穷性原则。

直到型循环在 C 语言中的实现语句如下：

```
do
    循环体语句 ;
while ( 条件表达式 );
```

对直到型循环执行命令的解释：

①循环体如果是由一条以上语句组成，则要设置成复合语句，否则达不到预期目的。

②一般需要在循环体内设置改变条件表达式结果的语句以使循环能正常结束，否则会出现"死循环"。

③条件表达式后面需要加分号";"以作为本循环语句结束的标志。

④书写程序时一般采用"缩进式"格式，以便使控制部分与被控制部分的关系体现得比较明显，增加可读性。

对上述程序有如下说明：

①循环体若由多条语句组成，要用大括号括起来以作为一个整体对待，即设置成复合语句。

②循环体内要对循环条件进行修改，否则将可能出现死循环。

③在执行 do...while 语句之前，与循环相关的变量必须初始化，否则执行的结果将是不可预知的。

【例 2-14】求阶乘（累乘）——for 循环。

输入一个正整数 n，计算其阶乘 n!。

循环结构程序设计累——
乘及 for 循环

（1）分析：n! = 1×2×3×4×…×n。计算 n! 的过程就是累乘的过程。

（2）算法：参照例 2-13 累加，上述问题的详细算法如图 2-43 所示。

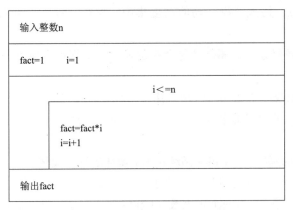

图 2-43 例 2-14 的详细算法描述

（3）算法实现：

```
#include <stdio.h>
int main()
{
    int i,n,fact;
    printf("please input n(>=0):");
    scanf("%d",&n);
    fact=1;
    for(i=1;i<=n;i++)
        fact=fact*i;
    printf("%d!=%d\n",n,fact);
    return 0;
}
```

程序运行结果如图 2-44 所示。

（4）说明：

for 循环实质为当型循环的一种紧凑格式，实现的仍然是当型循环的功能。其格式如下：

```
for(表达式1;表达式2;表达式3)
    循环体语句；
```

①执行流程：先执行表达式 1（一般用于初始化循环控制变量），再判断表达式 2（为循环控制条件）是否成立，若成立则执行循环体语句，然后再执行表达式 3（一般用于修改循环控制变量的值），然后再判断表达式 2……；若表达式 2 不成立则结束循环。执行流程如图 2-45 所示。

please input n(>=0):5
5!=120
Press any key to continue

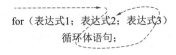

图 2-44 例 2-14 程序运行结果

图 2-45 for 循环执行流程

②表达式 1 只执行 1 次，表达式 2 至少执行 1 次，循环体最少执行 0 次，表达式 3 最少执行 0 次。

③ for 循环的特点：格式紧凑，功能高度集中，执行过程中先判断条件后执行循环体，所以是"当型循环"。

④ 3 个表达式之间用分号分隔，且每个表达式理论上都可以缺省，但分号不能省（必须两个）。

⑤循环体若为两条及以上语句，需用大括号括起来，设置成复合语句。

⑥书写程序时一般采用"缩进式"格式，以便使控制部分与被控制部分的关系体现得比较明显，增加可读性。

【例 2-15】素数的判断——while 循环和 for 循环的异同比较。

素数是指在一个大于 1 的自然数中，除了 1 和此数自身外，不能被其他自然数整除的数。换句话说，只有两个正因数（1 和它本身）的自然数即为素数。比 1 大但不是素数的自然数称为合数。2 是最小的素数，也是唯一的一个偶素数。

循环结构程序设计——while 循环和 for 循环

素数具有许多独特的实际应用价值，如可用于信息加密。对于大素数的探寻能力如何，在某种意义上标志着一个国家的科技水平。对于比较小的整数，要判断其是否为素数比较容易做到，但对于大的数就比较困难了。请编程判断一个整数是否为素数。

（1）分析：判断素数的最简便方法是利用素数的定义。

对于一个自然数 x，如果它为素数，则在 2～x-1 范围内没有一个数能被 x 整除；如果不为素数，则至少可以被 2～x-1 范围内的一个整数整除。因此，只要在 2～x-1 范围内逐个取数去除 x，看能否被 x 整除，就可最终确定 x 是否为素数。

（2）算法：算法 N-S 图如图 2-46 所示。

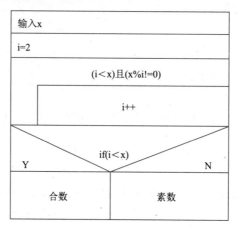

图 2-46　例 2-15 的算法 N-S 图

在循环条件中，"i<x"在整数范围内等价于"i<=x-1"，意味着还没有判断完，而"x%i!=0"意味着当前的 i 还不能被 x 整除。循环结束后，若 i<x 则说明在 2～x-1 之间有某个 i 能被 x 整除（x%i==0），反之则说明 2～x-1 之间没有一个 i 能被 x 整除。

（3）算法实现：此算法可以用 while 语句实现。程序如下：

```
#include <stdio.h>
```

```
int main()
{
    int x,i;
    printf(" 输入一个自然数: ");
    scanf("%d",&x);
    i=2;                          // 初始化循环控制变量
    while((i<x)&&(x%i!=0))        // 判断条件
        i++;                      // 改变循环控制变量的值
    if(i<x)
        printf(" 合数! \n");
    else
        printf(" 素数! \n");
    return 0;
}
用 for 循环则程序更为简练, 如下:
#include <stdio.h>
int main()
{
    int x,i;
    printf(" 输入一个自然数: ");
    scanf("%d",&x);
    for(i=2;(i<x)&&(x%i!=0);i++)
        ;        // 循环体本身不需要做什么, 仅放了只包含分号的 "空语句", 不能省
    if(i<x)
            printf(" 合数! \n");
    else
            printf(" 素数! \n");
    return 0;
}
```

程序部分运行结果如图 2-47、图 2-48 所示。

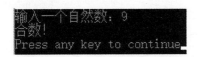

图 2-47　例 2-15 输入 9 时的运行结果　　图 2-48　例 2-15 输入 5 时的运行结果

（4）说明：对于"当型循环"，明显 for 语句比 while 语句更简练，所以实际编程中，当型循环通常用 for 语句实现。

需要说明的是，C 语言中单独一个分号就是一条语句，称为"空语句"，不完成任何具体工作，但符合语法规则。另外，此程序在实际应用中不能输入小于 1 的整数，否则会产生错误的结果，若允许任意输入，则算法需要改进。

当型循环和直到型循环最关键的差别是当型循环先判断条件后执行循环体，其循环体最少执行次数为 0 次。直到型循环是先执行循环体后判断条件，其循环体最少执行次数为 1 次。因此，若循环体最少执行次数为 0 次，则应该选择当型循环，具体可以是 while 循环或 for 循环。若循环体最少执行次数为 1 次，则选择当型循环或直到型循环都可以。

2.6　三种控制结构的综合应用

实际问题一般都比较复杂，同一个算法中会出现多种结构。按结构化程序设计方法的相关规定，允许3种控制结构同时出现在同一算法中，相互嵌套——即一种结构中允许其他结构的出现。下面通过一些具体例子加以说明。

穷举算法等
示例

【例2-16】百分制向五分制的转换——选择结构的嵌套及switch多分支语句。

编程序按表2-7所示完成百分制成绩向五分制成绩的转换。

表2-7　由百分制向五分制转换规则

百分制	100～90	89～80	79～70	69～60	60以下
五分制	5	4	3	2	1

（1）分析：此问题情况比较多，若考虑输入不合法的情况（百分制成绩低于0分或高于100分），则共有6种情况。

（2）算法：按题目要求，转换可按下面步骤进行（见图2-49）。

从图2-49中可看出，总共6种情况，包括5种正常情况和1种非正常输入情况，出现了5个选择结构，即所谓的选择结构的嵌套。

从前面选择结构的例子可看出，一个常规选择结构只能区分两种情况，如果要区分的情况比较多，在两种以上，一种可行的办法是用多个选择结构加以区别，此例即属于这种情况。

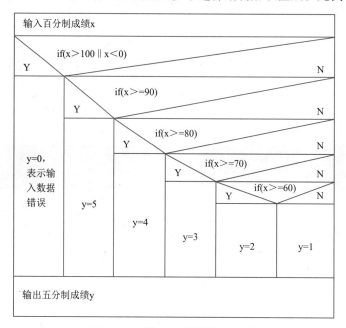

图2-49　例2-16的算法N-S图

（3）算法实现：

```c
#include <stdio.h>
int main()
{
    int x,y;
```

```
    printf(" 请输入百分制成绩: ");
    scanf("%d",&x);
    if((x>100)||(x<0))
        y=0;
    else
        if(x>=90)
            y=5;
        else
            if(x>=80)
                y=4;
            else
                if(x>=70)
                    y=3;
                else
                    if(x>=60)
                        y=2;
                    else
                        y=1;
    printf(" 对应的五分制成绩为: %d\n",y);
    return 0;
}
```

另外，C 语言中还有一条多分支语句 switch，可用来处理分支情况比较多的这类问题。其一般格式如下：

```
switch( 表达式 )
{
    case 常量1:    语句序列 1; [break;]
    case 常量2:    语句序列 2; [break;]
    ...
    case 常量n:    语句序列 n; [break;]
    [default:]     [语句. n+1;]
}
```

此语句的基本执行流程如下：

先计算表达式的值，然后将该表达式的结果与复合语句内包含的各个常量按"从上到下"次序依次进行比较，若表达式的值与某常量的值相等，则执行其后相应的语句序列。

switch 为此多分支语句的开始标志，而关键字 case 后面则列出表达式各种可能的取值情况。在一个 switch 语句中可以采用任意顺序来包含任意数目的 case 标签。但是，如果表达式的值与所有 case 值都不匹配，那么将不执行任何语句，除非遇到关键字 default。关键字 default 是可选项，可根据需要设置，若表达式的值与所有 case 值都不匹配，则执行与 default 相对应的语句。

一旦表达式的值与某个 case 后面的常量值相等，则从对应位置开始执行语句，所有后面的 case 值都会被忽略，所有后面的语句序列都会被执行，一直持续到复合语句结束，除非遇到关键字 break。break 的作用是跳过其后所有语句，结束 switch 语句的执行而直接向下进行。

对于例 2-16，也可以用 switch 语句实现。程序如下：

```
#include <stdio.h>
int main()
{
    int x,y;
    printf("请输入百分制成绩: ");
    scanf("%d",&x);
    if((x>100)||(x<0))
        y=0;
    else
        switch(x/10)          // 除以10以减少情况, 否则需要列举的情况太多
        {
            case 10:          // 以下两个case值对应同一组语句
            case 9:
                y=5;break;
            case 8:
                y=4;break;
            case 7:
                y=3;break;
            case 6:
                y=2;break;
            case 5:           // 以下多个case值对应同一组语句
            case 4:
            case 3:
            case 2:
            case 1:
            case 0:
                y=1;break;
        }
    printf("对应的五分制成绩为: %d\n",y);
    return 0;
}
```

在使用switch语句时, 可以使多个case值对应同一组语句, 这是完全允许的。

程序部分运行结果如图2-50所示。

图2-50　例2-16输入68、100、30、105时的程序运行结果

（4）说明: C语言中的switch语句只能将"表达式"的值与各case后的常量值按"相等"这一种条件进行比较, 不能按其他条件甚至复杂的组合条件比较, 限制了其使用范围。另外, 多种情况的区分用多条if语句完全可以实现, 因此switch语句实际用得比较少。

【例2-17】求指定范围内符合条件的数的和——穷举算法（一）。

编程将1～10000间能被2、3、5分别整除的数的和求出来并输出。要求: 在判断时要按照2、3、5的优先顺序进行, 如6既能被2整除, 又能被3整除, 则只算到能被2整除的这种情况里。

（1）分析：设 3 个变量 s2、s3、s5 分别用于存放 3 个和，初值都置为 0，用"穷举法"将指定范围（1～10000）内的数逐个进行判断，属于哪种情况则累加到对应变量中，就可分别求出相应的和，最后再输出即可。

（2）算法：N–S 图如图 2–51 所示。

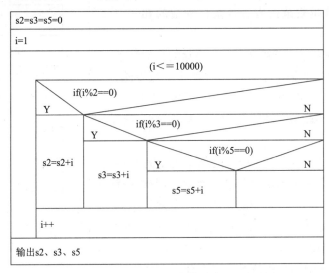

图 2-51　例 2-17 的算法 N-S 图

此算法中 3 种控制结构都出现了，而且出现了循环与选择结构的嵌套。

（3）算法实现：

```c
#include <stdio.h>
int main()
{
    int s2,s3,s5,i;
    s2=s3=s5=0;            // 这种格式在 C 语言中是允许的，从右向左逐个赋值
    for(i=1;i<=10000;i++)
        if(i%2==0)
            s2+=i;         // 等价于 s2=s2+i;，下同
        else
            if(i%3==0)
                s3+=i;
            else
                if(i%5==0)
                    s5+=i;
    printf(" 能被 2、3、5 整除的数的和分别为：%d,%d,%d\n",s2,s3,s5);
    return 0;
}
```

程序运行结果如图 2-52 所示。

```
能被2、3、5整除的数的和分别为：25005000,8336667,3336665
Press any key to continue
```

图 2-52　例 2-17 程序运行结果

（4）说明：上述算法中的循环体是用了 3 个选择结构的嵌套以实现从 4 种情况（能被 2 整除，能被 3 整除，能被 5 整除，不能被三者中的任何一个整除）中选择一种加以处理。

【例 2-18】求指定范围内符合条件的数的和——穷举算法（二）。

编程将 1～10000 之间能被 2、3、5 整除的数的和求出来并输出。要求：如果一个数能同时被多个数整除，则要算到多种情况里。例如，6 既能被 2 整除，又能被 3 整除，则要同时算到能被 2 整除及能被 3 整除这两种情况里。

（1）分析：此例与例 2-17 的不同之处在于，例 2-17 中每个数只可能属于 4 种情况（能被 2 整除，能被 3 整除，能被 5 整除，不能被三者中的任何一个整除）中的一种，这 4 种情况是相互排斥的，通过 3 个选择结构的嵌套实现了这 4 种情况的区分。

此例中 4 种情况中的某些情况允许重合。

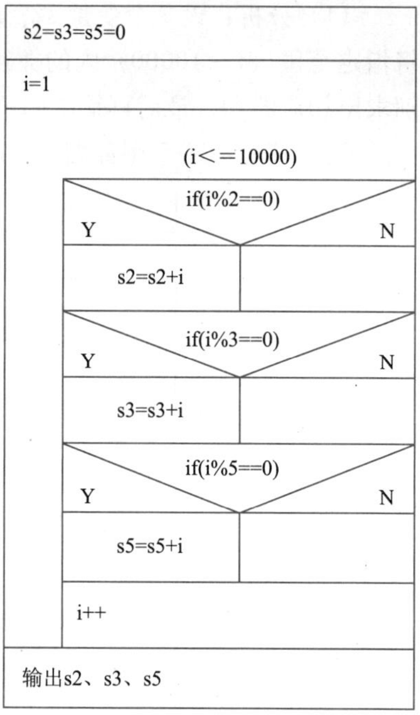

（2）算法：按图 2-53 所示算法 N-S 图进行。

图 2-53　例 2-18 的算法 N-S 图

排在前面的选择结构对后面的选择结构没有控制作用，保证了前一种情况判断完后（如先判断是否能被 2 整除），仍可继续判断后一种情况（如继续判断能否被 3 整除）。

（3）算法实现：

```c
#include <stdio.h>
int main()
{
    int s2,s3,s5,i;
    s2=s3=s5=0;
    for(i=1;i<=10000;i++)
    {
        if(i%2==0)
            s2+=i;
        if(i%3==0)
            s3+=i;
        if(i%5==0)
            s5+=i;
    }
    printf("能被 2、3、5 整除的数的和分别为: %d,%d,%d\n",s2,s3,s5);
    return 0;
}
```

程序运行结果如图 2-54 所示。

图 2-54　例 2-18 程序运行结果

（4）说明：上述算法中的循环体是用了 3 个平行而非嵌套的选择结构以保证前一种情况判断完了之后处于后面的情况仍然可以继续判断。

思考：在上述两种情况下，如果要求把不能被 2、3、5 整除的数的和也求出来，则算法如何设计，程序如何编制？

【例 2-19】找出指定范围内所有的素数——自顶向下、逐步细化方法。

请找出 1～10000 间的所有素数并统计个数。

（1）分析：用穷举算法逐个列出指定范围内所有的数并判断即可。

（2）算法：基本算法 N-S 图如图 2-55 所示。

二分法等
示例

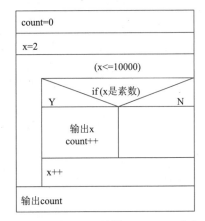

图 2-55 例 2-19 的算法 N-S 图（1）

注意：1 不是素数，故从 2 开始判断。

上述算法中判断 x 是否为素数还不够明确细致，可套用例 2-15 讲过的判断一个自然数是否为素数的算法进行细化，最终算法如图 2-56 所示。

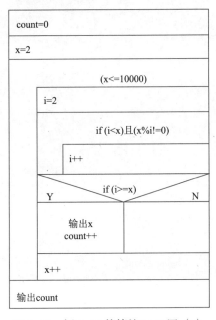

图 2-56 例 2-19 的算法 N-S 图（2）

对于一些复杂算法，可先设计出其主体结构，再逐步对其中的各个环节加以细化，最终将完整算法设计出来。这种设计方法通常称为"自顶向下，逐步细化"，是解决复杂问题的一种常用策略。

（3）算法实现：

```
#include <stdio.h>
int main()
{
    int x,i,count;
    count=0;
    for(x=2;x<=10000;x++)                  // 在指定范围内逐个取值
    {
        for(i=2;(i<x)&&(x%i!=0);i++)       // 判断是否为素数
            ;
        if(i>=x)                           // 为素数
        {
            printf("%8d",x);               // 输出
            count++;                       // 个数增 1
        }
    }
    printf("\n 共计有 %d 个素数。\n",count); // 输出总个数
    return 0;
}
```

程序运行结果如图 2-57 所示。

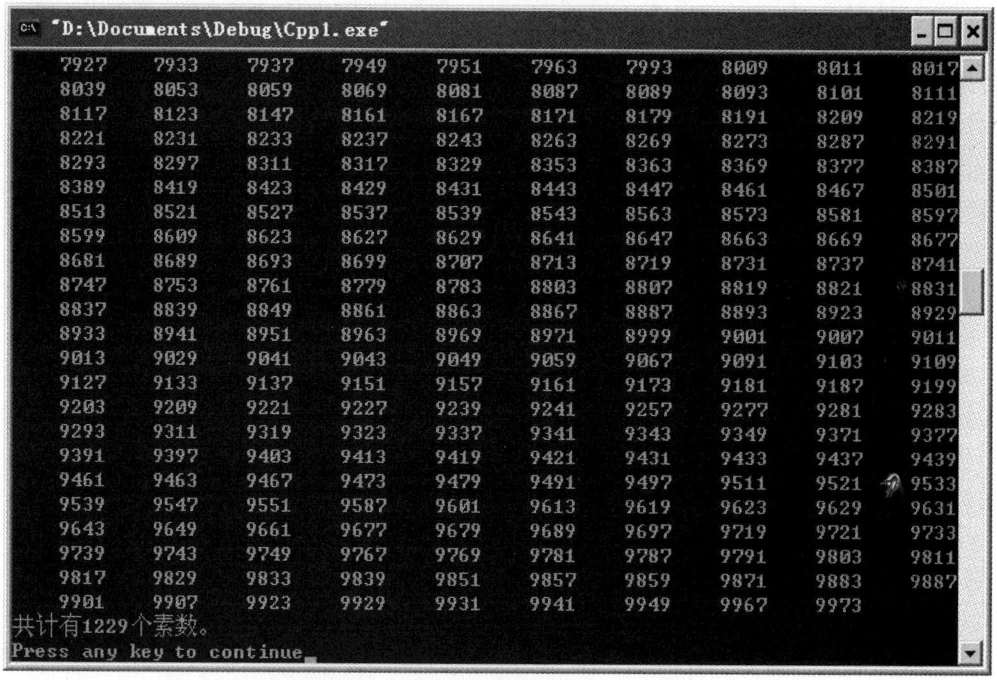

图 2-57　例 2-19 程序运行结果（部分）

（4）说明：通过此例的完成过程，体会"自顶向下，逐步细化"的程序设计方法。

【例 2-20】找嫌犯——将自然语言条件转换为计算机可识别条件的方法。

某处发生一起案件，侦察得知如下可靠线索：

ABCD 四人都有作案可能。

AB 中至少一人参与作案。

BC 中至少一人参与作案。

CD 中至少一人参与作案。

AC 中至少一人未参与作案。

请分析谁最有可能是案犯。

（1）分析：可采用穷举算法，将各种可能情形一一列举出来，再将符合条件的情形筛选出来，最后对筛选出来的情形做进一步分析，即可得到答案。

此例中每人有两种可能性（作案或未作案），则四人的各种组合情形共计有 16 种。

设 a、b、c、d 分别对应四人可能的情形，其合法取值各自有两种，这里用 0 表示未作案，1 表示作案，则条件"AB 中至少一人参与作案"可表示为"a+b>=1"，而条件"AC 中至少一人未参与作案"可表示为"a*c==0"，其他条件类似处理。

（2）算法：算法如图 2-58 所示。

算法中通过四个循环的嵌套使用，可将所有 16 种情形全部列举出来，再通过一个选择结构将符合条件的情形筛选出来输出，即可将符合条件的情形全部挑选出来。

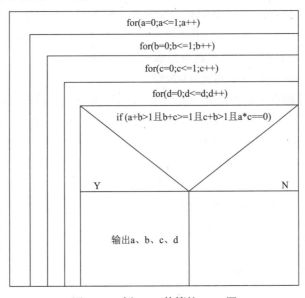

图 2-58　例 2-20 的算法 N-S 图

（3）算法实现：

```c
#include <stdio.h>
#include <math.h>
int main()
{
    char a,b,c,d;
    printf("A  B  C  D\n");
```

```
for(a=0;a<=1;a++)
    for(b=0;b<=1;b++)
        for(c=0;c<=1;c++)
            for(d=0;d<=1;d++)
                if((a+b>=1)&&(b+c>=1)&&(c+d>=1)&&(a*c==0))
                    printf("%d  %d  %d%  %d\n",a,b,c,d);
    return 0;
}
```

程序运行结果如图 2-59 所示。

统计输出结果，发现 B 为 1（对应作案）的次数最多，很明显 B 作案的可能性最大。

图 2-59　例 2-20 程序运行结果

（4）说明：在循环结构的嵌套中，越往内层的循环，因为其本身成了外层循环的循环体，故执行的频率越高，次数越多。例如本程序，最外层的循环只执行 2 次，而第二层的循环则共执行 4 次：a 为 0 时 b 分别取值 0 和 1，a 为 1 时 b 再分别取值 0 和 1。其他各层循环的执行情况依次类推。

一个好的程序，最终应该将可能的案犯直接输出，这就要求程序中对 a、b、c、d 各自为 1 的次数进行统计并将为 1 次数最多的变量所对应的人员输出，这个操作人工比较好实现，但就目前我们所掌握的编程知识，计算机里反而不太好实现，可以等后面章节学完后再进一步完善。

【例 2-21】求一元方程近似解的通用方法——二分法。

求方程 $3^x - 7x = 8$ 的近似解（精确到 0.0001）。

（1）分析：对于比较特殊的方程如一元二次方程，求其解比较简单，但对于一般性的方程，用传统的手工方式则很难实现，此时，可借助于计算机编程解决问题。

二分法是求一元方程根的一种通用方法，适用于绝大多数方程，下面进行详细介绍。

使方程 $f(x)=0$ 成立的实数称为方程的根（零点）。关于方程的根有以下说明：

方程 $f(x)=0$ 有实数根 $\Leftrightarrow$ 函数 $y=f(x)$ 的图像与 x 轴有交点 $\Leftrightarrow$ 函数 $y=f(x)$ 有零点。

根据零值定理，若函数 $y=f(x)$ 在闭区间 $[a,b]$ 上连续，并且 $f(a) \times f(b)<0$（即 $f(a)$ 与 $f(b)$ 异号），那么在开区间 (a,b) 内至少有一点 ξ，使得 $f(\xi)=0$ $(a<\xi<b)$。

对于在区间 $[a,b]$ 上连续、且 $f(a) \times f(b)<0$ 的函数 $y=f(x)$，通过不断取区间中间点将函数 $f(x)$ 的零点所在区间一分为二，重新确定一个长度只有原区间长度一半的新区间，从而使零点所在区间的两个端点逐步逼近零点，进而得到零点近似值的方法称为二分法。其逐步逼近零点的过程如图 2-60 所示。

（2）算法：给定精确度 ε，用二分法求函数 $f(x)$ 零点近似解的基本步骤如下：

①确定区间 $[a, b]$，验证 $f(a) \times f(b)<0$，给定精确度 ε。

②求区间 (a, b) 的中点 c。

③计算 $f(c)$。

若 $f(a) \times f(c)<0$，则令 $b=c$，此时零点 $x_0 \in (a,c)$，否则令 $a=c$，此时零点 $x_0 \in (c,b)$。

④判断是否达到精确度 ε：若 $|a-b|<\varepsilon$，则得到零点近似值为 a(或 b)；否则重复第②～④步。

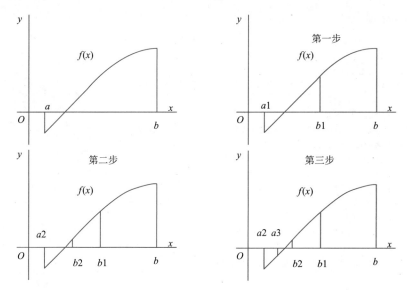

图 2-60　二分法求解示意图

详细算法如图 2-61 所示。

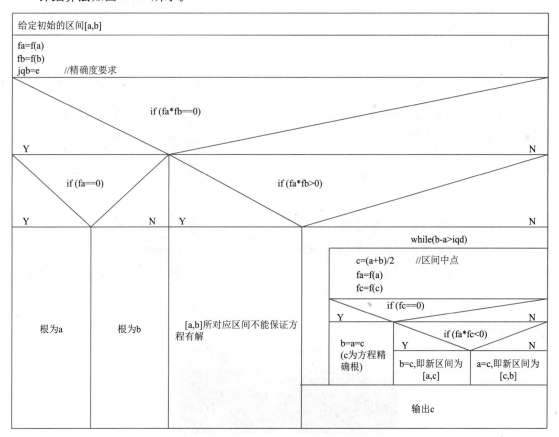

图 2-61　例 2-21 的算法 N-S 图

（3）算法实现：

```c
#include <stdio.h>
#include <stdlib.h>
#include <math.h>
int main()
{
    //a,b存放区间下界及上界,c存放区间中点
    //fa,fb,fc分别存放对应各点函数值,jqd存放精确度
    double a=0,b=8,c,fa,fb,fc,jqd=0.0001;
    int count=0;                // 用于统计迭代次数
    fa=pow(3,a)-7*a-8;          //pow(3,a)用于计算3的a次方
    fb=pow(3,b)-7*b-8;
    if(fa*fb==0)
        if(fa==0)
            printf("方程根为: %f\n",a);
        else
            printf("方程根为: %f\n",b);
    else
        if(fa*fb>0)
            printf("所给定的范围 [%f,%f] 内不能保证有实根 \n",a,b);
        else
        {
            while(b-a>jqd)
            {
                count++;        // 迭代次数增1
                c=(a+b)/2;      // 计算中间点
                fa=pow(3,a)-7*a-8;
                fc=pow(3,c)-7*c-8;
                if(fc==0)
                {
                    b=c;
                    a=c;
                }
                else
                    if(fa*fc<0)
                        b=c;
                    else
                        a=c;
            }
            printf("方程根为: %f，迭代次数: %d 次! \n",c,count);
        }
    return 0;
}
```

程序运行结果如图 2-62 所示。

图 2-62　例 2-21 程序运行结果

（4）说明：与此方法类似的还有牛顿迭代法及弦截法，性能更是优于二分法。

【例 2-22】输出等腰三角形——文本模式下图形题示例。

图形编程
示例

编程输出如图 2-63 所示形状图形，其中的行数由输入的值来控制。

（1）分析：此类题主要考查对循环结构程序中循环规律的分析及控制能力。为便于分析，给此图加上表格，标注行号及列号，如图 2-64 所示。

```
        *
       ***
      *****
     *******
    *********
```

	1	2	3	4	5	6	7	8	9
1					*				
2				*	*	*			
3			*	*	*	*	*		
4		*	*	*	*	*	*	*	
5	*	*	*	*	*	*	*	*	*

图 2-63　例 2-22 待输出的图形　　　　图 2-64　例 2-22 经标注后待输出的图形

以 5 行为例，分析可发现如下规律：

①第 r 行左边的空格数为 5-r 个。

②第 r 行的星号个数为 2r-1 个。

推广到一般情况，设总行数为 n，则有相应规律如下：

①第 r 行左边的空格数为 n-r 个。

②第 r 行的星号个数为 2r-1 个。

逐行按上述规律输出即可得到相应的图形。

（2）算法：基本算法 N-S 图如图 2-65 所示；对此算法细化，得到图 2-66 所示详细算法 N-S 图。

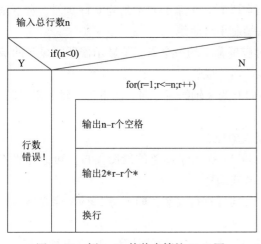

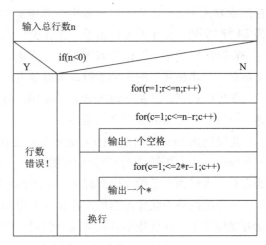

图 2-65　例 2-22 的基本算法 N-S 图　　　　图 2-66　例 2-22 的详细算法 N-S 图

（3）算法实现：

```c
#include <stdio.h>
int main()
{
    int n,r,c;
    printf("请输入行数: ");
    scanf("%d",&n);
```

```
       if(n<0)
          printf(" 行数错误！ \n");
       else
       {
           for(r=1;r<=n;r++)
           {
               for(c=1;c<=n-r;c++)
                   printf(" ");
               for(c=1;c<=2*r-1;c++)
                   printf("*");
               printf("\n");
           }
       }
       return 0;
}
```

程序运行结果如图 2-67 所示。

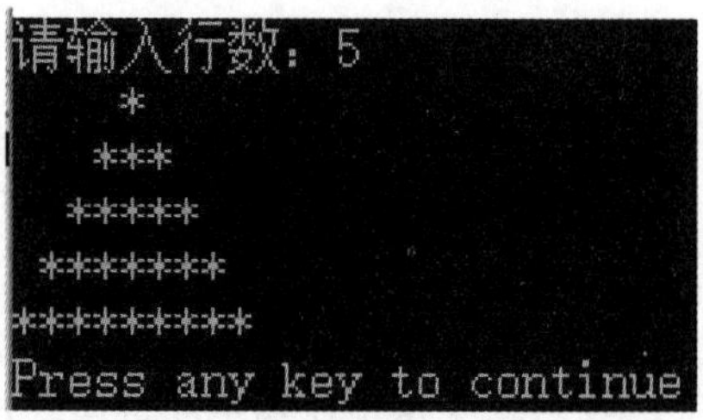

（4）说明：逐行输出，关键是找出每一行图形的
变化规律。

【例 2-23】输出正弦曲线——图形模式下图形题
示例。

编程输出 0 到 2π 范围内的正弦曲线图。

（1）分析：C 语言默认的显示模式为文本模式，
即文本字符形式下的显示方式，基本显示单位是字符。

图 2-67　例 2-22 程序运行结果

在默认方式下，C 语言规定屏幕坐标为每屏 80 列 25 行，屏幕的左上角为 0 行 0 列，右下角
为 24 行 79 列。由于基本显示单位比较大，无法绘制平滑曲线。

在图形模式下，显示的基本单位是像素，对应屏幕上的一个点，是显示器所能显示的最
小单位，文本模式下的一个字符，实质是由许多像素组成的。

图形模式下，以左上角为坐标原点 (0，0)，向右为 x 轴的正方向，向下为 y 轴的正方向，
这一点有别于常用的数学坐标系。

建议使用 EasyX 图形库的支持来实现图形模式编程。

EasyX 官方版是针对 C/C++ 的图形库，为 C/C++ 提供了简单的绘图接口，可以帮助 C
语言初学者快速上手编写图形程序，实现图形和游戏编程。

可通过网络下载此图形库文件及相关说明，按向导进行安装，即可将 EasyX 库安装到指
定开发环境中，保证使用者正常编写图形程序。

（2）算法：设一个变量 t 从 0 到 2π 逐个取值，按正弦函数的计算规则算出横坐标值 x
及对应的纵坐标值 y，在屏幕相应位置逐个绘制点，即可达到绘图目的。

注意：① C 语言中三角函数的单位是弧度；② 坐标都是整数。

（3）算法实现：

```
#include <math.h>
#include <graphics.h>          // 将图形操作相应函数头文件包含进来，该文件由 EasyX 图形库提供
#define PAI 3.14
#define DELAYTIME 1            // 延迟时间，以便实现动画效果
```

```
#define FDBS 100                // 要绘制的图像的放大倍数

int main()
{
    double t;
    int x,y,width,height;   //height 计划为图形一半高度，而 width 为图形全部宽度
    int margin=60;              //margin 为页面边距
    height=200;
    width=600;
    // 初始化为图形模式，指定宽度及高度，函数的两个参数分别为屏幕宽度及高度
    initgraph(width+2*margin,2*height+2*margin);
    // 重设坐标原点到屏幕垂直居中，水平则离左边距离为 margin 处，默认为（0,0）
    setorigin(margin,height+margin);
    // 输出图像。C 语言中图像纵坐标越向下越大，与现实刚好相反，故而将纵坐标取反
    for(t=0;t<=(2*PAI);t+=0.001)
    {
        x=int(t*FDBS+0.5);          // 横坐标，四舍五入并取整
        y=-int(sin(t)*FDBS+0.5);    // 纵坐标，四舍五入并取整后取反
        putpixel(x,y,WHITE);        // 调用画点函数在指定坐标处用指定颜色绘制一个点
        Sleep(DELAYTIME);           // 调用延时函数延时以产生动画效果
    }
    system("pause");
    closegraph();                   // 关闭图形模式
    return 0;
}
```

程序运行结果如图 2-68 所示。

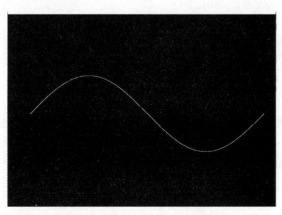

图 2-68　例 2-23 程序运行结果

（4）说明：图形模式下的功能主要都通过相应函数实现，此例只是对图形模式编程进行基本演示，大量的其他功能及相应的实现函数，可查阅详细技术资料获得。

2.7　标识符及其命名规则

前述程序中出现的变量名、函数名等符号，都属于标识符。

标识符、常量、
变量及数据类型

现实当中为了方便区分，要对事物进行命名。C 语言中为了将各个变量、函数等相互区分开，也要各自起一个名字，称为"标识符"。标识符就是用来标识变量、常量、函数等的字符序列，如前面程序中的 int、scanf、main、he、cha 等。

对于标识符有如下强制性规定：

（1）组成：只能由英文字母、数字、下画线组成，不允许用空格，且第一个字符必须是字母或下画线。

（2）用户可以根据需要去确定一些标识符，即所谓的用户自定义标识符。有些标识符是系统专用的标识符，如 int 等，称为 C 语言的关键字（key words），不能再被用户重新定义，以免引起冲突导致错误出现。

（3）大小写敏感，即用同样的大写字母和小写字母所表示的标识符，系统当作不同标识符对待，如 name 和 Name 就属于不同的标识符。

（4）标识符长度：C 语言有多个不同版本，不同版本对标识符长度的规定有差别，但各个不同版本中至少前 8 个字符都是有效的。

另外，建议用户在确定自定义标识符时遵循一些基本约定：

（1）变量名和函数名中的英文字母一般用小写，常量名用大写，这样就可以通过大小写将常量名与其他的变量名、函数名区分开，增强程序可读性。

（2）见名知意：例如，要定义一个存放年龄的变量，可以起名为 a，也可以起名为 age，相对而言，后一种命名更容易为人们所理解。

（3）尽可能采用不易混淆的字符，如 l、1（小写字母）与 i，o（小写字母）、O（大写字母）与 0（数字）就比较容易混淆。

2.8　常量、变量及数据类型

2.8.1　变量

变量用于存放数据，程序运行时变量中所存放的数据可以改变。变量实质对应的是内存空间，一个变量对应一份可独立访问的、大小有限的内存空间。

C 语言中，变量要"先定义，后使用"，其一般定义格式如下：

数据类型　　变量名表；

例如：

```
int a,b;
double length,width,height;
float len=0;
```

第一行定义了 2 个 int 型变量；第二行定义了 3 个 double 型变量；第三行定义了一个 float 型变量 len 并赋初值 0。

说明：

（1）定义语句的末尾要有分号 ";" 作为命令结束标志。

（2）如果一次定义多个变量，各变量名之间用逗号 "," 隔开。

（3）定义的变量如果没有显式给过值（如用赋值语句赋值或用输入函数通过键盘输入），则其值通常为一个随机数。

（4）变量名是一种标识符，要符合标识符的命名规则。

（5）变量个数。一个程序中需要定义多少个变量呢？一个变量任何时刻只能存放一个数据，存入新的数据时，旧的数据会被覆盖。编写程序时，先根据算法确定一下程序运行过程中有多少个需要同时保存的数据，要同时保存多少个数据就定义多少个变量，少了不够用，多了会造成浪费。

（6）数据类型。定义变量时需要指明变量的数据类型，可以是系统预先定义好的类型，也可以是用户根据需要自行定义的类型。

2.8.2　数据类型

现实生活中对事物进行管理时，一般要进行分类，将具有相同性质的事物分成一类，以便采用相同的管理办法，从而达到简化管理的目的。计算机中对数据也采取分类管理的办法，存放数据的变量也要分类，规定其类型，可以是系统预先设置好的、可以满足一般用户需求的数据类型，也可以是用户自己根据需要所定义的数据类型。

图 2-69 所示为 C 语言中有关数据类型的示意图。

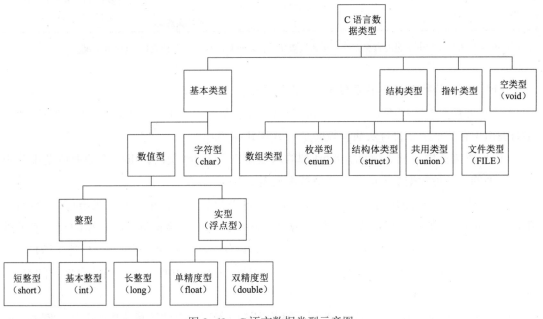

图 2-69　C 语言数据类型示意图

C 语言中常用数据类型有关说明如表 2-8 所示。

表 2-8　C 语言常用数据类型说明

数据类型	类 型 符	存放数据	取值范围	占用字节数	允许的运算	说　　明
整型	int	正或负整数	-2 147 483 648 ~ +2 147 483 647	4	加、减、乘、除、求余等算术运行	10 位有效位数
无符号整型	unsigned int	非负整数	0 ~ +4 294 967 295	4	加、减、乘、除、求余等算术运行	10 位有效位数
短整型	short	正或负整数	-32 768 ~ +32 767	2	加、减、乘、除、求余等算术运行	5 位有效位数
无符号短整型	unsigned short	非负整数	0 ~ +65 535	2	加、减、乘、除、求余等算术运行	5 位有效位数
长整型	long	正或负整数	-2 147 483 648 ~ +2 147 483 647	4	加、减、乘、除、求余等算术运行	10 位有效位数
无符号长整型	unsigned long	非负整数	0 ~ +4 294 967 295	4	加、减、乘、除、求余等算术运行	10 位有效位数
单精度浮点型	float	正或负实数	3.4E-38 ~ 3.4E+38	4	除求余之外的其他算术运算	E 表示以 10 为底的次方,所给取值范围为除 0 之外的绝对值的取值范围。7 ~ 8 位有效位数
双精度浮点型	double	正或负实数	1.7E-308 ~ 1.7E+308	8	除求余之外的其他算术运算	E 表示以 10 为底的次方,所给取值范围为除 0 之外的绝对值的取值范围。16 ~ 17 位有效位数
字符型	char	单个英文符号	-128 ~ 127	1	一般不进行算术运算,因为没有现实意义	C 语言中的字符用一对单引号括起来,如 'a'。对于字符,实质存放其编码,通常为 ASCII 码。3 位有效位数
无符号字符型	unsigned char	单个英文符号	0 ~ 255	1	一般不进行算术运算,因为没有现实意义	

注：在不同 C 语言版本中上述内容有差异,可通过查相关技术资料具体了解,此表以 VC 6.0 为准。

说明：不同的数据类型主要有 6 个方面的差别。

（1）可存放的数据不同。例如,int 型只可存放整数,而 float 及 double 型可存放实数,字符型用于存放单个字符（实质存放的是其 ASCII 编码）。

（2）取值范围不同。例如,short 型的取值范围小于 int 型的,float 型的取值范围小于 double 型的。各种数据类型的具体取值范围见表 2-8。

（3）所允许进行的运算不同。例如,int 型可进行加、减、乘、除、求余等算术运算,float 及 double 除了能进行常规的算术运算外,不允许进行求余运算,char 型的则一般不进行加、乘、除等算术运算（没有现实意义）,进行减法运算的结果表示两个字符编码的差值。

（4）在计算机内所占用的存储空间的大小可能有差异。例如,int 型占 4 个字节的空间,共 32 位,而 char 型则占用 1 个字节的空间,8 位。

（5）在计算机内存储的方式及实现运算的方式有区别,导致运算速度有差异。例如,同样的数值 1,若采用 int 型存放形式,则进行加或减运算的速度就要快于采用 float 型存放形式来表示的速度。详细内容可学习《计算机组成原理》课程的相关知识来了解数据在计算机中的具体表示形式及运算方式。

（6）有效位数有差异。例如，float 型的有效位数为 7 ～ 8 位，而 double 型的有效位数可达到 16 ～ 17 位，int 型的为 10 位。

变量最终定义为何种数据类型，编程人员应该综合考虑上述因素来决定。例如，要定义一个存放年龄的变量 age，现实当中年龄通常取整数，故可定义为 int 型，但如果要存放的是若干个年龄对应的平均年龄，此时通常要保留若干位小数，则可考虑定义为 float 型。

2.8.3　常量

程序运行过程中其值不允许改变的量称为常量。常量也代表数据，但其值在程序运行过程中不能改变。常量可以直接使用，即所谓的直接常量，如 123、456.75、'a' 分别为 int、double、char 型的常量。

需要说明的是，常量不需要显式指定类型，其类型由值本身确定。

常量也可以先定义为一个相应符号后再用，即所谓的符号常量，如例 2-2。

2.9　运算符及其优先级和结合性

2.9.1　运算符的优先级及结合性概述

C 语言的一个特点就是运算符比较丰富，除了前面涉及的运算符外，还有许多目前仍未用到的运算符，众多的运算符给程序设计人员提供了充足的选择。

在一些比较复杂的式子中，各类运算符可能会同时出现，此时，就需要解决各类运算符的优先级问题，即同时出现时先算哪个，后算哪个。C 语言通过规定各类运算符的运算优先顺序级及结合性来最终解决优先级顺序问题，如表 2-9 所示。

运算符及其优先级和结合性

表 2-9　运算符的优先级及结合性

优 先 级	运 算 符	名称或含义	使用形式	结合方向	说　　明
1	[]	数组下标	数组名 [常量表达式]	左到右	
	()	圆括号	(表达式) / 函数名 (形参表)		
	.	成员选择（对象）	对象 . 成员名		
	->	成员选择（指针）	对象指针 -> 成员名		
2	-	负号运算符	- 表达式	右到左	单目运算符
	(类型)	强制类型转换	(数据类型) 表达式		
	++	自增运算符	++ 变量名 / 变量名 ++	右到左	单目运算符
	--	自减运算符	-- 变量名 / 变量名 --		单目运算符
	*	取值运算符	* 指针变量		单目运算符
	&	取地址运算符	& 变量名		单目运算符
	!	逻辑非运算符	! 表达式		单目运算符
	~	按位取反运算符	~ 表达式		单目运算符
3	/	除	表达式 / 表达式	左到右	双目运算符
	*	乘	表达式 * 表达式		双目运算符
	%	余数（取模）	整型表达式 % 整型表达式		双目运算符
4	+	加	表达式 + 表达式	左到右	双目运算符
	-	减	表达式 - 表达式		双目运算符

续表

优 先 级	运 算 符	名称或含义	使用形式	结合方向	说 明
5	<<	左移	变量 << 表达式	左到右	双目运算符
	>>	右移	变量 >> 表达式		双目运算符
6	>	大于	表达式 > 表达式	左到右	双目运算符
	>=	大于等于	表达式 >= 表达式		双目运算符
	<	小于	表达式 < 表达式		双目运算符
	<=	小于等于	表达式 <= 表达式		双目运算符
7	==	等于	表达式 == 表达式	左到右	双目运算符
	!=	不等于	表达式 != 表达式		双目运算符
8	&	按位与	表达式 & 表达式	左到右	双目运算符
9	^	按位异或	表达式 ^ 表达式	左到右	双目运算符
10	|	按位或	表达式 | 表达式	左到右	双目运算符
11	&&	逻辑与	表达式 && 表达式	左到右	双目运算符
12	||	逻辑或	表达式 || 表达式	左到右	双目运算符
13	?:	条件运算符	表达式 1? 表达式 2: 表达式 3	右到左	三目运算符
14	=	赋值运算符	变量 = 表达式	右到左	双目运算符
	/=	除后赋值	变量 /= 表达式		双目运算符
	*=	乘后赋值	变量 *= 表达式		双目运算符
	%=	取模后赋值	变量 %= 表达式		双目运算符
	+=	加后赋值	变量 += 表达式		双目运算符
	-=	减后赋值	变量 -= 表达式		双目运算符
	<<=	左移后赋值	变量 <<= 表达式		双目运算符
	>>=	右移后赋值	变量 >>= 表达式		双目运算符
	&=	按位与后赋值	变量 &= 表达式		双目运算符
	^=	按位异或后赋值	变量 ^= 表达式		双目运算符
	|=	按位或后赋值	变量 |= 表达式		双目运算符
15	,	逗号运算符	表达式 , 表达式 , …	左到右	从左向右顺序运算

其中的"双目运算符"是指用于连接两个运算量的运算符，如"+"；而"单目运算符"是指只对一个运算量进行操作的运算符，如"-"当作负号运算符去使用。各类运算符同时出现时，优先级高的先运算，优先级低的后运算。表 2-10 所示为有关运算符优先级的助记口诀。

表 2-10 C 语言运算符优先级助记口诀

助 记 词	说 明
括号成员第一	括号运算符 []() 成员运算符 .->
全体单目第二	所有的单目运算符如 ++、--、+(正)、-(负)、指针运算 *、&
乘除余三，加减四	此处的"余"是指取余运算符 %
移位五，关系六	移位运算符：<<、>>、关系运算符：>、<、>=、<=
等于（与）不等排第七	即 == 和 !=
位与异或和位或	这几个都是位运算：位与 &、异或 ^、位或 |
"三分天下"八九十	
逻辑或跟与	逻辑运算符：||、&&
十二和十一	注意顺序：或 || 的优先级低于与 && 的优先级
条件高于赋值	三目运算符优先级排到 13 位只比赋值运算符和"，"高
逗号运算级最低	逗号运算符优先级最低

其实，在真正编程当中，很难把各类运算符的优先级记清楚，此时，可以在希望先运算的部分加一对小括号以使其优先计算。因为按 C 语言的规定，小括号的优先级排在其他各类常规运算符的前面。

2.9.2 常见运算符及其相关说明

最常用的运算符有以下几类：算术运算符、关系运算符、逻辑运算符、赋值运算符、条件运算符，逗号运算符。这些运算符在前面大部分都已出现过了，后面进行总结。

凡是按照 C 语言的语法规则，用常量、变量、函数以及运算符连接起来的合法式子就是表达式。

1. 算术运算符

有 +、-、*、/、%，分别表示算术加、减、乘、除和取余运算。

这些运算符需要两个运算对象，称为双目运算符。除取余（%）运算符外，这些运算符的运算对象可以是整型，也可以是实型数据。取余运算的运算对象只能是整型，其结果是两数相除后所得的余数。

+ 和 - 也可以用作单目运算符，但作为单目运算符时必须出现在运算量的左边，运算对象可为整型，也可为实型。

用算术运算符和圆括号将运算对象连接起来的符合 C 语法规则要求的表达式就是算术表达式。

凡表达式都有一个值，即运算结果。算术表达式的结果为数值型（整型或浮点型）。

2. 关系运算符

关系运算符有 <、>、<=、>=、==、!=，前 4 种运算符（<、>、<=、>=）的优先级相同，后两种的优先级也相同，并且前 4 种的优先级高于后两种。关系运算符属于双目运算符，其结合方向为自左至右。

用关系运算符可以将两个表达式（包括算术表达式、关系表达式、逻辑表达式、赋值表达式和字符表达式）连接起来构成关系表达式。关系运算的结果是 0 或 1，分别表示"假"和"真"。

3. 逻辑运算符

逻辑运算符有 3 个：&&（逻辑与）、‖（逻辑或）、!（逻辑非）。其中前两个为双目运算符，第三个是单目运算符。

关系运算符中的 && 和 ‖ 运算符的优先级相同，! 运算符的优先级高于前两个。

用逻辑运算符将关系表达式或任意数据类型（除 void 外）的数据连接起来就构成了逻辑表达式。逻辑表达式的值是 0 或 1，分别表示"假"和"真"。

4. 赋值运算符

在 C 语言中，"="称为赋值运算符。由赋值运算符组成的表达式称为赋值表达式，表达式的形式为：

```
变量 = 表达式
```

赋值符号左边必须是一个代表某一存储单元的变量名，赋值号的右边必须是 C 语言中合法的表达式。

赋值运算符的功能是先计算右边表达式的值，然后再将此值赋给赋值符号左边的变量，确切地说，是把数据放入以该变量为标识的存储单元中。

5. 条件运算符

C 语言中把 "?:" 称作条件运算符。条件运算符要求有 3 个运算对象，它是 C 语言中唯一的一个三目运算符。由条件运算符构成的条件表达式的一般形式如下：

表达式 1? 表达式 2: 表达式 3

表达式 1 通常为一个条件，当表达式 1 的值为非零（代表"真"）时，取表达式 2 的值作为此条件表达式的值；当表达式 1 的值为零（代表"假"）时，取表达式 3 的值作为此条件表达式的值。

【例 2-24】条件运算符示例。

```
#include <stdio.h>
int main()
{
    int a,b;
    printf(" 请输入一个整数: ");
    scanf("%d",&a);
    b=a>=0?a:-a;
    printf(" 此数的绝对值为: %d\n",b);
}
```

程序运行结果如图 2-70 和图 2-71 所示。

图 2-70　例 2-24 输入 3 时的运行结果　　图 2-71　例 2-24 输入 -3 时的运行结果

可以看出，条件运算符的效果相当于一个选择结构。

条件运算符具有自右向左的结合性，其优先级别比关系运算符和算术运算符都低。

6. 逗号运算符

用逗号 "," 将若干个表达式连接起来，就构成了逗号表达式。

逗号运算符的求值顺序是从左到右顺序求值，并且整个表达式的值等于最后一个表达式的值。

从效果上来讲，逗号运算符实现了多个表达式的"并列"，参见例 2-26。

7. 自增及自减运算符

C 语言中还提供两个特殊的单目运算符：++ 和 --，这两个运算符既可以放在变量之前，又可以放在变量之后，分别称为前置加 / 减运算和后置加 / 减运算，且 ++a 或 a++ 等价于 a=a+1，--a 或 a-- 等价于 a=a-1，即都是使该变量的值增加 1 或减少 1。由此可知，对一个变量实行前置或后置运算，其运算结果是相同的，但当它们与其他运算结合在一个表达式中时，其运算值就不同了，前置运算是变量的值先加 1 或减 1，然后将改变后的变量值参与其他运算，如 x=5;y=8;c=++x*y; 运算后，c 的值是 48，x 的值是 6，y 的值是 8。而后置运算是变量的值先参与有关运算，然后将变量本身的值加 1 或减 1，即参加运算的是该变量变化前的值。如 x=5;y=8;c=x++*y; 运算后，c 的值是 40，x 的值是 6，y 的值是 8。值得注意的是，前置、后置运算只能用于变量，不能用于常量和表达式，且结合方向是从右至左。如当 i=6 时，求 -i++ 的值和 i 的值。由于 "-"（负号）"++" 为同一个优先级，故应理解为 -(i++)，又因为是后置加，所以先有 -i++ 的值为 -6，然后 i 增值 1 为 7，即 i=7。

8. C 编译器进行编译的基本规则

C 编译器总是从左至右尽可能多地将若干个字符组成一个运算符，如 i+++j 等价于 (i++)+j。

【例 2-25】运算符结合性示例。

```c
#include <stdio.h>
int main()
{
    int i=1,j;
    j=i+++i+++i++;
    printf("i=%d,j=%d\n",i,j);
    return 0;
}
```

程序运行结果如图 2-72 所示。

图 2-72　例 2-25 程序运行结果

【例 2-26】逗号运算符示例。

```c
#include <stdio.h>
int main()
{
    int a,b,c,d;
    a=(b=1,c=2,d=3);// 逗号运算符及逗号表达式
    printf("%d %d %d %d\n",a,b,c,d);
    return 0;
}
```

程序运行结果如图 2-73 所示。

图 2-73　例 2-26 程序运行结果

可以看出，a、b、c、d 各自的值为 3、1、2、3，其中 a 的值来自逗号表达式中的最后一项。

2.9.3　有关结合性的解释

每个运算符都拥有某一级别的优先级，在优先级不同的情况下，先进行优先级高的运算，再进行优先级低的运算。但是，对于那些优先级相同的运算符，如何确定其先后运算次序呢？

C 语言通过规定结合性来解决此问题。例如：

```
int a,b=1,c=2;
a=b=c;
```

分析发现，后面的表达式中有两个赋值运算符，它们的优先级无疑是相同的，此时优先级就无法帮助我们决定哪个操作先进行，是先执行 b=c 呢？还是先执行 a=b？如果按前者，a 的结果为 2，如果按后者，a 的结果为 1。

所有的赋值符（包括复合赋值）都具有右结合性，即在表达式中最右边的操作最先执行，然后从右到左依次执行。这样，c 先赋值给 b，然后 b 再赋值给 a，最终 a 的值是 2。类似地，具有左结合性的运算符（如"&&"和"||"）则是从左至右依次执行。

结合性只用于表达式中出现两个及以上相同优先级的运算符的情况，用于消除歧义。事实上，所有优先级相同的运算符，它们的结合性也相同。如果在计算表达式的值时需要考虑结合性，最好把这个表达式一分为二或者使用括号。

例如：

```
a=b+c+d
```

其中"="是右结合的，所以先计算 (b+c+d)，然后再赋值给 a；+ 是左结合的，所以先计算 (b+c)，然后再计算 (b+c)+d。

C 语言中具有右结合性的运算符包括所有单目运算符以及各类赋值运算符和条件运算符，其他都是左结合性。

另外，在 C 语言中有少数运算符规定了表达式求值的顺序：

（1）&& 和 || 规定从左到右求值，并且在能确定整个表达式的值时就会停止，也就是常说的短路。

（2）逗号运算符的求值顺序是从左到右顺序求值，并且整个表达式的值等于最后一个表达式的值。注意逗号","还可以作为函数参数的分隔符，变量定义的分隔符等，这时表达式的求值顺序是没有规定的。

判断表达式计算顺序时，优先级高的先计算，优先级低的后计算，当优先级相同时再按结合性，或按从左至右顺序计算，或按从右至左顺序计算。

2.10　不同类型数据间的转换与运算

很多情况下，同一个表达式中出现的数据类型可能不相同，这就涉及数据类型的相互转换，分为隐式自动转换和显式强制转换两类。

2.10.1　隐式自动转换

同一条语句或表达式中如果使用了多种类型的变量和常量（类型混用），C 语言会自动按照其内部默认的转换规则把它们转换成同一种类型。自动转换遵循以下规则：

（1）如果参与运算量的类型不同，则先转换成同一种类型，然后进行运算。

（2）转换按数据长度增加的方向进行，以保证精度不降低。例如，short 型和 long 型数据进行运算时，先把 short 型转成 long 型后再进行运算。

（3）若两种数据类型的字节数不同，转换成字节数高的类型。

（4）若两种数据类型的字节数相同，且一种有符号，一种无符号，则转换成无符号类型。

（5）所有的浮点运算都是按双精度进行的，即使仅含 float 型数据的表达式，也要先转换成 double 型，再进行运算。

（6）char 型和 short 型数据参加运算时，必须先转换成 int 型。

（7）在赋值运算中，赋值号两边量的数据类型不同时，赋值号右边量的类型将转换为左边量的类型。如果右边量的数据类型长度比左边长时，将丢失一部分数据，这样会降低精度，丢失的部分按四舍五入向前舍入。

隐式自动转换分为 4 种：算术转换、赋值转换、输出转换和参数传递转换。

1. 算术转换

进行算术运算（加、减、乘、除、求余以及符号运算）时，不同类型的数据必须转换成同一类型的数据才能运算，算术转换规则如图 2-74 所示。

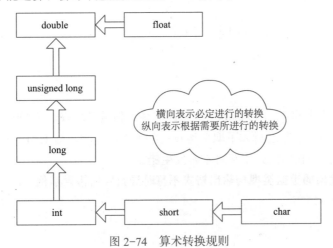

图 2-74　算术转换规则

2. 赋值转换

进行赋值操作时，赋值运算符右边的数据类型必须转换成赋值号左边的类型，若右边数据的有效位数多于左边，则要进行截断或舍入操作。

下面用一个实例说明。

【例 2-27】赋值时数据类型自动转换示例。

```
char ch;
int i,result;
float f;
double d;
result=ch/i+(f*d-i);
```

（1）计算 ch/i,ch → int 型，ch/i → int 型。

（2）计算 f*d-i，由于最长型为 double 型，故 f → double 型，i → double 型，f*d-i → double 型。

（3）ch/i 和 (f*d-i) 进行加运算，由于 f*d-i 为 double 型，故 ch/i → double 型，ch/

i+(f*d-i) → double 型。

（4）由于 result 为 int 型，故 ch/i+(f*d-i) → double → int，即进行截断与舍入，最后取值为整型。

3. 输出转换

在程序中将数据用 printf() 函数以指定格式输出时，如果要输出的数据类型与输出格式不符，则自动进行类型转换；如果一个 long 型数据用整型格式（%d）输出，则相当于将 long 型转换成整型 (int) 数据输出；一个字符 (char) 型数据用整型格式输出时，相当于将 char 型转换成 int 型输出。

注意：较长型数据转换成短型数据输出时，其值不能超出短型数据的取值范围，否则转换时将出错。

【例 2-28】输出时数据类型自动转换示例。

```c
#include <stdio.h>
int main()
{
    short a=80000;      // 此处要进行转换
    printf("%d\n",a);
    return 0;
}
```

程序运行结果为 14464，因为 short 型允许的最大值为 32767，80000 超出此值，故结果为以 32768 为模的余数，即进行如下取余运算：80000%32768，结果为 14464。

输出的数据类型与输出格式不符时常常发生错误。

【例 2-29】输出的数据类型与输出格式不符时导致发生错误示例。

```c
#include <stdio.h>
int main()
{
    int d=9;
    printf("%f",d);
    return 0;
}
```

输出结果不是 9，产生错误。

4. 参数传递转换

数据作为参数在函数中传递时，char 和 short 会被转换成 int，float 会被转换成 double。关于参数的传递请阅读本书第 6 章函数部分相关内容。

2.10.2　显式强制转换

对于符合上述隐式自动转换规则的数据，系统会自动进行转换，但对于不符合自动转换规则而又需要进行类型转换的情况，则需要通过强制转换来达到目的。

显式强制类型转换需要使用强制类型转换运算符，格式如下：

```
type(表达式)
```

或
```
(type) 表达式
```

其中 type 为类型符，如 int、float 等。经强制类型转换运算后，返回一个具有 type 类型的数据。

需要说明的是，这种强制类型转换操作并不改变原操作数本身，运算后原操作数仍保持原状。

【例 2-30】显式强制转换示例。

```
#include <stdio.h>
int main()
{
    double f=123.45;
    int i;
    i=(int)f;
    printf("%f  %d\n",f,i);
    return 0;
}
```

程序运行结果如图 2-75 所示。

```
123.450000  123
Press any key to continue
```

图 2-75　例 2-30 程序运行结果

可看出，将 f 中的数值转换后赋给了 i，但 f 中原来的值并未改变。当然，此例中是将 double 型数据转换成了 int 型数据，小数部分无法保留。

习　题

1.以下程序用于从键盘输入两个整数,分别计算其和、差、积、商并输出。运行此程序, a、b 的值按表 2-11 所示进行输入，记录输出的结果，填入表中相应位置，并对结果进行分析。

```
#include "stdio.h"
int main()
{
    int a,b,he,cha,ji,shang;
    printf("请输入两个整数: ");
    scanf("%d%d",&a,&b);
    he=a+b;
    cha=a-b;
    ji=a*b;
    shang=a/b;
    printf("和、差、积、商分别为: %d %d %d %d\n",he,cha,ji,shang);
    return 0;
}
```

表 2-11　和、差、积、商计算结果

序　　号	a	b	he	cha	ji	shang
1	10	20				
2	20	10				
3	15	3				
4	14	3				
5	2.5	5.5				

2. 记录下面程序的运行结果，写在相应命令行旁边，分析 printf() 函数中各符号所起的作用。

```c
#include <stdio.h>
int main()
{
    int  a;
    a=2;
    printf("a*a=%d,a+5=%d\n",a*a,a+5);
    printf("5+3=%d,5-3=%d,5*3=%d\n",5+3,5-3,5*3);
    printf("how are you?\n");
    return 0;
}
```

3. 记录下面程序的输出结果并分析原因。

```c
#include <stdio.h>
int main()
{
    char c='a';
    int i=97;
    printf("%c,%d\n",c,c);
    printf("%c,%d\n",i,i);
    return 0;
}
```

4. 记录下面程序的输出结果并分析原因。

```c
#include <stdio.h>
int main()
{
    float x,y;
    x=111111.111;
    y=222222.222;
    printf("%f",x+y);
    return 0;
}
```

5. 编程输入一个整数，若为四位正整数则要求正确分离出其个、十、百、千位及中间的两位数并分别输出，如若输入的是 1234，则输出应该为 4、3、2、1、23；否则给出一个出错提示。

6. 任意输入 3 个数，按从大到小的降序输出。

7. 输入三条边的边长，判断它们能否构成三角形，若能则指出是何种三角形。

8. 编程计算 1 + 4 + 9 + 16 + 25 + … + 10000 之和。提示：算法可参考本章例 2-13。

9. 编程计算 $1 + \frac{1}{3} + \frac{1}{5} + \frac{1}{7} + … + \frac{1}{2n-1}$，其中的 n 在程序运行时由用户通过键盘输入。

10. 辗转相除法又称欧几里得算法，是求最大公约数的算法，每次用大数除以小数，求其余数，若为 0 则最后一次的除数则为最大公约数，若余数不为 0，则将上次的除数当作下次的被除数，上次余数当作下次除数，继续进行除法及求余运算。下面通过实例来演示用辗转相除求 120 和 84 的最大公约数的方法：

$120 \div 84 = 1……36$

$84 \div 36 = 2……12$

$36 \div 12 = 3……0$

所以 120 和 84 的最大公约数是 12。

根据上例可看出其求最大公约数的方法是：用较大数除以较小数，求得其余数，若余数不为 0，则将当前的除数当作下次的被除数，当前的余数当作下次的除数，继续进行除法运算并求余数，直到余数为 0 为止，最后一次的除数就是所要求的最大公约数。

输入两个正整数，利用辗转相除法求其最大公约数及最小公倍数（最小公倍数为两个数的乘积再除以它们的最大公约数）。

11. 一球从 100m 高度自由落下，每次落地后反跳回原高度的一半，再落下，求它在第 10 次落地时，共经过多少米？第 10 次反弹多高？

12. 编程在屏幕上输出如下图案，图形行数由输入的值来控制。

```
******
******
******
******
```

13. 编程在屏幕上输出如下图案，图形行数由输入的值来控制。

```
*
**
***
****
*****
```

14. 编程在屏幕上输出如下图案，图形行数由输入的值来控制。

```
*
***
*****
*******
```

15. 编程在屏幕上输出如下图案，图形行数由输入的值来控制。

```
*******
*****
***
*
```

16. 编程在屏幕上输出如下图案，图形行数由输入的值来控制。

```
           *
          ***
         *****
        *******
         *****
          ***
           *
```

17. 编程在屏幕上输出如下图案，图形行数由输入的值来控制。

```
           *
          ***
         *****
        *******
```

18. 编程在屏幕上输出如下图案，图形行数由输入的值来控制。

```
           *
          ***
         *****
        *******
         *****
          ***
           *
```

19. 编程在屏幕上输出如下图案，图形行数由输入的值来控制。

```
   * * * * *
    * * * * *
     * * * * *
      * * * * *
```

20. 编程在屏幕上输出如下图案，图形行数由输入的值来控制。

```
         A
        BBB
       CCCCC
      DDDDDDD
     EEEEEEEEE
    FFFFFFFFFFF
   GGGGGGGGGGGGG
```

21. 求 1+2!+3!+⋯+20! 的和。

22. 输入一个不多于 10 位的正整数，求它是几位数。

23. 将一个正整数中的偶数挑出来并按逆序重新组装成一个数后输出。

24. 将一个正整数中的偶数挑出来并按原序重新组装成一个数后输出。

25. 求方程 $4^x-25x=9$ 的近似解（精确到 0.0001）。

26. 诚实族和说谎族是来自两个荒岛的不同民族，诚实族的人永远说真话，而说谎族的人永远说假话。有一天小明遇到来自这两个民族的 3 个人，为了调查这 3 个人都是什么族的，小明问了他们一个问题，以下是他们的对话：

问："你们是什么族？"，第一个人答："我们之中有两个来自诚实族。"第二个人说："不要胡说，我们 3 个人中只有一个是诚实族的。"第三个人听了第二个人的话后说："对，就是只有一个诚实族的。"

请根据他们的回答判断他们分别是哪个族的。

27. 华氏温度与摄氏温度的换算公式为：

$$C=(F-32)*5/9$$

式中：F——华氏温度；C——摄氏温度。

编程将 0 ~ 300 间的华氏温度按间距为 5 转换为对应的摄氏温度，形成二者的对照表。

第 **3** 章

数组及字符串

本章重点

- C 语言中数组的定义及使用。
- 字符串的相关操作。

3.1 一维数组

数组属于构造数据类型的一种，由基本类型按某种规则构造而成，常用于处理数据量较大的问题。

一维数组使用示例——挑选成绩

C 语言中的数组可分为一维、二维及多维，下面先学习最基本的一维数组。

【例 3-1】一维数值使用示例——挑选成绩。

例如：要求输入某个班 50 名同学数学课的成绩，求出该课程的平均成绩，并将不低于平均成绩的那一部分成绩输出。

分析：要解决此问题，可先输入所有成绩，再求出平均成绩，最后将不低于平均成绩的那一部分成绩输出即可。

此问题中，要求将成绩输入后进行存放，这就需要很多个变量（一个变量任何时刻只能存放一个数），按前面所讲的知识，程序中要输入很多变量的标识符（变量名），这显然是不现实的。对于此类需要多个变量的问题，可借助数组来解决。

3.1.1 一维数组的定义

C 语言中的数组也遵循"先定义，后使用"的原则。格式如下：

```
数据类型  数组名 [ 数组大小 ];
```

例如：

```
int a[10];      // 定义了有 10 个数组元素的 int 型数组 a
float f[20];     // 定义了有 20 个数组元素的 float 型数组 f
char str1[10],str2[20]; // 定义了有 10 个和 20 个数组元素的 char 型数组 str1 和 str2
```

说明：

（1）数组的实质是一组变量，定义一个数组，实质是定义了一组变量。数组的基本组成成员称为数组元素，数组中的每个元素就是一个变量，可完全当作普通的单个变量使用。

（2）定义数组时，必须指定数组的大小（或称长度，即数组元素的个数），数组大小必须是大于 0 的整型常量或整型常量表达式，不能是变量或变量表达式，即数据元素的个数必须是定值。

（3）同一个数组一般都包含多个元素，为了加以区分，系统自动给每个元素分配一个唯一的编号，称作数组元素的下标。C 语言中的下标都是整数，取值范围为 0～数组元素个数 -1。

（4）数组定义后，程序运行过程中系统将给其分配一定数量的连续的内存单元，其所占内存单元的个数 = 数组的长度 × 每个数组元素所占内存单元数，如数组 "int a[100]" 就占用 100×4=400 个内存单元，即 400 个字节。

有如下程序：

```
#include <stdio.h>
int main()
{
    int a[100],b;
    // 下面的 sizeof() 函数用于获取变量或某种数据类型所占内存单元数，单位为字节
    printf("%8d%8d\n",sizeof(a),sizeof(b));
    return 0;
}
```

其运行结果如图 3-1 所示。

可以看出，数组名 a 对应 400 个字节，而普通变量 b 对应 4 个字节。

```
400         4
Press any key to continue
```

图 3-1　获取占用内存单元数目

（5）定义普通变量以后，其所占用的内存大小也就确定了。与普通变量类似，数组一经定义，其所占用的内存大小也就确定下来，程序运行过程中其所占的内存空间大小不能改变，这种内存分配模式通常称为静态内存分配。

（6）同一数组中各数组元素的类型均相同，它们占用内存中连续的存储单元，其中第一个数组元素的地址是整个数组所占内存块的开始地址（低地址），也是数组所占内存块的首地址，最后一个数组元素的地址是整个数组所占内存块的末地址（高地址）。

（7）地址即赋给各内存单元的从 0 开始的一个序号，相当于现实中对事物所编的顺序号，用于对各内存单元加以区分，同时也表明了变量或数组元素在内存中所处的位置。前面所讲的 scanf() 函数中要求在普通变量名前加取地址运算符 "&"，其作用就是获取变量所对应的内存单元的地址。

（8）不同数组所占内存单元不一定连续，不同数组的数据类型允许不同。

3.1.2　一维数组元素的引用

数组中的每个元素其实就是一个变量，可完全当作普通的单个变量使用。其引用格式如下：

数组名 [下标]

说明：

（1）下标可以是整型常量、整型变量或整型表达式。C 语言规定，下标的最小值是 0，最大值则是数组大小减 1。

（2）只能逐个引用数组元素，不能一次引用整个数组中的全部元素。

（3）数组元素的引用要注意越界问题（下标不要超出其取值范围），否则会出现意外结果。

3.1.3 一维数组的初始化

除了在程序中给各数组元素赋值外，与单个变量类似，一维数组也可以在定义的同时初始化（赋初值）。其格式如下：

数据类型　数组名 [数组大小]={ 表达式 1,…, 表达式 n};

例如：

```
int a[5]={1,2,3,4,5};
int b[5]={1,2,3};
int c[]={1,2,3,4,5,6,7,8,9,10};
```

说明：

（1）"="后面的表达式列表一定要用 { } 括起来，被括起来的表达式列表被称为初值列表，表达式之间用 "," 分隔。

（2）表达式的个数不能超过数组元素的个数。

（3）表达式 1 是 0 号元素的值，表达式 2 是 1 号元素的值，依此类推。

（4）如果表达式的个数小于数组的大小，则未指定值的数组元素被赋值为 0。

（5）当对全部数组元素赋初值时，可以省略数组的大小，此时数组的实际大小就是初值列表中表达式的个数。

下面程序用于计算一维数组中各个数的平均值，原始数据就是通过在定义数组时赋初值的形式提供的。

```
#include "stdio.h"
int main()
{
    int i,a[]={12,23,34,89,90,78,67,56,45,29};
    double ave,sum;
    sum=0;
    for(i=0;i<10;i++)
        sum+=a[i];
    ave=sum/10;
    printf("此组数的平均值为: %.4f\n",ave);
    printf("\n");
    return 0;
}
```

程序运行结果如图 3-2 所示。

例 3-1 算法：例 3-1 中多个原始的成绩可定义一个包含相应个数（此例中为 50 个）元素的一维数组 chengji 加以存放，对应算法如图 3-3 所示。

图 3-2　程序运行结果

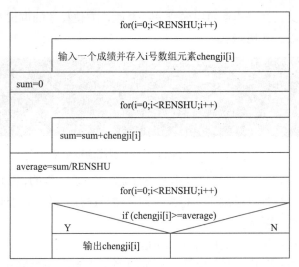

图 3-3   例 3-1 算法的 N-S 图

其中的 RENSHU 指总人数，本例中为 50。

算法实现：

```c
#include "stdio.h"
#include "stdlib.h"              // 其中包含后面要用到的 system() 函数
#define RENSHU 50                // 总人数
int main()
{
    int chengji[RENSHU],i;       // 定义一维数组用于存放各人成绩
    //sum 用于存放总分，初值为 0，average 用于存放平均分
    float sum=0,average;
    printf("\n请逐个输入全班所有人（%d 个）的数学课成绩: ",RENSHU);
    for(i=0;i<RENSHU;i++)        // 输入原始成绩，从 0 号元素开始存放
        scanf("%d",&chengji[i]);
    for(i=0;i<RENSHU;i++)        // 累加求总分
        sum+=chengji[i];        // 等价于 sum=sum+chengji[i];
    average=sum/RENSHU;          // 计算平均成绩。下面输出平均成绩
    printf("\n平均成绩为: %.2f",average);
    printf("\n不低于平均成绩的那一部分成绩如下: \n");
    for(i=0;i<RENSHU;i++)        // 输出不低于平均分的那部分成绩
        if(chengji[i]>=average)
            printf("%4d",chengji[i]);
    printf("\n");
    // 用 system() 函数调用 OS 系统命令 pause 以实现暂停从而方便用户看清结果
    system("pause");
    return 0;
}
```

程序中用一个符号常量 RENSHU 代表这个班的总人数，在调试程序阶段，可考虑将其值定义得比较小（如 5），否则，就得输入 50 个原始数据。等程序调试完成后再改回正确的值。

从此例中可看出，使用符号常量，通过起一个有意义的符号常量名，一方面可以使要用

到的常量尽可能有意义，另一方面可以做到一改全改，方便程序的调试及修改。

程序运行结果如图 3-4 所示。

```
请逐个输入全班所有人（50个）的数学课成绩：10 20 30 40 50 60 70 80 90 100 11 12 13 14 15 16 17 18 19 20 99 88 77 66
55 44 33 22 11 90 91 92 93 94 95 96 97 98 81 82 83 84 85 86 87 72 71 65 49 50

平均成绩为：58.80
不低于平均成绩的那一部分成绩如下：
 60 70 80 90 100 99 88 77 66 90 91 92 93 94 95 96 97 98 81 82 83 84 85 86 87 72 71 65
请按任意键继续...
```

图 3-4　改进后的例 3-1 程序运行结果

说明：此例中要存放的全部成绩可以排成一行或一列，是一维的，因此选用一维数组存放。一维数组实质是按规律排列（排成了一行或一列且编号连续）的一组变量。

【例 3-2】基本交换排序。

基本交换排序

输入一组数，按从大到小的顺序降序排序后输出。

（1）分析：排序既是现实中，也是计算机内经常用到的一类操作，指让一组数据按从大到小（降序）或从小到大（升序）的顺序排列，具有普遍使用价值。此例的核心问题是如何实现多个数的排序。

以 N 个数的降序排序为例，可按如下方法进行：

1 号跟 2，3，…，N 逐个比较，若前面的比后面的大则保持不变，若前面的比后面的小则进行交换。一趟排序结束，就可找出最大者，放到 1 号位置。

2 号跟 3，4，…，N 逐个比较，若前面的比后面的大则保持不变，若前面的比后面的小则进行交换。二趟排序结束，就可找出次大者，放到 2 号位置。

…

j 号跟 $j+1$，$j+2$，…，N 逐个比较，若前面的比后面的大则保持不变，若前面的比后面的小则交换。j 趟排序结束，就可找出第 j 大者，放到 j 号位置。

…

N-1 号跟 N 号比较，若前面的比后面的大则保持不变，若前面的比后面的小则进行交换。N-1 趟排序结束，找出两者中较大者，放到 N-1 号位置。

剩下的 N 号即为最小的一个，就在 N 号位置，不再比较。

下面用一个实例加以说明，如表 3-1 所示。

表 3-1　基本交换排序过程演示

趟　数	a_1	a_2	a_3	a_4	a_5	a_6	a_7	a_8	说　明
	1	3	5	7	8	6	4	2	初始状态
1	**8**	1	3	5	7	6	4	2	a_1 与 $a_2 \sim a_8$ 比
2	**8**	**7**	1	3	5	6	4	2	a_2 与 $a_3 \sim a_8$ 比
3	**8**	**7**	**6**	1	3	5	4	2	a_3 与 $a_4 \sim a_8$ 比
4	**8**	**7**	**6**	**5**	1	3	4	2	a_4 与 $a_5 \sim a_8$ 比
5	**8**	**7**	**6**	**5**	**4**	1	3	2	a_5 与 $a_6 \sim a_8$ 比
6	**8**	**7**	**6**	**5**	**4**	**3**	1	2	a_6 与 $a_7 \sim a_8$ 比
7	**8**	**7**	**6**	**5**	**4**	**3**	**2**	1	a_7 与 a_8 比

N个数时，共需比较$N-1$趟，第一趟a_1与$a_2 \sim a_N$比，共比较$N-1$次，第二趟a_2与$a_3 \sim a_N$比，共比较$N-2$次，…，第j趟a_j与$a_{j+1} \sim a_N$比，共比较$N-j$次，…，最后一趟（即第$N-1$趟）a_{N-1}与a_N比，共比较 1 次。比较过程中，参加比较的两个数若不符合排序要求则进行交换。对于降序而言，正确的大小顺序应该是后面的数比前面的数小，若后面的数比前面的数大，就说明不符合排序要求，需要交换。可以看出，这种方法最终可实现排序。

（2）算法：基本交换排序 N-S 图如图 3-5 所示。

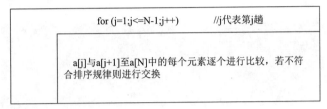

图 3-5　基本交换排序 N-S 图（一）

算法进一步细化，如图 3-6 所示。

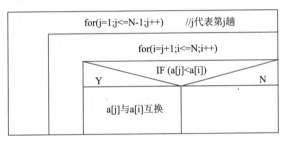

图 3-6　基本交换排序 N-S 图（二）

（3）算法实现：

```c
#include "stdio.h"
#define N 8                         // 参加排序的数据总个数
int main()
{
    int a[N+1],i,j;                 // 定义的数组中包含N+1个元素，0号元素不存放有效数据
    // 有效数据从 1 号开始存放以符合人们日常习惯
    printf(" 请输入 %d 个数: \n",N);
    for(i=1;i<=N;i++)               // 输入原始数据
        scanf("%d",&a[i]);
    printf("\n 排序前: \n");          // 按原序输出以方便与后面排序结果进行对比
    for(i=1;i<=N;i++)
        printf("%8d",a[i]);
    // 下面的二重循环实现排序
    for(j=1;j<=N-1;j++)
        for(i=j+1;i<=N;i++)
            if(a[j]<a[i])
            {
                a[0]=a[j];          // 利用空闲的 0 号元素实现交换
                a[j]=a[i];
                a[i]=a[0];
            }
```

```
    printf("\n 排序后: \n");        // 按排好序的结果输出
    for(i=1;i<=N;i++)
        printf("%8d",a[i]);
    printf("\n");
    return 0;
}
```

程序运行结果如图 3-7 所示。

图 3-7　例 3-2 程序运行结果

（4）说明：上述程序仅仅是为了演示算法，以 8 个数为例，数据量很小。实际应用中，数据量小时完全没必要使用计算机，只有在数据量大时才使用计算机进行排序以提高效率，发挥计算机的优势。

软件开发过程中，经常需要测试其性能，要用到大批量的无序原始数据。上述排序程序中，通过键盘输入大批量数据，是件非常费时费力的事，此时，可利用 C 语言的随机函数 rand() 产生一组无序数据以供测试之需。有关此函数的说明如下：

所在头文件 stdlib.h，函数格式，int rand()，返回 0 ～ RAND_MAX 之间的随机整数值，RAND_MAX 的最小值是 32 767（int），即双字节（16 位数）。若为 unsigned int 型，则双字节时为 65 535，4 字节时为 4 294 967 295。在范围 0 ～ RAND_MAX 内每个数字被选中的概率是相同的。

以 100 个数为例来测试上述程序，修改为如下形式：

```
#include "stdio.h"
#include "stdlib.h"
#define N 100                      // 参加排序的数据总个数
int main()
{
    int a[N+1],i,j;
    // 定义的数组中包含 N+1 个元素，0 号元素不存放有效数据
    // 有效数据从 1 号开始存放以符合人们日常习惯
    for(i=1;i<=N;i++)              // 利用随机函数产生测试用原始数据
        a[i]=rand();
    printf("\n 排序前: \n");        // 按原序输出
    for(i=1;i<=N;i++)
        printf("%8d",a[i]);
    // 下面用二重循环实现排序
    for(j=1;j<=N-1;j++)
        for(i=j+1;i<=N;i++)
            if(a[j]<a[i])
            {
                a[0]=a[j];         // 利用空闲的 0 号元素实现交换
```

```
            a[j]=a[i];
            a[i]=a[0];
        }
    printf("\n 排序后: \n");// 按排好序的结果输出
    for(i=1;i<=N;i++)
        printf("%8d",a[i]);
    printf("\n");
    return 0;
}
```

程序运行结果如图 3-8 所示。

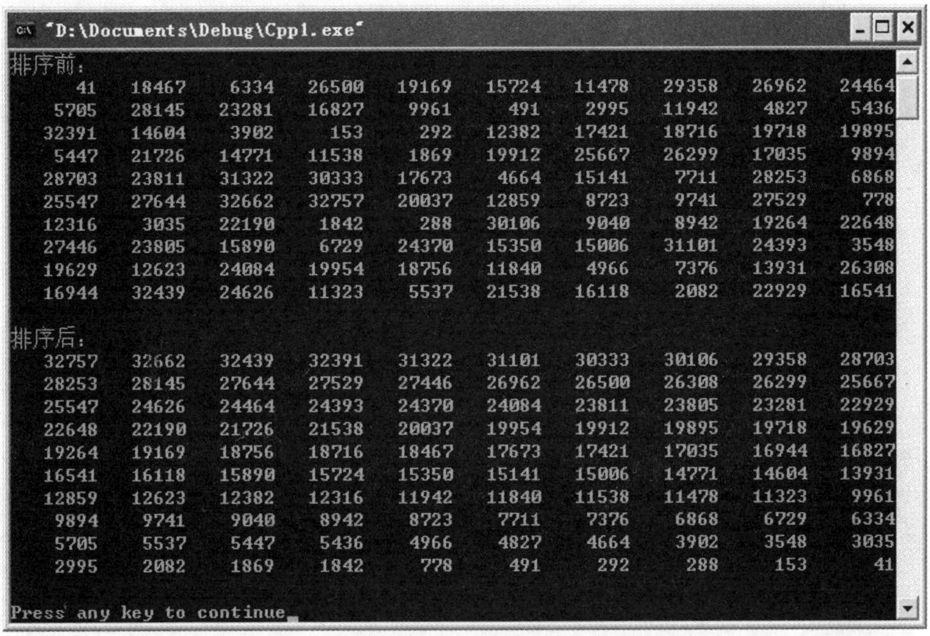

图 3-8　使用 rand() 函数的运行结果

反复多次运行此程序就会发现，每次所产生的始终是同一组数。这是什么原因呢？

其实，函数 rand() 并不能实现真正的随机，只是一种伪随机，其产生随机数的原理如下：

① x_0= 初始值；

② $x_1=f(x_0)$；

③ $x_0=x_1$。

下次调用时再从②开始。

从其产生原理可看出，只要初始值不变，由于计算下一个值的函数 f() 不变，故而每次产生的一系列数就必然是固定不变的。只有每次改变随机函数的初始值，才能得到不同的随机序列。

C 语言中给随机序列赋初值用 srand() 函数实现。

如何提供不同的初始值呢？一种办法是通过键盘输入，但这种办法一方面会添麻烦（程序中会多一个输入环节），另一方面如果有两次输入相同，仍会产生相同的随机序列。

C 语言中有一个函数 time(NULL)，其功能是返回自 1970 年 1 月 1 日 0 点到目前为止所经过的秒数，其值是一个整数。因为时间在不断变化，所以这个函数的返回值也始终在变。我们可将这个返回值作为随机函数序列的初始值，这样，就可在不同时刻获得不同的随机序列。

据此，可将上述程序修改如下：

```c
#include "stdio.h"
#include "stdlib.h"
#include "time.h"                          // 有关时间函数的头文件
#define N 100                              // 参加排序的数据总个数
int main()
{
    int a[N+1],i,j;
    // 定义的数组中包含N+1个元素，0号元素不存放有效数据
    // 有效数据从1号开始存放以符合人们日常习惯
    srand(time(NULL));                     // 利用秒数值初始化随机序列
    for(i=1;i<=N;i++)                       // 利用随机函数产生测试用原始数据
        a[i]=rand();
    printf("\n 排序前: \n");                // 按原序输出
    for(i=1;i<=N;i++)
        printf("%8d",a[i]);
    // 下面用二重循环实现排序
    for(j=1;j<=N-1;j++)
        for(i=j+1;i<=N;i++)
            if(a[j]<a[i])
            {
                a[0]=a[j];                 // 利用空闲的0号元素实现交换
                a[j]=a[i];
                a[i]=a[0];
            }
    printf("\n 排序后: \n");                // 按排好序的结果输出
    for(i=1;i<=N;i++)
        printf("%8d",a[i]);
    printf("\n");
    return 0;
}
```

运行程序时就会发现，每次所产生的数据都不同。

【例 3-3】选择排序。

输入一组数，按从小到大的顺序升序排序后输出。

（1）分析：选择排序属于交换排序的一种，基本思想为每一趟从待排序的数据元素集合中选出最小（或最大）的一个元素，放到已排好序的数列的最前面或最后面，重复多趟，直到全部元素有序为止。

选择排序

以 N 个数升序排序为例，可按如下方法进行：

从 1 ～ N 范围内找出最小者换至 1 号位置，一趟排序结束，就可找出最小者，放到 1 号位置。

从 2 ～ N 范围内找出最小者换至 2 号位置，二趟排序结束，就可找出次小者，放到 2 号位置。

……

从 j ～ N 范围内找出最小者换至 j 号位置，j 趟排序结束，就可找出第 j 小者，放到 j 号位置。

……

从 $N\text{-}1 \sim N$ 范围内找出最小者换至 $N\text{-}1$ 号位置，$N\text{-}1$ 趟排序结束。

剩下的 N 号即为最大的一个，就在 N 号位置，不再比较。

升序排序过程示例，如表 3-2 所示。

表 3-2　选择排序过程演示

趟　数	a_1	a_2	a_3	a_4	a_5	a_6	a_7	a_8	说　　明
	49	38	65	97	76	13	27	49	初始状态
1	*13*	38	65	97	76	49	27	49	$a_1 \sim a_8$ 范围内找出最小者换至 a_1
2	*13*	*27*	65	97	76	49	38	49	$a_2 \sim a_8$ 范围内找出最小者换至 a_2
3	*13*	*27*	*38*	97	76	49	65	49	$a_3 \sim a_8$ 范围内找出最小者换至 a_3
4	*13*	*27*	*38*	*49*	76	97	65	49	$a_4 \sim a_8$ 范围内找出最小者换至 a_4
5	*13*	*27*	*38*	*49*	*49*	97	65	76	$a_5 \sim a_8$ 范围内找出最小者换至 a_5
6	*13*	*27*	*38*	*49*	*49*	*65*	97	76	$a_6 \sim a_8$ 范围内找出最小者换至 a_6
7	*13*	*27*	*38*	*49*	*49*	*65*	*76*	97	$a_7 \sim a_8$ 范围内找出最小者换至 a_7

　　N 个数时，共需进行 $N\text{-}1$ 趟，第一趟 $a_1 \sim a_N$ 范围内找出最小者换至 a_1，第二趟 $a_2 \sim a_N$ 范围内找出最小者换至 a_2，…，第 j 趟 $a_j \sim a_N$ 范围内找出最小者换至 a_j，…，最后一趟（即第 $N\text{-}1$ 趟）$a_{N-1} \sim a_N$ 范围内找出最小者换至 a_{N-1}。可以看出，这种方法最终可实现排序。

　　（2）算法：基本算法流程如图 3-9 所示。

　　算法进一步细化，如图 3-10 所示。

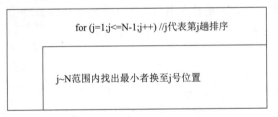

图 3-9　选择排序 N-S 图（一）

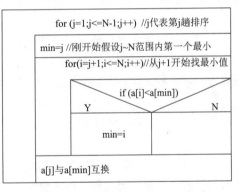

图 3-10　选择排序 N-S 图（二）

　　（3）算法实现：

```
#include "stdio.h"
#define N 8                        // 参加排序的数据总个数
int main()
{
    int a[N+1],i,j,min;            // 定义的数组中包含N+1个元素，0号元素不存放有效数据
    // 有效数据从1号开始存放以符合人们日常习惯，min存放当前范围内最小数的下标
    printf(" 请输入 %d 个数: \n",N);
    for(i=1;i<=N;i++)              // 输入原始数据
        scanf("%d",&a[i]);
    printf("\n 排序前: \n");        // 按原序输出以方便与后面排序结果进行对比
    for(i=1;i<=N;i++)
        printf("%8d",a[i]);
    // 下面的二重循环实现排序
```

```
    for(j=1;j<=N-1;j++)
    {
        min=j;
        for(i=j+1;i<=N;i++)
            if(a[i]<a[min])
                min=i;
        a[0]=a[j];                      // 利用空闲的 0 号元素实现交换
        a[j]=a[min];
        a[min]=a[0];
    }
    printf("\n 排序后：\n");             // 按排好序的结果输出
    for(i=1;i<=N;i++)
        printf("%8d",a[i]);
    printf("\n");
    return 0;
}
```

程序运行结果如图 3-11 所示。

图 3-11   例 3-3 程序运行结果

（4）说明：上述两种排序算法只是最基本的排序算法，容易理解，但在数据量大的时候性能比较差。想获得更好性能，可参考有关算法方面的资料，采用更高效的快速排序等算法。

【例 3-4】斐波那契数列——迭代与递推算法。

13 世纪意大利数学家斐波那契在他的《算盘书》中提出这样一个问题：有人想知道一年内一对兔子可繁殖成多少对，于是筑了一道围墙把一对兔子关在里面。已知一对兔子每一个月可以生一对小兔子，而一对兔子出生后第二个月就开始生小兔子，则一对兔子一年内能繁殖成多少对？

斐波那契数
列——迭代与
递推算法

说明：假设兔子不死，每生一次刚好就是一雌一雄。

（1）分析：寻求兔子繁殖的规律。成熟的一对兔子用●表示，未成熟的一对用○表示，每一对成熟的兔子●经过一个月变成本身成熟的●及新生未成熟的○，未成熟的一对○经过一个月变成成熟的●，不过没有出生新兔，可画出繁殖规律图，如图 3-12 所示。

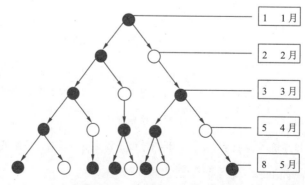

图 3-12   兔子繁殖规律分析

可以看出，前 5 个月兔子的对数是 1、2、3、5、8。

很容易发现这个数列的特点：从第三项起，每一项都等于前相邻两项之和，即

$$\begin{cases} a_1 = 1 \\ a_2 = 2 \\ a_i = a_{i-1} + a_{i-2} \quad , i \geq 3 \end{cases}$$

人们为了纪念斐波那契，就以他的名字命名了这个数列，该数列的每一项称为斐波那契数。

斐波那契数列的基本特点就是利用已知数列项的值逐渐推导出后面项的值，这种算法通常称为迭代与递推算法，即不断利用已知的数据推出未知的数据，再利用推出的数据及以前的数据继续推导，直到推出所要的结果为止。

这种算法的关键点如下：

①确定迭代变量：在可以用迭代算法解决的问题中，至少存在一个直接或间接地不断由旧值递推出新值的变量，这个变量就是迭代变量，此例中为 a_i。

②建立迭代关系式：所谓迭代关系式，指如何从变量的前一个（或一组）值推出其下一个（或一组）值的公式（或关系）。迭代关系式的建立是解决迭代问题的关键，通常可以使用递推或倒推的方法来完成，此例中为 $a_i = a_{i-1} + a_{i-2}$。

③对迭代过程进行控制：在什么时候结束迭代过程？这是编写迭代程序必须考虑的问题，不能让迭代过程无休止地重复执行下去。迭代过程的控制通常可分为两种情况：一种是所需的迭代次数是个确定的值，可以计算出来；另一种是所需的迭代次数无法预先确定。对于前一种情况，可以构建一个固定次数的循环来实现对迭代过程的控制；对于后一种情况，需要进一步分析出用来结束迭代过程的条件，此例中从 a_3 迭代到 a_{12} 即可，共迭代 10 次。

第 2 章中的例 2-21 求一元方程近似解的过程就是迭代的过程。

（2）算法：基本算法 N-S 图如图 3-13 所示。

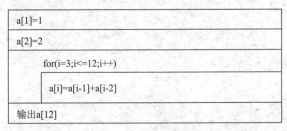

图 3-13　例 3-4 算法的 N-S 图

（3）算法实现：

```c
#include "stdio.h"
#define N 12
int main()
{
    int a[N+1],i;         // 定义的数组中包含 N+1 个元素，0 号元素不存放有效数据
    a[1]=1;
    a[2]=2;
    for(i=3;i<=N;i++)
        a[i]=a[i-1]+a[i-2];
    printf("%d\n",a[N]);
    return 0;
}
```

程序运行结果如图 3-14 所示。

（4）说明：上述算法从第 1 月到第 12 月，共涉及 12 个数，用了 12 个数组元素。

实际上，等到后面的数列项（如 a_4）算出来后，前面的数列项（即 a_1，a_2）就不用了，没必要保存。

```
233
Press any key to continue
```

图 3-14   例 3-4 程序运行结果

另外，分析数列变化规律可看出，按公式 $a_i=a_{i-1}+a_{i-2}$ 逐项计算各 a_i 值的过程中，本次计算中的 a_{i-1} 对应下次计算中的 a_{i-2}，本次计算中的 a_i 对应下次计算中的 a_{i-1}。以 a_3 和 a_4 为例：

$$a_3=a_2+a_1 \text{（本次计算）}$$

$$a_4=a_3+a_2 \text{（下次计算）}$$

本次计算中的 a_{i-1}（a_2）对应下次计算中的 a_{i-2}（a_2），本次计算中的 a_i（a_3）对应下次计算中的 a_{i-1}（a_3）。

据此，可将上述算法进行改进如图 3-15 所示。

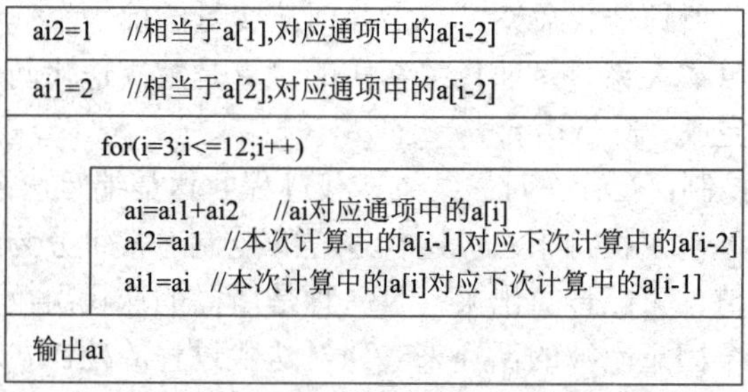

ai2=1   //相当于a[1],对应通项中的a[i-2]
ai1=2   //相当于a[2],对应通项中的a[i-2]
for(i=3;i<=12;i++)

ai=ai1+ai2   //ai对应通项中的a[i]
    ai2=ai1   //本次计算中的a[i-1]对应下次计算中的a[i-2]
    ai1=ai   //本次计算中的a[i]对应下次计算中的a[i-1]

输出ai

图 3-15   例 3-4 改进后算法的 N-S 图

对应程序如下：

```c
#include "stdio.h"
#define N 12
int main()
{
    int ai,ai1,ai2,i;
    ai2=1;
    ai1=2;
    for(i=3;i<=N;i++)
    {
        ai=ai1+ai2;
        ai2=ai1;
        ai1=ai;
    }
    printf("%d\n",ai);
    return 0;
}
```

程序运行结果与前面相同。

相对于用数组方式实现的算法而言，节省了变量，在计算的项数较多时，可大量节省内存空间。

3.2　二维及多维数组

现实中除了常见的排成一行或一列形式（一维）的数据外，经常还会见到多行多列形式（二维）排列的数据，此时，在编程时可以考虑用二维数组存放。

【例 3-5】二维数组使用示例——处理多个学生多门课组成的成绩表。

输入多个学生多门课程的成绩，分别求出每个学生的总成绩并按总成绩降序排序后输出完整的成绩表。

二维数组使用
示例——处理
多个学生的
成绩表

分析：现实中的这种成绩表都是二维表形式，由若干行、若干列组成。以 10 个人、4 门课为例，加上每个人的总成绩，总共应该是 10 行、5 列，每行对应一个人，每列对应一门课，其形式如表 3-3 所示。

表 3-3　成绩表

成绩 1	成绩 2	成绩 3	成绩 4	总成绩
60	88	75	76	
65	76	87	67	
56	78	78	88	
67	87	67	99	
…	…	…	…	…

不难看出，共有 10×5=50 个数据，需要 50 个变量来存放。由于数据本身的排列是二维形式，用一维数组去存放，明显不直观，此时就可用二维数组来解决数据的存储问题。

同一维数组类似，二维数组的实质仍然是一组变量，占用内存中连续的一片空间，也是遵循"先定义，后使用"的原则。

3.2.1　二维数组的定义

格式：数据类型　数组名［行数］［列数］;

例如：`int a[50][5];`　　// 定义了一个 50 行、5 列的整型二维数组 a

说明：

（1）行数及列数必须为大于 0 的整型常量。

（2）由于是二维数组，区分各个元素时就要同时用到行下标（行号）及列下标（列号），行下标取值范围为 0 ~ 行数 -1，列下标取值范围为 0 ~ 列数 -1。

（3）根据计算机的硬件特性，内存空间的编址是一维的，对于二维数组，要将其变换为一维地址空间后再对应到物理（实际）内存空间中。在 C 语言中，是按"行序优先"的方式分配空间的。例如，对于数组 int a[2][3]，共有 2 行 3 列 6 个元素，其逻辑结构如图 3-16 所示。其在内存中所占空间的布局如图 3-17 所示，即先存放 0 行各元素，再存放 1 行各元素……直到最后一行。

A[0] [0]	A[0] [1]	A[0] [2]
A[1] [0]	A[1] [1]	A[1] [2]

图 3-16　二维数组的逻辑结构

A[0] [0]	A[0] [1]	A[0] [2]	A[1] [0]	A[1] [1]	A[1] [2]

图 3-17　二维数组的存储结构

1. 二维数组元素的引用

格式：数组名 [行下标] [列下标]

说明：

注意行下标及列下标的取值范围，不得超界，否则就有可能产生错误。行下标及列下标各自的取值范围如下：

0<= 行下标 <= 行数 -1，0<= 列下标 <= 列数 -1

2. 二维数组的初始化

同一维数组类似，二维数组也可在定义的同时直接初始化，具体有两种形式：

（1）按行初始化。格式如下：

数据类型　数组名 [行数][列数]={{ 第 0 行初值表 },{ 第 1 行初值表 },…,{ 最后 1 行初值表 }};

例如：

```
int a[2][3]={{11,12,13},{21,22,23}}; // 全部赋值
int b[2][3]={{11},{21}};             // 部分赋值，按从前往后的优先顺序进行，缺省元素值为0
int c[][3]={{11,12,13},{21,22,23}};  // 省掉第一维（行）大小，系统会自动检测出来是 2 行
```

（2）按元素排列顺序初始化。二维数组在内存中实际上仍对应的是一维空间，相当于一个一维数组，所以可当作一维数组进行初始化，格式如下：

数据类型　数组名 [行数][列数] = { 表达式 1,…, 表达式 n };

例如：

```
int a[2][3]={11,12,13,21,22,23};   // 全部赋值
int b[2][3]={11,21};               // 部分赋值，只给最前面的两个元素赋值，缺省元素的值为0
int c[][3]={11,12,13,21,22,23};    // 省掉第一维大小，系统会自动检测出来为 2 行
```

例 3-5 算法：可用二维数组来解决成绩数据的存放问题，以 10 个人，4 门课为例，加上每个人的总成绩，总共应该是 10 行、5 列，一行存放一人成绩，按从左向右顺序每列存放一门课成绩，最后一列存放总成绩。

另外，在输入成绩时可按人输入（一次输入一个人各门课程的成绩，按行输入），也可以按课程输入（一次输入一门课各人的成绩，按列输入）。

这样，解决此问题的基本算法如下：

①按行输入原始成绩。

②逐行计算各人总成绩。

③按总成绩降序排序。

④输出成绩表。

例 3-5 具体算法如图 3-18 所示。

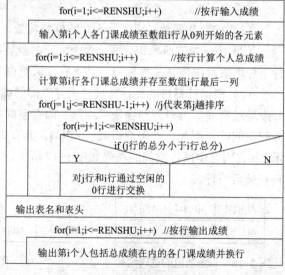

图 3-18　例 3-5 的详细算法 N-S 图

算法实现：

```
#include "stdio.h"
#include "stdlib.h"
#define RENSHU  10                              //人数
#define KECHENG 4                               //课程数
int main()
{
    int a[RENSHU+1][KECHENG+1];
    // 比课程数多定义一列，用于存放总分
    // 多定义一行，数据从 1 号行开始存放，以便跟日常习惯一致
    int i,j,k;
    // 以下程序用于按人（即按行）输入成绩
    printf(" 按行输入成绩（%d人，%d 门课程）: \n",RENSHU,KECHENG);
    for(i=1;i<=RENSHU;i++)
    {
        printf(" 第 %2d人: ",i);
        for(j=0;j<KECHENG;j++)
            scanf("%d",&a[i][j]);
    }
    // 以下程序用于计算各人总成绩，放入最后一列
    for(i=1;i<=RENSHU;i++)
    {
        a[i][KECHENG]=0;                        // 累加前存放和的变量置为 0
        for(j=0;j<KECHENG;j++)
            a[i][KECHENG]+=a[i][j];             // 累加计算个人总成绩
    }
    // 以下程序按总成绩降序排序
    for(j=1;j<=RENSHU-1;j++)
        for(i=j+1;i<=RENSHU;i++)
            if(a[j][KECHENG]<a[i][KECHENG])     //j 行的总分小于 i 行总分
            {
                // 对 j 行和 i 行通过空闲的 0 行进行交换
                for(k=0;k<=KECHENG;k++)         // 将 j 行各元素放入 0 行
                    a[0][k]=a[j][k];
                for(k=0;k<=KECHENG;k++)         // 将 i 行各元素放入 j 行
                    aa[j][k]=a[i][k];
                for(k=0;k<=KECHENG;k++)         // 将 0 行各元素放入 j 行
                    a[i][k]=a[0][k];
            }
    // 以下程序用于输出成绩表
    printf("\n                成绩表 \n");         // 输出表名
    printf("  成绩 1 成绩 2 成绩 3 成绩 4 总成绩 \n");
    for(i=1;i<=RENSHU;i++)
    {
        for(j=0;j<=KECHENG;j++)
            printf("%6d",a[i][j]);
        printf("\n");
    }
    printf("\n");
    system("pause");
    return 0;
}
```

程序运行结果如图 3-19 所示。

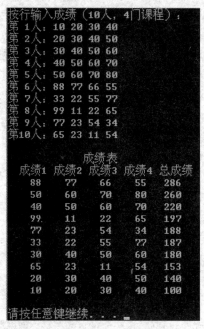

图 3-19 例 3-5 程序运行结果

说明：成绩表本身为二维，采用二维数组存放，数据与数组元素之间的对应关系比较直观，为算法实现提供了方便。

【例 3-6】学分绩点（GPA）计算。

假设某个班有 6 名学生，某学期该班有 4 门课程，6 名同学每门课的期末成绩如表 3-4 所示，每门课程的学分如表 3-5 所示，编程序求出每个同学这个学期的学分绩点（GPA）。

学分绩点
（GPA）计算

表 3-4　成绩表

姓　　名	高 等 数 学	大 学 英 语	工 程 制 图	C 语 言
张三亮	82	75	89	87
李四丰	69	72	73	75
王五	76	80	79	81
赵六	81	85	76	86
田七	53	65	64	68
周八	92	89	94	98

表 3-5　各门课学分

课　　程	学　　分
高等数学	6
大学英语	3
工程制图	2
C 语言	4

（1）分析：除去姓名，表 3-4 是一个 6×4 的矩阵，可用二维数组 score[6][4] 存储。而表 3-5

除去课程名后的数据只一列, 可用一维数组 credit[4] 存储。

每个同学绩点的求法: 每门课的成绩 × 对应课程的学分, 然后求乘积的和, 最后除以所有课程的总学分。某个同学绩点的计算公式为:

$$gpa[i]=\sum_{j=0}^{3}(score[i][j] \times credit[j])/\sum_{j=0}^{3}credit[j]$$

(2) 算法: 利用双重循环读取每个学生每门课成绩及对应学分, 根据公式进行计算, 并将结果保存到 gpa[i] 中, 再显示每个同学的绩点即可, 如图 3-20 所示。

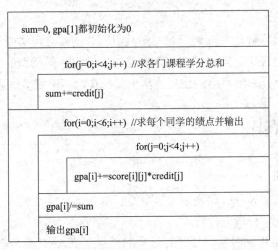

图 3-20 例 3-6 的详细算法 N-S 图

(3) 算法实现:

```c
#include <stdio.h>
int main( )
{
    // 成绩数组
    int score[6][4]={{82,75,89,87},{69,72,73,75},{76,80,79,81},{81,85,76,86},
{53,65,64,68},{92,89,94,98}};
    int credit[4]={6,3,2,4};              // 学分数组
    double gpa[6]={0};                     // 定义绩点数组并初始化为 0
    int i,j;
    double sum=0;
    for(j=0;j<4;j++)                       // 求各门课程学分总和
        sum+=credit[j];
    printf(" 每个同学的绩点为 :\n");
    for(i=0;i<6;i++)                       // 求每个同学的绩点并输出
    {
        for(j=0;j<4;j++)
            gpa[i]+=score[i][j]*credit[j];
        gpa[i]/=sum;
        printf("%5.2f\t",gpa[i]);
    }
    printf("\n");
    return 0;
}
```

程序运行结果如图 3-21 所示。

图 3-21　例 3-6 程序的运行结果

（4）说明：此例同时用到了一维及二维数组，关键是分析清楚二者之间在计算绩点过程中的对应关系。

3.2.2　多维数组

一般编程中最常用的就是一维数组和二维数组，分别对应现实中一维的线性结构和二维的表状结构。在某些情况下，可能还会用到二维以上数组，即所谓的多维数组，其具体定义及使用方法跟一维数组及二维数组的使用方法类似，在此不做更多讲述。

3.3　字符串

3.3.1　字符串的本质

字符串

现实中的姓名、单位名称、联系地址等信息，都由多个字符组成，对于此类信息的处理，可通过字符串进行解决。

C 语言中，字符串是用一对双引号""括起来的任意字符，在计算机内部以 '\0' 为结束标志。

例如，"HELLO" 就是一个字符串常量，本身只有 5 个字符，但在内存中实际占用 6 个字符的存储空间，多出来的一个字符就是用作结束标志的 '\0'。

注意：'a' 跟 "a" 不同，'a' 是单个字符，在内存中占用一个字符的空间即 1 个字节，而 "a" 是字符串，占用两个字符的空间即 2 个字节。

现实中的数字，不管较大的数还是较小的数，少则 1 位，多则十多位，一般情况下位数的差异不会太大。为处理方便，在计算机内都采用位数定长的存储方式，按固定长度分配空间。如在 VC 6.0 中，int 型占用 32 位二进制位，对应的十进制数为 10 位。这样，如果真正存放的数字位数达不到内部的 32 位时，会造成空间的浪费，但这种浪费不会很严重。这种情况下，只要知道数据存放空间的起始位置，由于长度固定，则终止位置根据长度就可以算出来，而 C 语言中通过变量名就可找到数据存放空间的起始位置。

字符串则不然，字符串的长度差异可能非常大。拿"简历"来讲，有的人的内容很简单，不超过 100 字；有的人经历很复杂，有好几千字的内容。存放字符串时，若整个系统采用统一长度，为满足各类不同长度字符串需求，只能按最长的字符串来分配空间，实际应用中大多数字符串的长度一般都比较短，根本占不满所分配的空间，就会造成存储空间的大量浪费。

解决字符串存储问题的一种比较好的办法是采用不定长存储方案，不同字符串分配不同长度的存储空间，按需分配。但此时就出现一个新问题：由于不等长，为了确定范围，必须知道存储的起始位置及终止位置（或长度），即需要提供两项信息来确定存储范围。通过变量名可以提供起始位置，但终止位置（或长度）就不好确定。为此，C 语言约定，在每个字符串的末尾放置一个 '\0' 作为结束标志，从而解决了字符串存储范围的确定问题。

3.3.2　字符数组

字符串常量直接给出即可，但如果字符串的内容在程序中要变化，则一般用字符数组来存放，一个数组元素存放一个字符。

1. 字符数组的定义
例如：

```
char str1[10],str2[20][10];
```

2. 字符数组的初始化
（1）逐个字符赋初值。例如：

```
char str1[5]={'H','e','l','l','o'};
char str2[5]={'B','o','y'};
```

（2）用字符串常量。例如：

```
char ch[6]={"Hello"};
char ch[6]="Hello";
char ch[]="Hello";
char ch[5]="Boy";
```

说明：在用字符数组存放某个字符串常量时，如果要指定字符数组的大小，那么其大小至少要比字符串的长度多 1（多定义的一个元素用于存放 '\0'）。例如，下例就有问题：

```
char str[5]= "Hello";
```

3. 在程序中赋值
在程序中要对字符数组赋值，可以给每个元素单独赋一个字符值，跟前面所介绍的其他类型的数组元素的赋值方法类似。需要注意的是，不能给一个字符数组一次性赋一个字符串，例如：

```
char ch[10];
ch[0]='c';      // 正确
ch="Hello";     // 错误
```

3.3.3　常用字符串操作函数

字符串的操作一般都通过专用的函数完成，这些函数大多都包含在头文件 string.h 中，若要正常使用字符串操作函数，需要在程序中先将对应的头文件包含进来。下面介绍有关字符串操作的常用函数：

1. gets()
格式：`gets(字符数组)`
功能：从键盘输入一个以回车结束的字符串放入字符数组中，并自动加 '\0'。
说明：输入字符串长度应小于字符数组长度。例如：

```
char  str[80];
gets(str);
```

当输入：I □ love □ China! ↙（□表示空格，↙表示回车）时，str 中的字符串将是："I love China!"。

2. scanf()

格式：`scanf("%s", 字符数组 )`

功能：从键盘输入一个以空格或回车结束的字符串放入字符数组中，并自动加 '\0'。

说明：输入字符串长度应小于字符数组长度。例如：

```
char  str[80];
scanf("%s",str);       //scanf() 函数中数组名前不加 "&"，数组元素要加 "&"
```

当输入：hello □ china 时，str 中将是 "hello"。

利用 scanf() 函数可以连续输入多个字符串，输入时，字符串间用空格分隔。

```
char  str1[40], str2[40], str3[40];
scanf("%s%s%s", str1, str2, str3);/* 由于 C 语言中数组名本身就代表地址，所以此处
数组名前不加取地址运算符 "&"，但如果是数组元素，则需要加取地址运算符 "&" */
```

当输入：I □ love □ china! 时，str1 中为 "I"，str2 中为 "love"，str3 中为 "china!"。

函数 scanf() 和 gets() 都可用于输入字符串，两者差别如表 3-6 所示。

表 3-6 scanf() 及 gets() 比较

gets()	scanf()
输入的字符串中可包含空格	输入的字符串中不可包含空格
一次只能输入一个字符串	一次可连续输入多个字符串（使用 %s%s…）
不可限定字符串的长度	可限定字符串的长度（使用 %ns）
遇到回车符结束	遇到空格符或回车符结束

3. puts()

格式：`puts( 字符串地址 )`

功能：向显示器输出字符串并换行。

说明：如果是字符数组，则必须以 '\0' 结束，一次只能输出一个字符串，不能限制输出字符串的长度。

4. printf()

格式：`printf("%s", 字符串 )`

功能：向显示器输出字符串。

说明：输出到字符串中的 '\0' 为止，同时可限定字符串的长度（使用 %ns），并且一次可连续输出多个字符串（使用 %s%s…）。

5. strlen()

格式：`strlen( 字符串地址 )`

功能：计算字符串长度。

返回值：返回字符串实际长度，到 '\0' 为止，不包括 '\0'。

6. strcpy()

格式：`strcpy( 字符数组 1, 字符串 2)`

功能：将字符串 2 复制到字符数组 1 中。

返回值：返回字符数组 1 的首地址。

说明：字符数组 1 必须足够大，在复制时 '\0' 一同复制。需要注意的是，程序中不能用赋值语句为一个字符数组赋值，字符串的赋值通常使用此函数实现。此函数相当于专用于字符串的赋值语句。

7. strcmp()

格式：strcmp (字符串 1, 字符串 2)

功能：比较两个字符串的大小。

比较规则：对两字符串从左向右逐个比较（ASCII 码），直到遇到不同字符或 '\0' 为止。

返回值：返回 int 型整数：

①若字符串 1< 字符串 2，返回负整数。

②若字符 1> 字符串 2，返回正整数。

③若字符串 1== 字符串 2，返回零。

说明：字符串比较不能用关系运算符如 ">" "<" "==" 等，通常用 strcmp() 来实现比较，根据其返回值来判断参加比较的两个字符串的大小关系。

8. strcat()

格式：strcat (字符数组 1, 字符串 2)

功能：把字符串 2 连到字符数组 1 后面。

返回值：返回字符数组 1 的首地址。

说明：字符数组 1 必须足够大以存放连接所产生的新字符串，连接前两字符串均以 '\0' 结束，连接后，字符串 1 末尾的 '\0' 取消，新串最后加 '\0'。

下面通过一个简单例子对这部分字符串操作函数进行演示。

【例 3-7】字符串基本操作示例。

```c
#include "stdio.h"
#include "string.h"          //string.h 为存放有关字符串操作函数的头文件
#define N 80
int main()
{
  char str1[N],str2[N],str3[N];
  puts("请输入两个字符串: ");
  // 以下输入中数组名前不加取地址运算符 "&"
  gets(str1);                 //I □ am □ a □↙
  scanf("%s",str2);           //college □ student.↙
  puts(str1);
  puts(str2);
  printf("%4d%4d",strlen(str1),strlen(str2));
  strcpy(str3,str1);
  printf("\n%s",str3);
  strcat(str3,str2);
  puts(str3);
  printf("%d\n",strcmp(str1,str3));
  return 0;
}
```

程序运行结果如图 3-22 所示。

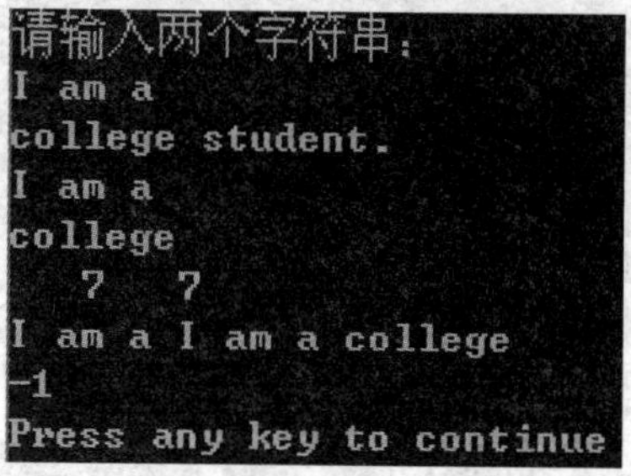

3.3.4 字符串应用举例

【例 3-8】字符大小写转换示例。

输入一行字符，将其中的小写字母转换为大写字母。

分析：此问题的算法非常简单，先输入一批字符，再输出，输出过程中要将小写字母转换成大写输出。当然，也可先将所有小写字母都转换成大写字母，最后再一次性输出。

图 3-22　例 3-7 程序运行结果

需要注意的是如何实现字母大小写之间的转换。英文字符在计算机内实质存放的是其对应的 ASCII 码，而同一英文字母的小写字母所对应的 ASCII 码比其大写字母的 ASCII 码大 32。因此，要将大写转换成小写，则对应编码加 32，而将小写转换成大写时减 32 即可。

程序如下：

```c
#include "stdio.h"
#include "string.h"
int main()
{
    char str[80];
    unsigned int i;
    printf("请输入一行文字: \n");
    gets(str);                          // 读入字符串并存入各数组元素中
    printf("\n 转换前: ");
    printf("%s",str);                   // 注意这里用的格式符为 %s 而不是 %c
    printf("\n 转换后: ");
    for(i=0;i<strlen(str);i++)// 用 strlen() 函数获取字符串长度
        if((str[i]<='z')&&(str[i]>='a'))  // 若为小写字母则进行转换
            printf("%c",str[i]-32);     // 转换为对应大写字母并输出
        else
            printf("%c",str[i]);        // 不是小写字母, 原样输出
    printf("\n\n");
    return 0;
}
```

程序运行结果如图 3-23 所示。

【例 3-9】多个字符串操作示例。

下面是中国部分城市名称列表（共 137 个城市名），请将其按字母表顺序排列生成一个有序表以方便查看。

图 3-23　例 3-8 程序运行结果

北京市、上海市、天津市、重庆市、香港特别行政区、澳门特别行政区、合肥市、亳州市、芜湖市、马鞍山市、池州市、黄山市、滁州市、安庆市、淮南市、淮北市、蚌埠市、巢湖市、宿州市、宣城市、六安市、阜阳市、铜陵市、明光市、天长市、宁国市、界首市、桐城市、福州市、厦门市、泉州市、漳州市、南平市、三明市、龙岩市、莆田市、宁德市、建瓯市、武夷山市、长乐市、福清市、晋江市、南安市、福安市、龙海市、邵武市、石狮市、福鼎市、建阳市、漳平市、永安市、兰州市、白银市、武威市、金昌市、平凉市、张掖市、嘉峪关市、酒泉市、庆阳市、定西市、陇南市、天水市、玉门市、临夏市、合作市、

敦煌市、甘南州、南宁市、贺州市、玉林市、桂林市、柳州市、梧州市、北海市、钦州市、百色市、防城港市、贵港市、河池市、崇左市、来宾市、东兴市、桂平市、北流市、岑溪市、合山市、凭祥市、宜州市、贵阳市、安顺市、遵义市、六盘水市、兴义市、都匀市、凯里市、毕节市、清镇市、铜仁市、赤水市、仁怀市、福泉市、海口市、三亚市、万宁市、文昌市、儋州市、琼海市、东方市、五指山市、石家庄市、保定市、唐山市、邯郸市、邢台市、沧州市、衡水市、廊坊市、承德市、迁安市、鹿泉市、秦皇岛市、南宫市、任丘市、叶城市、辛集市、涿州市、定州市、晋州市、霸州市、黄骅市、遵化市、张家口市、沙河市、三河市、冀州市、武安市

　　分析：此例中每个城市名都由多个字符（一个汉字算作两个英文字符）组成，明显属于字符串类型，最直观方便的存储方案是用二维字符数组进行存放，一行一个城市名，多行，行数应为城市名称总个数。这样，问题的实质就成了对多个字符串的排序。排序算法前面已经做过详细说明，此处直接给出程序。

　　程序如下：

```
#include "stdio.h"
#include "string.h"
#define N 137
int main()
{
    // 多定义一行，有效数据从1号行开始存放，初始化时给0号行赋空串
    // 列数取15，因城市名最长为7个汉字，14个字符，加上结束标志'\0'，共15个
    char str[N+1][15]={"","北京市","上海市","天津市","重庆市","香港特别行政
区","澳门特别行政区","合肥市","亳州市","芜湖市","马鞍山市","池州市","黄山市
","滁州市","安庆市","淮南市","淮北市","蚌埠市","巢湖市","宿州市","宣城市","六安市
","阜阳市","铜陵市","明光市","天长市","宁国市","界首市","桐城市","福州市","
厦门市","泉州市","漳州市","南平市","三明市","龙岩市","莆田市","宁德市","建瓯市
","武夷山市","长乐市","福清市","晋江市","南安市","福安市","龙海市","邵武市","
石狮市","福鼎市","建阳市","漳平市","永安市","兰州市","白银市","武威市","金昌市
","平凉市","张掖市","嘉峪关市","酒泉市","庆阳市","定西市","陇南市","天水市","
玉门市","临夏市","合作市","敦煌市","甘南州","南宁市","贺州市","玉林市","桂林市
","柳州市","梧州市","北海市","钦州市","百色市","防城港市","贵港市","河池市","
崇左市","来宾市","东兴市","桂平市","北流市","岑溪市","合山市","凭祥市","宜州市
","贵阳市","安顺市","遵义市","六盘水市","兴义市","都匀市","凯里市","毕节市","
清镇市","铜仁市","赤水市","仁怀市","福泉市","海口市","三亚市","万宁市","文昌
市","儋州市","琼海市","东方市","五指山市","石家庄市","保定市","唐山市","邯郸市
","邢台市","沧州市","衡水市","廊坊市","承德市","迁安市","鹿泉市","秦皇岛市","
南宫市","任丘市","叶城市","辛集市","涿州市","定州市","晋州市","霸州市","黄骅
市","遵化市","张家口市","沙河市","三河市","冀州市","武安市"};

    unsigned int i,j;
    for(j=1;j<=N-1;j++)
        for(i=j+1;i<=N;i++)
            if(strcmp(str[j],str[i])>0)        //j行与i行进行比较
            {
                // 利用0号行实现j行与i行的交换
                strcpy(str[0],str[j]);        // 利用函数strcpy()实现字符串赋值
                strcpy(str[j],str[i]);
                strcpy(str[i],str[0]);
            }
    printf("按字母顺序排列的结果如下：\n\n");
    for(i=1;i<=N;i++)
```

```
            // 序号3位，右对齐，不足3位补前导0；城市名16位，左对齐
            printf("%03d:%-16s",i,str[i]);//%-16s表示占16位，左对齐
        printf("\n");
        return 0;
    }
```

程序运行结果如图 3-24 所示。

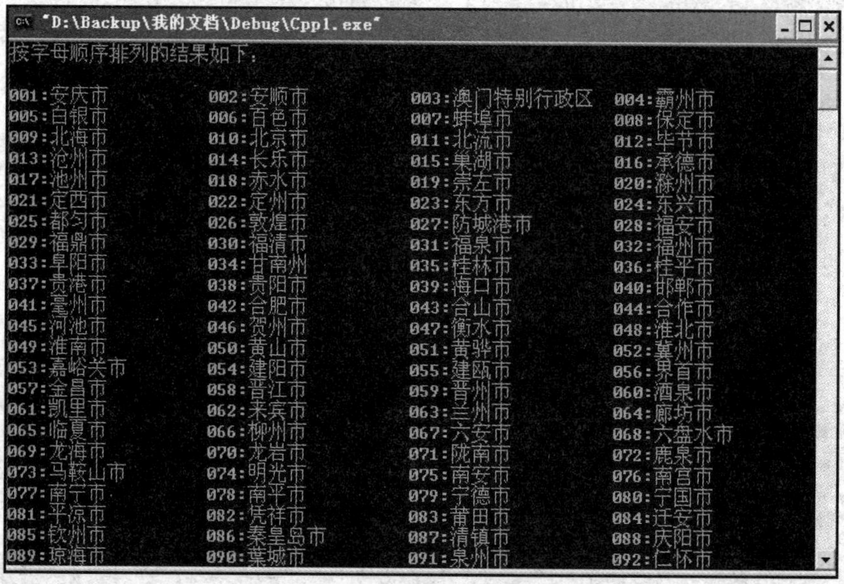

图 3-24　例 3-9 程序运行结果

习　　题

1. 简述数组的实质及其适用场合。

2. 输入 20 个数，先按原来顺序输出，再将数组中元素逆置后输出，即将第 1 个数跟第 20 个互换、第 2 个数跟第 19 个互换……

3. 从键盘上输入 10 个整数，并放入一个一维数组中，然后将其前 5 个元素与后 5 个元素对换，即第 1 个元素与第 6 个元素互换，第 2 个元素与第 7 个元素互换……第 5 个元素与第 10 个元素互换。分别输出数组原来各元素的值和对换后各元素的值。

4. 从键盘输入一组数，先按原来顺序输出，再将其中最大的一个找出来与第一个元素交换（即将最大的一个放到最前面）后将所有数重新输出。

5. 输入 20 个数，按从大到小降序排序后输出。

6. 输入 20 个数，输出其中最大的前 5 个。

7. 输入某个班所有同学若干门课的成绩，如表 3-7 所示。

（1）计算各人的最终成绩：最终成绩 = 平时 20%+ 笔试 40%+ 操作 40%。

（2）计算每门课的平均成绩。

（3）输出完整的成绩表（二维表格式）。

表3-7 成绩表

平　时	笔　试	操　作	最终成绩
60	88	75	
65	76	87	
56	78	78	
67	87	67	
…	…	…	…

8.二维数组使用：输入一个 $n \times n(n \leqslant 6)$ 的矩阵，求其主对角线元素之和及副对角线元素之和并输出。

9.二维数组使用。编写一个程序完成以下功能：

（1）输入一个 5×4 矩阵。

（2）找出此矩阵的最小值并输出。

（3）找出此矩阵的平均值并输出。

（4）生成此矩阵的转置矩阵并输出。

10.矩阵加减法的实现。

设矩阵 $A=\begin{pmatrix} a_{11} & a_{12} & \cdots & a_{1n} \\ a_{21} & a_{22} & \cdots & a_{2n} \\ \cdots & \cdots & \cdots & \cdots \\ a_{m1} & a_{m2} & \cdots & a_{mn} \end{pmatrix}$, $B=\begin{pmatrix} b_{11} & b_{12} & \cdots & b_{1n} \\ b_{21} & b_{22} & \cdots & b_{2n} \\ \cdots & \cdots & \cdots & \cdots \\ b_{m1} & b_{m2} & \cdots & b_{mn} \end{pmatrix}$

则有

$$A \pm B=\begin{pmatrix} a_{11} \pm b_{11} & a_{12} \pm b_{12} & \cdots & a_{1n} \pm b_{1n} \\ a_{21} \pm b_{21} & a_{22} \pm b_{22} & \cdots & a_{2n} \pm b_{2n} \\ \cdots & \cdots & \cdots & \cdots \\ a_{m1} \pm b_{m1} & a_{m2} \pm b_{m2} & \cdots & a_{mn} \pm b_{mn} \end{pmatrix}$$

按此运算规则，编程序输入两个 $m \times n$ 的矩阵，实现矩阵的加减法功能。

11.矩阵乘法的实现。

设 $A=(a_{ij})_{m \times s}$, $B=(b_{ij})_{s \times n}$, 则 A 与 B 的乘积 $C=AB$ 是这样一个矩阵：

（1）行数与（左矩阵）A 相同，列数与（右矩阵）B 相同，即 $C=(c_{ij})_{m \times n}$。

（2）C 的第 i 行第 j 列的元素 c_{ij} 由 A 的第 i 行元素与 B 的第 j 列元素对应相乘，再取乘积之和，即 $c_{ij} = a_{i1}b_{1j} + a_{i2}b_{2j} + \cdots + a_{is}b_{sj} = \sum_{t=1}^{s} a_{it}b_{tj}$。

根据上述规则，编程实现两矩阵的乘法运算。

12.输入一行文字（英文），统计其中的单词个数。

13.设输入的字符串中只有字母及 * 号，要求删除其中有的 * 号后再输出新的字符串。

第 4 章

复杂数据类型

本章重点

- 复杂数据类型简介。
- 熟练掌握结构体的定义方法。
- 熟练掌握结构体的使用方法。
- 了解共用体的定义及使用。
- 了解枚举类型的定义及使用。

4.1　C 语言中的复杂数据类型概述

前面所讲到的基本类型只能定义单一的数据类型，反映事物单一属性，例如，要存放某人的年龄，可以定义一个整型变量来实现。但现实生活中事物的属性往往是多方面的，作为人来讲，有姓名、性别、年龄等多方面的属性，要将这些逻辑上相关联的属性同时存放，就目前所学的内容来说，不好去实现。对于此类情况，可借助 C 语言中的复杂数据类型来实现。

C 语言中的数组、结构体、共用体等构造类型能定义复杂的数据类型，反映事物的多个属性，都属于复杂数据类型。

实际应用中结构体是用得最多的，先以结构体为对象来讨论复杂数据类型。

4.2　结构体

【例 4-1】结构体应用示例——处理多个学生多门课组成的成绩表。

编一个程序，输入某个班 N 个人的姓名、性别、年龄、平时、笔试、操作这几项信息，计算每个人的平均成绩，按平均成绩降序排序，再输出完整的成绩表，如表 4-1 所示。

结构体

表 4-1　成绩表

姓　　名	性　　别	年　　龄	平　　时	笔　　试	操　　作	平　　均
Tom	Boy	15	77	76	65	
Rice	Girl	16	88	85	66	
...	...	...	...	...	...	...
Jordan	Boy	16	88	66	95	

分析：表 4-1 中所列举的属于个人的几项信息的数据类型、位数等不尽相同。

姓名：字符型，6 个字符的长度。

性别：字符型，4 个字符长度。

年龄：整型，3 位。

平时、笔试、操作：整型，3 位。

平均：实型，总长 6 位，小数位数 2 位。

就目前所学的内容来讲，可以按如下方案解决数据的存储问题：

姓名：定义一个字符型的二维数组存放，如 char name[N][7]。

性别：定义一个字符型的二维数组存放，如 char sex[N][5]。

年龄：定义一个整型的一维数组存放，如 int age[N]。

平时、笔试、操作：定义一个整型的二维数组存放，如 int grade[N][3]。

平均：定义一个实型的一维数组存放，如 float average[N]。

这种方案能解决数据的存储问题，但属于同一个人的各项数据需要分散存放，缺乏整体性，会带来使用上的不便。

另一种比较好的解决方案是借助 C 语言的结构体来组织数据。

结构体是一种构造数据类型，用于把多个不同类型的数据组合成一个整体，其优点是可以将逻辑上相关联的类型不同的数据项放到一起进行存储及处理。当然，对于类型相同的数据，用结构体进行组织更是没问题的。

4.2.1　结构体类型的定义

跟前面所学的基本类型不同，基本类型（如 int）是系统本身所自带的，直接用基本类型定义变量即可。结构体类型本身不存在，需要先定义，然后再用所定义的结构体类型去定义变量。

定义结构体类型的格式如下：

```
struct    结构体类型名
{
    数据类型名    成员名1;
    数据类型名    成员名2;
    ...
    数据类型名    成员名n;
};    // 要有分号
```

其中的 struct 是个关键字，用于表明要定义结构体类型。成员变量可以是任何类型变量，根据需要设置。结构体类型名是一种标识符，按相应规则确定即可。

如对于表 4-1 中每个人的信息，可定义一个如下所示的结构体进行组织：

```
struct   student_info
{
    char        name[7];      // 姓名
    char        sex[5];       // 性别
    unsigned    int  age;     // 年龄
    int         pingshi;      // 平时
    int         bishi;        // 笔试
    int         caozuo;       // 操作
```

```
    double        average;                    // 平均
};
```

说明：

（1）在结构体中数据类型相同的成员，既可逐个、逐行分别定义，也可合并成一行定义，就像一次定义多个变量一样。如上例也可按如下方式定义：

```
struct  student_info
{
    char        name[7];                      // 姓名
    char        sex[5];                       // 性别
    unsigned    int  age;                     // 年龄
    int         pingshi,bishi,caozuo;         // 平时、笔试、操作
    double      average;                      // 平均
};
```

（2）结构体类型只是用户自定义的一种数据类型，用来定义数据的组织形式，不分配内存，因此不能存放数据。只有用它来定义某个变量时，才会为该变量分配与对应结构体类型大小相匹配的内存单元，才能存放数据。

（3）一个结构体类型一般包含多个组成成员，结构体类型变量所占内存的大小是它所包含的各成员所占内存大小之和。上例需要 7 + 5 + 4 + 3×4 + 8 共 36 个字节。

4.2.2 结构体变量的定义

1. 间接定义法

先定义结构体类型，再定义结构体变量，格式如下：

```
struct   结构体类型名                           // 定义结构体类型
{
    数据类型名1    成员名1;
    …
    数据类型名n    成员名n;
};
struct   结构体类型名   变量名列表;              // 定义结构体类型变量
```

如上例中假定已经定义了结构体类型 struct student_info，则接下来可以用这种自定义类型来定义变量，定义的方法跟基本类型变量的定义方法相同。例如：

```
struct student_info student;                  // 定义了一个结构体类型变量 student
struct  student_info stu1,stu2;               // 一次定义了两个结构体类型变量
struct  student_info student[N];              // 定义了结构体类型数组
```

2. 直接定义法

定义结构体类型的同时定义结构体变量，格式如下：

```
struct   [结构体类型名]                         // 方括号括起来的内容是可选项，可以不要
{
    数据类型名1    成员名1;
    …
    数据类型名n    成员名n;
} 变量名列表;
```

例如：

```
struct    student_info
{
  char        name[7];              // 姓名
  char        sex[5];               // 性别
  unsigned    int  age;             // 年龄
  int         pingshi,bishi,caozuo; // 平时笔试操作
  double      average;              // 平均
}stu1,stu2,stu[N];
```

说明：

（1）结构体类型与结构体变量不同，区别如表 4-2 所示。

表 4-2　结构体类型与结构体变量的区别

结构体类型与变量	是否内存分配	允许进行的操作
结构体类型	不分配内存	不能赋值、存取、运算
结构体变量	分配内存	可以赋值、存取、运算

（2）结构体可以嵌套，即一个结构体内部的成员还可以是结构体。例如：

```
struct    student
{
  int  num;                    // 学号
  char name[20];               // 姓名
  struct    date               // 日期类型
  {
    int month;                 // 月
    int day;                   // 日
    int year;                  // 年
  }birthday;                   // 生日
}st1,st2;                      // 直接定义变量
```

也可以这样定义：

```
struct    date                 // 日期类型
{
  int month;                   // 月
  int day;                     // 日
  int year;                    // 年
};
struct    student
{
  int  num;                    // 学号
  char name[20];               // 姓名
  struct    date birthday;     // 用已有类型定义新类型的成员：生日
}st1,st2;                      // 直接定义变量
```

（3）结构体类型中的成员名，可以与程序中的变量同名，它们代表不同的对象，互不干扰。例如：

```
#include "stdio.h"
#include "string.h"
#define N 137
```

```
int main()
{ struct   student_info
  {
     char         name[7];              // 姓名
     char         sex[5];               // 性别
     unsigned     int  age;             // 年龄
     int          pingshi,bishi,caozuo; // 平时笔试操作
     double       average;              // 平均
  }stu1,stu2,stu[N];
  char name[20];
}
```

前面结构体中的成员名 name 与后面的数组名 name 同名，这是允许的，它们互不干扰。

（4）由于现实问题的复杂性，系统无法预先提供各类结构体类型，但提供了定义结构体类型的手段，编程人员可根据需要定义结构体。程序中使用结构体变量的一般顺序应该是：先定义结构体类型，再用所定义的结构体类型去定义结构体变量，再去使用结构体变量。

4.2.3　结构体变量的引用

结构体变量可当作一个整体进行操作，也可只对其中某个组成成员进行操作，整体操作结构体变量的方法跟操作其他普通变量的方法相同。

结构体变量一般不整体使用，通常都是引用其中的组成成员。引用一个普通结构体变量中各组成成员的格式如下：

结构体变量名 . 成员名

例如：

```
#include "stdio.h"
int main()
{
  struct   student_info
  {
     char         name[7];
     char         sex[5];
     unsigned     int  age;
     int          pingshi,bishi,caozuo;
     double       average;
  }stu1;
  stu1.age=10;
  return 0;
}
```

说明：结构体嵌套时需逐级引用。

4.2.4　结构体变量的赋值

1. 结构体变量初始化赋值

按顺序给出各成员的初值即可，各初值用一对大括号括起来。例如：

```
struct   student_info
{
```

```
    char         name[7];        // 姓名
    char         sex[5];         // 性别
    unsigned     int  age;       // 年龄
    int          pingshi;        // 平时
    int          bishi;          // 笔试
    int          caozuo;         // 操作
    double       average;        // 平均
}stu={" 祁连山 "," 男 ",17,70,80,90,0.0};
```

或者

```
struct    student_info
{
    char         name[7];        // 姓名
    char         sex[5];         // 性别
    unsigned     int  age;       // 年龄
    int          pingshi;        // 平时
    int          bishi;          // 笔试
    int          caozuo;         // 操作
    double       average;        // 平均
};
struct student_info stu={" 祁连山 "," 男 ",17,70,80,90,0.0};
```

2. 结构体变量在程序中赋值

结构体变量中各成员的使用方式跟单个变量或数组等的使用方式相同。例如：

```
#include "stdio.h"
#include "string.h"
int main()
{
    struct    student_info
    {
        char         name[7];        // 姓名
        char         sex[5];         // 性别
        unsigned     int  age;       // 年龄
        int          pingshi;        // 平时
        int          bishi;          // 笔试
        int          caozuo;         // 操作
        double       average;        // 平均
    };
    struct student_info stu;
    // 姓名和性别都为字符串，用 strcpy() 赋值
    strcpy(stu.name," 祁连山 ");
    strcpy(stu.sex," 男 ");
    stu.age=7;
    stu.pingshi=70;
    stu.bishi=80;
    stu.caozuo=90;
    stu.average=(stu.pingshi+stu.bishi+stu.caozuo)/3.0;
    printf("%10s%4s%4d%4d%4d%4d%6.1f\n",stu.name,stu.sex,stu.age,stu.
pingshi,stu.bishi,stu.caozuo,stu.average);
    return 0;
}
```

程序运行结果如图 4-1 所示。

图 4-1　给结构体变量赋值

前面的例 4-1，个人信息可通过结构体来组织，全班人员信息定义一个结构体类型的一维数组存放。

例 4-1 算法：如图 4-2 所示。

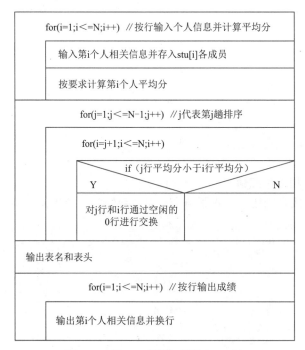

图 4-2　例 4-1 的详细算法 N-S 图

算法实现：

```c
#include "stdio.h"
#include "stdlib.h"
#include "string.h"
#define   N 5   // 假设总人数为 5，可根据需要修改

int main()
{
  struct   student_info                    // 定义结构体类型
  {
    char        name[7];                   // 姓名
    char        sex[5];                    // 性别
    unsigned    int  age;                  // 年龄
    int         pingshi;                   // 平时
    int         bishi;                     // 笔试
    int         caozuo;                    // 操作
    double      average;                   // 平均
```

```
};
    struct   student_info stu[N+1];// 定义结构体数组 stu，0 号元素不存放有效数据
    int i,j;
    printf("\n 输入 %d 个人的相关信息（姓名、性别、年龄、平时、笔试、机试）：\n",N);
    // 以下循环输入各人相关原始信息并存入结构体数组 stu，同时计算各人平均成绩
    for(i=1;i<=N;i++)
    {
        printf("\nNo.%d: ",i);
        scanf("%s%s%d%d%d%d",stu[i].name,stu[i].sex,&stu[i].age,&stu[i].pingshi,
&stu[i].bishi,&stu[i].caozuo);
        stu[i].average=(stu[i].pingshi+stu[i].bishi+stu[i].caozuo)/3.0;
    }
    // 以下二重循环按平均成绩排序
    for(j=1;j<=N-1;j++)
        for(i=j+1;i<=N;i++)
            if(stu[j].average<stu[i].average)
            {
                stu[0]=stu[j];
                stu[j]=stu[i];
                stu[i]=stu[0];
            }
    // 输出成绩表
    printf("\n                 ****** 成绩表 ******\n");
    printf("    姓名  性别  年龄  平时  笔试  操作  平均 \n");
    for(i=1;i<=N;i++)
        printf("%8s%6s%6d%6d%6d%6d%6.2f\n",stu[i].name,stu[i].sex,stu[i].
age,stu[i].pingshi,stu[i].bishi,stu[i].caozuo,stu[i].average);
    system("pause");
    return 0;
}
```

程序运行结果如图 4-3 所示。

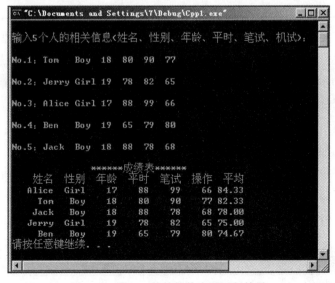

图 4-3 例 4-1 的结构体实现运行结果

（3）说明：可以将一个结构体变量整体赋值给另一个结构体变量，如程序中的"stu[0]=stu[j];"。也可单独对结构体变量中的某个成员进行操作，如程序中的"stu[i].average=(stu[i].pingshi+stu[i].bishi+stu[i].caozuo)/3.0;"。

4.3 共用体

某些情况下，有些信息不会同时出现，此时，为节省存储空间，可将几个存放不可能同时出现数据的变量映射到同一组内存单元中，这就要用到共用体类型。

【例 4-2】共用体应用示例——学生信息管理。

为提高学生适应社会的能力，拓宽就业门路，某高校要求毕业生除了修完必修课程外，还需要一个从业资格证（如导游证等）。具体规定：师范类学生要求普通话考试成绩在 85 分以上（含 85 分）以便满足教师资格证对普通话的要求；非师范类学生则要求有一个从业资格证，现要求对毕业生的以下信息进行收集整理，如表 4-3 所示。

表 4-3 毕业生信息表（一）

学　号	姓　名	性　别	出生年份	是否师范类	成绩 / 从业证
20080101	刘金魁	男	1989	是	88
20080102	赵小莉	女	1990	是	87
20080103	李金梅	女	1988	是	88
20081101	祁连山	男	1989	否	导游证
20081202	李小梅	女	1989	否	网络管理员证
20080104	刘磊	男	1987	否	网络管理员证
20081103	赵军强	男	1988	否	导游证
20081104	孙小伟	男	1990	是	85
…	…	…	…	…	…
20081240	孙莉	女	1989	是	90

为方便查询，要求将乱序的信息先按"是否师范类"进行升序排序以便师范类学生排列在一起，非师范类学生排列在一起。对于非师范类学生，再按所持从业证进行升序排序以便持有同类从业证的学生信息排列在一起。对于师范类学生，再按普通话成绩进行降序排序。由于上述信息数据量很大，要求借助计算机完成以提高效率。

分析：此问题中最后一列数据的类型不相同，有的是整数，有的是字符串，如何存放是个问题。有以下几种可供选择的方案：

（1）统一按字符串存放。此时，由于字符型数据不支持算术运算，如果要对成绩进行算术运算，则无法直接实现。

（2）在现有表格的基础上再增加一列，将成绩和证书名称分开存放，如表 4-4 所示。

表 4-4 毕业生信息表（二）

学　号	姓　名	性　别	出生年份	是否师范类	成　绩	从 业 证
20080101	刘金魁	男	1989	是	88	
20080102	赵小莉	女	1990	是	87	

续表

学　号	姓　名	性　别	出生年份	是否师范类	成　绩	从 业 证
20080103	李金梅	女	1988	是	88	
20081101	祁连山	男	1989	否		导游证
20081202	李小梅	女	1989	否		网络管理员证
20080104	刘　磊	男	1987	否		网络管理员证
20081103	赵军强	男	1988	否		导游证
20081104	孙小伟	男	1990	是	85	
…	…	…	…	…	…	…
20081240	孙　莉	女	1989	是	90	

此种方案会造成空间的严重浪费。

（3）分别定义两个不同的数据结构，一个存放师范类学生信息，一个存放非师范类学生信息。但这种方案会使数据分开存放，对有些操作的实现会带来不便，如统计不同年份出生的学生人数。

（4）采用共用体数据类型，使成绩和证书名称共享同一列。这种方案既节省空间，又不至于使所有数据分散存放。

下面进一步讨论共用体数据类型。

4.3.1　共用体类型的定义

计算机内各种类型的数据（如整数、实数、字符等）均是以二进制形式存储。因此，从计算机信息存储角度来看，所有类型的数据在二进制层次上相互兼容。这也给共用体类型的使用提供了理论基础。

同结构体类型类似，共用体类型也需要编程人员自行定义。语法格式如下：

```
union    共用体类型名
{
    数据类型名 1    成员名1;
    数据类型名 2    成员名2;
    …
    数据类型名 n    成员名n;
};// 要有分号
```

其中的union是关键字，用于表明要定义共用体类型，而成员变量可以是任何类型变量。例如：

```
union other_info
{
    char    zhengshu[15];    // 证书名称
    int     chengji;         // 成绩
};
```

说明：

（1）在共用体中数据类型相同的成员，既可逐个、逐行分别定义，也可合并成一行定义，就像一次定义多个变量一样。

（2）共用体类型只是用户自定义的一种数据类型，不分配内存，故而不能存放数据。

（3）同一个共用体中的各组成成员共享同一段内存空间，共同体所占的内存空间等于它的所有成员中最"大"的一个所占的空间，此例中"证书名称"占 15 个字节，"成绩"占 4 个字节，则此共用体实际占用空间为 15 个字节。这样即可达到多个共用体成员共享同一段空间的目的，节省内存。

4.3.2 共用体变量的定义

1. 间接定义法

先定义共用体类型，再定义共用体变量。格式如下：

```
union   共用体类型名                          // 定义共用体类型
{
    数据类型名 1    成员名 1;
     …
    数据类型名 n    成员名 n;
};
union   共用体类型名   变量名列表 ;          // 定义共用体类型变量
```

如果上面已定义了共用体类型 union other_info，则接下来可以用这种自定义类型来定义变量，定义的方法跟基本类型变量的定义方法相同。例如：

```
union other_info student;               // 定义了一个共用体类型变量 student
union other_info stu1,stu2;             // 一次定义了两个共用体类型变量
union other_info student[N];            // 定义了共用体类型数组
```

2. 直接定义法

定义共用体类型的同时定义共用体变量，格式如下：

```
union   [共用体类型名] // 方括号括起来的内容是可选项，可以不要
{
    数据类型名 1      成员名 1;
     …
    数据类型名 n      成员名 n;
} 变量名列表 ;
```

例如：

```
union other_info
{
    char    zhengshu[15];               // 证书名称
    int     chengji;                    // 成绩
}stu1,stu2,stu[N];
```

说明：

（1）共用体类型与共用体变量不同，区别如表 4-5 所示。

表 4-5 共用体类型与共用体变量的区别

共用体类型与变量	内存分配	操作
类型	不分配内存	不能赋值、存取、运算
变量	分配内存	可以赋值、存取、运算

（2）共用体类型中的成员名，可以与程序中的变量同名，它们代表不同的对象，互不干扰。

（3）由于现实问题的复杂性，系统无法预先提供各类共用体类型，但提供了定义共用

体类型的手段。共用体变量使用的一般顺序应该是：先定义共用体类型，再用所定义的共用体类型去定义共用体变量，再去使用共用体变量。

4.3.3 共用体变量的引用

共用体变量一般不整体使用，通常都是引用其中的组成成员。引用一个共用体变量中各组成成员的方式如下：

```
共用体变量名 . 成员名
```

例如：

```
#include "stdio.h"
#include "string.h"
int main( )
{
  union other_info
  {
    char    zhengshu[15];              // 证书名称
    int     chengji;                   // 成绩
  }stu1;
  stu1.chengji=88;
  printf("%d\n",stu1.chengji);
  strcpy(stu1.zhengshu,"网络管理员证");
  puts(stu1.zhengshu);
  return 0;
}
```

程序运行结果如图 4-4 所示。

说明：

（1）同一个共用体变量所对应的内存段可以用来存放几种不同类型的成员的内容，但在每一个确定时刻只能存放其中一种，而不是同时存放几种。也就是说，任意时刻只有一个成员起作用，其他成员不起作用，各成员不可能同时使用。

图 4-4　程序运行结果

（2）共用体变量中起作用的成员是最后一次存放的成员，在存入一个新的成员后原有的成员就失去作用。例如：

```
#include "stdio.h"
#include "string.h"
int main()
{
  union other_info
  {
    char    zhengshu[15];              // 证书名称
    int     chengji;                   // 成绩
  }stu1;
  stu1.chengji=88;
  printf("%d\n",stu1.chengji);         // 输出成绩
  strcpy(stu1.zhengshu,"网络管理员证");
  puts(stu1.zhengshu);                 // 输出证书
  printf("%d\n",stu1.chengji);         // 再次打算输出成绩时出错，因此时成绩已失效
  return 0;
}
```

程序运行结果如图 4-5 所示。

最后一次输出成绩时出现了意想不到的结果，原因就是此时变量 stu1 中的有效成员是 zhengshu 而非 chengji。

图 4-5　程序运行结果

4.3.4　共用体变量的赋值

1. 共用体变量初始化赋值

格式跟其他变量的初始化格式类似，但需要注意的是只能对第一个字段初始化。例如：

```c
#include "stdio.h"
#include "string.h"
int main( )
{
  union other_info
  {
    char    zhengshu[15];    // 证书名称
    int     chengji;         // 成绩
  };
  union other_info stu={" 网络管理员证 "};
  puts(stu.zhengshu);
  return 0;
}
```

或者

```c
#include "stdio.h"
#include "string.h"
int main( )
{
  union other_info
  {
    char    zhengshu[15];    // 证书名称
    int     chengji;         // 成绩
  }stu={" 网络管理员证 "};
  puts(stu.zhengshu);
  return 0;
}
```

程序运行结果如图 4-6 所示。

图 4-6　程序运行结果

2. 共用体变量在程序中赋值

共用体变量中各成员的使用方式跟单个变量或数组等的使用方式相同，可查看前面例子。

本节开头的例 4-2，每个人的信息可用结构体组织管理，而其中的"成绩 / 从业证"这一列可借助共用体实现，所有人员信息用结构体类型一维数组存放。

例 4-2 算法：例 4-2 的详细算法 N-S 图如图 4-7 所示。

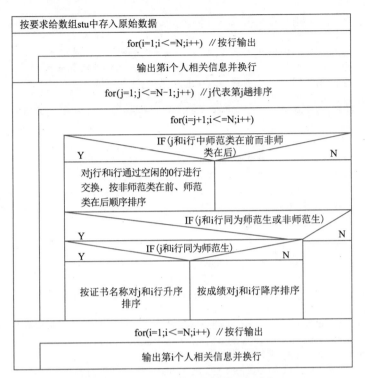

图 4-7　例 4-2 的详细算法 N-S 图

算法实现：

```
#include "stdio.h"
#include "stdlib.h"
#include "string.h"
#define   N  9
int main()
{
    union other_info// 定义共用体存放 " 成绩 / 从业证 " 这一列
    {
        char    zhengshu[15];                      // 证书名称
        int     chengji;                           // 成绩
    };
    struct  student_info                           // 定义结构体
    {
        int         xuehao;                        // 学号
        char        name[7];                       // 姓名
        char        sex[3];                        // 性别
        int         year;                          // 出生年份
        char        teacher[3];                    // 是否师范类
        union other_info  other;                   // 其他 ( 成绩 / 从业证 )
    };
    // 定义结构体类型数组并进行初始化
    // 其中共用体部分的初始化只能对第一个成员字段 (zhengshu) 初始化
    //0 号元素不存放有效数据，用一组无效数据完成其初始化
    struct  student_info stu[N+1]={
        00000000,"        "," ",0000," ","",     // 对应 0 号元素数据
        20080101,"刘金魁","男",1989,"是","",
        20080102,"赵小莉","女",1990,"是","",
```

```
        20080103,"李金梅","女",1988,"是","",
        20081101,"祁连山","男",1989,"否","导游证",
        20081202,"李小梅","女",1989,"否","网络管理员证",
        20080104,"刘磊", "男",1987,"否","网络管理员证",
        20081103,"赵军强","男",1988,"否","导游证",
        20081104,"孙小伟","男",1990,"是","",
        20081240,"孙莉", "女",1989,"是",""
    };
    // 用赋值的办法填入师范类学员的普通话成绩
    stu[1].other.chengji=88;
    stu[2].other.chengji=87;
    stu[3].other.chengji=88;
    stu[8].other.chengji=85;
    stu[9].other.chengji=90;
    int i,j;
    printf("排序前：\n");
    for(i=1;i<=N;i++)
    {
        printf("%10d%8s%6s%6d%6s",stu[i].xuehao,stu[i].name,stu[i].sex,stu[i].year,stu[i].teacher);
        if(strcmp(stu[i].teacher,"是")==0)    // 师范类则输出成绩
            printf("%16d\n",stu[i].other.chengji);
        else           // 非师范类则输出证书名称
            printf("%16s\n",stu[i].other.zhengshu);
    }
    // 排序
    for(j=1;j<=N-1;j++)
        for(i=j+1;i<=N;i++)
        {
            if(strcmp(stu[i].teacher,stu[j].teacher)<0)
            {
                // 师范类在前而非师类在后则按非师类在前师范类在后排序
                stu[0]=stu[i];
                stu[i]=stu[j];
                stu[j]=stu[0];
            }
            // 同为师范生或非师范生
            if(strcmp(stu[i].teacher,stu[j].teacher)==0)
                if(strcmp(stu[i].teacher,"否")==0)         // 同为非师范生
                {
                    // 非师范生再按证书名称升序排序
                    if(strcmp(stu[i].other.zhengshu,stu[j].other.zhengshu)<0)
                    {
                        stu[0]=stu[i];
                        stu[i]=stu[j];
                        stu[j]=stu[0];
                    }
                }
                else// 同为师范生，再按成绩降序排序
                    if(stu[i].other.chengji>stu[j].other.chengji)
                    {
                        stu[0]=stu[i];
```

```
                        stu[i]=stu[j];
                        stu[j]=stu[0];
                    }
            }
        printf("\n 排序后: \n");
        for(i=1;i<=N;i++)
        {
            printf("%10d%8s%6s%6d%6s",stu[i].xuehao,stu[i].name,stu[i].
sex,stu[i].year,stu[i].teacher);
            if(strcmp(stu[i].teacher,"是")==0)        // 师范类则输出成绩
                printf("%16d\n",stu[i].other.chengji);
            else     // 非师范类则输出证书名称
                printf("%16s\n",stu[i].other.zhengshu);
        }
        system("pause");
        return 0;
    }
```

程序运行结果如图 4-8 所示。

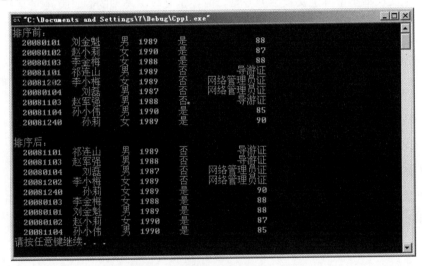

图 4-8 例 4-2 的共用体实现运行结果

说明: 此例中同时用到了数组、结构体和共用体。每个人(每行)的信息用结构体组织管理, 而其中的"成绩 / 从业证"这一列借助共用体实现以尽可能节省空间, 所有人员信息则用结构体类型一维数组存放。

4.4 枚举类型

在实际问题中, 有些变量的取值被限定在一个有限的范围内。例如, 性别只有两种取值, 一个星期只有七天、一年仅十二个月等。如果把这些变量定义为整型、字符型或其他类型, 则实际的取值可能会出现预想不到的结果。例如, 定义一个整型变量表示星期, 约定 1 ~ 7 这 7 个整数分别表示星期一至星期天。但是, 整型变量的实际取值还可以是 1 ~ 7 这 7 个值之外的其他值, 如用户在输入表示星期的值时输入了 8, 按整型变量的要求, 是合法输入,

但按用户的约定，显然是不妥当的。对于此类取值有限的情况，有没有更好的处理办法呢？

对于此类取值有限的情况，为避免实际取值超出范围的情况，可通过 C 语言的枚举类型加以处理。所谓枚举是指将变量的所有取值——列举出来。在枚举类型的定义中要列举出所有可能的取值，这些值称为枚举元素，被定义为枚举类型的变量取值不能超过定义的范围。

4.4.1　枚举类型的定义

格式如下：

```
enum 枚举类型名 { 标识符 [= 整型常数 ], 标识符 [= 整型常数 ],..., 标识符 [= 整型常数 ]};
```

例如：

```
enum weekday{sun,mon,tue,wed,thu,fri,sat};
```

定义了一个枚举类型 enum weekday。

4.4.2　枚举型变量的定义

可以先定义枚举类型再定义枚举型变量，或在定义枚举类型的同时直接定义枚举型变量。例如：

```
enum weekday{sun,mon,tue,wed,thu,fri,sat};
enum weekday workday,week_end;
```

或

```
enum weekday{sun,mon,tue,wed,thu,fri,sat} workday,week_end;
```

4.4.3　枚举型变量的赋值

枚举变量通常只能赋以定义时所指定的对应枚举元素。例如：

```
workday=sun;
```

4.4.4　枚举类型有关说明

（1）在 C 语言中，对枚举元素按常量处理，称为枚举常量，它们不是变量，不能对它们赋值。它们是用户自行根据需要定义的标识符，这些标识符并不自动代表什么含义。

（2）枚举元素作为常量，它们是有值的，C 语言在编译时按定义时的顺序给它们依次设定值为 0、1、2……在前面的定义中，sun 的值为 0，mon 的值为 1……sat 的值为 6。如果有赋值语句

```
workday=mon;
```

则 workday 变量的值为 1，这个整数是可以输出的。

当然，用户也可以在定义时自行设置枚举元素的值。例如：

```
enum weekday{sun=7,mon=1,tue,wed,thu,fri,sat};
```

定义 sun 为 7，mon=1，以后顺序加 1，sat 为 6。

（3）枚举值可以用来进行判断比较。例如：

```
if(workday==mon)…
if(workday>sun)…
```

枚举值的比较规则是按其在定义时的值比较。如果定义时未人为指定，则第一个枚举元素的值认作 0，故 sat > fri。

（4）一个整数不能直接赋给一个枚举变量。例如：

```
workday=2;
```

是不对的，它们属于不同的类型，应先进行强制类型转换才能赋值。例如：

```
workday=(enum  weekday)2;
```

它相当于将值为 2 的枚举元素赋给 workday，即相当于

```
workday=tue;
```

也可以将表达式的值赋给枚举变量。例如：

```
workday=(enum weekday)(5-3);
```

【例 4-3】枚举类型应用示例——五色球排列问题。

口袋中有红、黄、蓝、白、黑 5 种颜色的球若干个，每次从口袋中先后取出 3 个球，问得到 3 种不同颜色球的可能取法，打印出每种排列的情况。

（1）分析：球只能是 5 种颜色之一，而且要判断各球是否同色，可以用枚举类型变量处理。

（2）算法：设取出的球为 i、j、k。根据题意，i、j、k 分别是 5 种颜色的球之一，并且 i ≠ j ≠ k。用穷举法将所有可能的情形列出来，将符合条件的情况输出即可。

（3）算法实现：

```
#include <stdio.h>
int main()
{
   enum color {red,yellow,blue,white,black};    //声明枚举类型
   enum color pri;            //定义 color 类型的变量 pri
   int i,j,k,n=0,loop;            //n 是累计不同颜色的组合数
   for(i=red;i<=black;i++)      //当 i 为某一颜色时
      for(j=red;j<=black;j++)   //当 j 为某一颜色时
         if (i!=j)             //若前两个球的颜色不同
            {
               //前两个球的颜色不同才需检查第 3 个球
               for(k=red;k<=black;k++)
                  //3 个球的颜色都不同
                  if ((k!=i) && (k!=j))
                  {
                      n=n+1;       //使累计值 n 加 1
                      //先后对 3 个球作处理
                      for(loop=1;loop<=3;loop++)
                      {
                          //loop 的值先后为 1,2,3
                          switch(loop)
                          {
                              //下面用到了强制类型转换
                              case 1:
```

```
                pri=(enum color)i;
                break;    // 使 pri 的值为 i
            case 2:
                pri=(enum color)j;
                break;    // 使 pri 的值为 j
            case 3:
                pri=(enum color)k;
                break;    //使pri 的值为 k
            default :break;
        }
        // 判断 pri 的值，输出相应的 " 颜色 "
        switch (pri)
        {
            case red:
                printf("%8s","red");
                break;
            case yellow:
                rintf("%8s","yellow");
                break;
            case blue:
                printf("%8s","blue");
                break;
            case white:
                printf("%8s","white");
                break;
            case black:
                printf("%8s","black");
                break;
            default:
                break;
        }
    }
    printf("\n");
}
    printf(" 共计：%d\n",n);// 输出符合条件的排列的个数
    return 0;
}
```

程序运行结果如 4-9 所示。

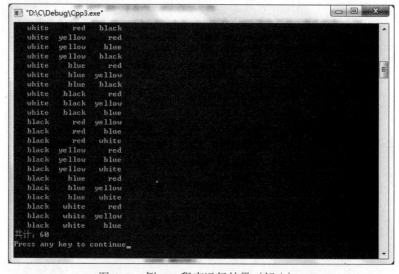

图 4-9　例 4-3 程序运行结果（部分）

(4) 说明：此例中各球的颜色取值只有 5 种，为避免实际取值超出范围的情况，用了枚举类型加以处理。

习　题

1. 简述结构体的适用场合及在程序中的使用步骤。

2. 表 4-6 为某单位某年的稻谷竞价销售交易清单。编程输入此清单中数据后再按"数量"升序排序后输出此清单的相关信息。

表 4-6　某单位某年的稻谷竞价销售交易清单

标 的 号	委托收储企业	仓 号	数 量	近期水分 /%	近期杂质 /%	是否露天储存
08D2001	中央储备粮宣城直属库	2	598	13.4	0.9	无
08D2002	中央储备粮宣城直属库	3	619	13.1	0.9	无
08D2003	中央储备粮宣城直属库	1	273	13.3	0.9	无
08D2004	中央储备粮宣城直属库	3	446	13.6	0.9	无
08D2005	中央储备粮宣城直属库	4	451	13.6	1.1	无
08D2006	中央储备粮宣城直属库	3	467	13.4	1.1	无
08D2007	中央储备粮宣城直属库	4	470	13.4	1	无
08D2008	中央储备粮宣城直属库	1	870	13	1	无
08D2009	中央储备粮宣城直属库	2	404	12.9	1.1	无
08D2010	中央储备粮滁州直属库	17	1 865	13.4	1	无
08D2011	中央储备粮芜湖直属库	2	2 000	13.9	1	无
08D2012	中央储备粮芜湖直属库	19	763	13.7	1	无
08D2013	安徽中储粮收储经销有限公司	5	1 530	12.2	1	无
08D2014	安徽中储粮收储经销有限公司	6	1 600	13.4	0.8	无
08D2015	安徽中储粮收储经销有限公司	4	1 525	13.5	1	无
08D2016	中央储备粮阜阳直属库	1	1 000	13.7	0.8	无
08D2049	中央储备粮安庆直属库	1	450	12.1	0.4	无
08D2066	中央储备粮安庆直属库	2	477	14.2	0.3	无
08D2076	中央储备粮巢湖直属库	5	198	13.5	1	无
08D2077	中央储备粮巢湖直属库	2	493	13.5	1	无
08D2078	中央储备粮巢湖直属库	7	240	13.5	1	无
08D2079	中央储备粮六安直属库	2	524	13.5	0.1	无
08D2080	中央储备粮六安直属库	3	509	13.7	0.4	无
08D2081	中央储备粮六安直属库	4	516	13.2	0.2	无
08D2099	中央储备粮蚌埠直属库	2	2 000	14.1	1.3	无
08D2100	安徽中储粮收储经销有限公司	4	1 526	13.5	1	无
08D2101	中央储备粮安庆直属库	24	1 000	13.5	1	无
08D2102	中央储备粮芜湖直属库	2	541	13.9	1	无
08D2103	中央储备粮安庆直属库	7	595	13.5	1	无
08D2104	中央储备粮阜阳直属库	1	1 800	13.7	0.8	无

3. 简述共用体的适用场合及在程序中的使用步骤。

4. 表4-7为某高三毕业班同学基本信息表，其中被录取的需标明录取院校，未录取的需标明考试成绩。编程输入此表相关信息，先按"录取与否"列升序排序，相同者再按"备注"项降序排序后输出完整信息表。

表4-7　××班级人员信息表

姓　名	性　别	出生年份	录取与否	备　注
刘金魁	男	1999	是	四川大学
赵小莉	女	2000	是	上海大学
李金梅	女	2001	否	450
祁连山	男	2002	是	南京大学
李小梅	女	1998	是	长江大学
刘　磊	男	1997	否	442
赵军强	男	1998	是	兰州城市学院
孙小伟	男	2000	是	兰州大学
…	…	…	…	…
孙　莉	女	1999	否	430

第5章

指　针

本章重点

- C 语言中指针的概念。
- 指针变量的相关操作。
- 指针与数组的关系。
- 内存空间的动态分配。

5.1　C 语言中的指针概述

指针是 C 语言中最有特色的一部分内容，可用于内存的动态按需分配，对外围设备及文件的操作、函数中参数的传递等多个方面。

指针与指针
变量

5.1.1　指针与指针变量

计算机的内存是一个比较大的存储空间，实际使用时，为提高利用率，通常都是以一个比较小的单位进行分配的，这个分配的基本单位称为内存单元，一个内存单元通常为一个字节（8 位）。

一台计算机的内存单元非常多，采取编号的方法以便相互区分，按十进制来说，从 0 开始编号，即 0、1、2……这种对每个内存单元的唯一的编号称为内存单元的地址。这样，内存单元实际上有两方面的基本属性：一是地址，用于将某一内存单元同其他内存单元区分开；二是内存单元中的内容，即存放的实际数据。

计算机对内存的访问一般采取"按地址访问"的方式，即先给出地址以便确定要访问的内存单元，再对内存单元进行读（从中取出数据）或写（将数据存入内存单元）操作。

变量（指前面所讲的普通变量）的实质是内存单元，对变量的操作实质是对相应内存单元中所存放的数据的操作：给变量赋一个值，实质是将一个值存入与此变量对应的内存单元并覆盖原来的数据；读取一个变量的值，实质是从对应的内存单元中取出存放的数据的副本。

有些情况下（如内存空间的动态分配、对硬件端口的访问、函数参数的按地址传送等），在程序中要用到内存单元的地址，这时可利用 C 语言中的"指针"数据类型来实现。

指针就是变量的地址，实质是内存单元的地址，形式上是整数。

可以用变量来存放指针，这种专用于存放指针的变量称为指针变量。与普通变量不同的是，普通变量存放用户数据，指针变量存放地址，用途不同。

1. 指针变量的定义

```
数据类型  * 变量名 1,* 变量名 2,…;
```

例如：

```
int *a,*b;
float *fp;
```

2. 指针变量的赋值

（1）初始化赋值：

```
数据类型    * 变量名 = 初始地址值；
```

【例 5-1】指针变量赋值示例。

```
int x=20;          // 定义了一个普通的整型变量 x 并赋初值为 20
int *p=&x;         // 定义了一个整型指针变量 p 并让其指向 x,&用于获取变量地址
```

习惯上，将某个变量所对应的内存单元的地址赋给某一指针变量，称为使指针变量（p）指向相应变量（x），如图 5-1 所示。

图 5-1　指针变量示意

计算机中，为了增强系统安全性及提高内存利用率，内存的分配最终是由操作系统完成的。通常不允许编程人员直接进行内存的具体分配，只能通过操作系统申请对某一部分内存的使用权。

上例中系统先给 x 分配内存，再将与 x 相对应的内存单元的地址存入 p 中，具体分配给 x 的内存单元是哪一部分则完全由系统决定。

（2）程序中赋值。例如：

```
int  a;
int  *p;
p=&a;
```

3. 与指针相关的运算符

（1）&：取地址运算符，获得变量所对应的内存单元的地址。

（2）*：取内容运算符，用于访问某个指针（地址）所对应内存单元的内容。

例 5-1 中，要获得 x 所对应的内存单元中的内容，有两种办法：

（1）直接访问：按变量名来存取变量值。此例中可通过 x 来实现。

（2）间接访问：通过存放地址的指针变量去访问。此例中可通过 *p 访问。

注意：p 代表地址而 *p 代表内容。

要操作 x 所对应的内存单元的地址，也有两种办法：

（1）直接访问：按指针变量名来访问。例 5-1 中 p 中存放的就是地址。

（2）间接访问：此例中 &x 即对应地址。

下面通过简单例子演示指针变量的用法。

【例 5-2】指针基本操作示例。

输入两个数，并使其按从大到小顺序输出。

方法 1：用普通变量实现。

```
#include <stdio.h>
int main( )
{
    int a,b,t;
    printf("\n请输入两个整数: ");
    scanf("%d%d",&a,&b);
    if(a<b)
    {
        t=a;a=b;b=t;          // 通过 t 交换 a 和 b 中的内容
    }
    printf("a=%d,b=%d\n",a,b);
    return 0;
}
```

程序运行结果如图 5-2 和图 5-3 所示。

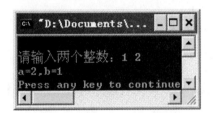

图 5-2　例 5-2 输入 1、2 时的运行结果

图 5-3　例 5-2 输入 2、1 时的运行结果

方法 2：用指针实现。

```
#include <stdio.h>
int main( )
{
    int a,b,*p1,*p2,*p;
    printf("\n请输入两个整数: ");
    scanf("%d%d",&a,&b);
    p1=&a;                //p1 指向 a
    p2=&b;                //p2 指向 b
    if(*p1<*p2)           //p1 所指向的对象的内容小于 p2 所指向的对象的内容则交换
    {
        p=p1;p1=p2;p2=p; // 通过指针变量 p 交换 p1 和 p2, 从而交换它们所指向的对象
    }
    printf("a=%d,b=%d\n",a,b);
    printf("max=%d,min=%d\n",*p1,*p2);
    return 0;
}
```

程序运行结果如图 5-4 和图 5-5 所示。

可见，方法 1 中在输出时 a 和 b 中的数据可能已经跟刚输入后的不一样了，原因是有可能进行了交换。而在方法 2 中，a 和 b 中的数据在输入后就一直没变，只是让 p1 最终指向了较大的一个，p2 指向了较小的一个。

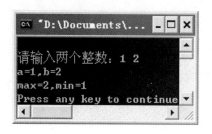 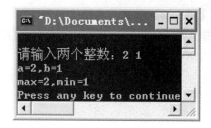

图 5-4 例 5-2 指针实现输入 1、2 时的运行结果　　图 5-5 例 5-2 指针实现输入 2、1 时的运行结果

说明：

（1）指针变量必须先定义，后赋值，最后才能使用。指针变量如果没有赋值，意味着它还没有指向有效的内存单元，这时，如果要对指针变量所指内存单元进行存取，显然是不合理的。例如：

```c
#include "stdio.h"
int main( )
{
    int *p;
    *p=10;
    printf("%d\n",*p);
    return 0;
}
```

程序中的指针变量 p 没有赋值，没有指向有效的内存单元，程序运行中就会出错。进行如下修改后就可正常运行：

```c
#include "stdio.h"
int main( )
{
    int *p,a;
    p=&a;           // 给指针变量 p 赋值，让其指向有效内存单元
    *p=10;
    printf("%d\n",*p);
    return 0;
}
```

（2）指针变量只能指向定义时所规定类型的变量。如果给指针变量赋值时，"="号右边的指针类型与左边的指针变量的类型不同，则需要进行强制类型转换。

例如：

```c
int  a;
int  *pi;
char *pc;
pi=&a;           //pi 指向 a
pc=(char *)pi;   //pc 也指向了 a，即 pi 和 pc 的值都是 a 的地址
```

（3）普通变量随着类型的不同，所分配的内存单元个数可能也会发生变化，如在 VC 6.0 中 int 型变量占 4 个内存单元，char 型变量占 1 个，double 型占 8 个。指针变量也是变量，也要占用一定的内存单元，但所有类型的指针变量都占用同样大小的内存单元，原因是所有

指针变量所存放的内容的实质都是内存单元的地址，本质上是相同的。指针变量所占内存单元的具体大小取决于所使用的编译环境，例如，在 VC 6.0 下为 4 个字节，在 TC 2.0 下为 2 个字节。

5.1.2 指针相关运算

1. 指针的加、减运算

指针可以参与加、减运算，但其加、减的含义不同于一般数值的加减运算。例如：

【例 5-3】指针基本运算示例。

```
#include "stdio.h"
int main()
{
    int *pi;
    char *pc;
    pi=(int *)1000;          // 必须要进行强制类型转换。
    printf("pi=%d",pi);
    pc=(char *)1000;
    printf("\npc=%d",pc);
    pi++;                    //pi 的值将是 1004 (假设 int 型占 4B)
    printf("\npi=%d",pi);
    pi-=2;                   //pi 的值将是 996
    printf("\npi=%d",pi);
    pc++;                    //pc 的值将是 1001
    printf("\npc=%d",pc);
    pc-=2;                   //pc 的值将是 999
    printf("\npc=%d\n",pc);
    return 0;
}
```

程序运行结果如图 5-6 所示。

注意：指针加上或减去一个整数 n，相当于将指针以其定义时的数据类型所占内存单元字节数为单位向后或向前移动 n 个单位。

从此例中可看出，虽然各种类型的指针本质上都是内存单元的地址，是相同的，但不同类型的指针变量所指向的内存单元的个数不一样。VC 6.0 中，int 型指针对应 4 个内存单元，char 型指针对应 1 个，double 型指针对应 8 个。

```
pi=1000
pc=1000
pi=1004
pi=996
pc=1001
pc=999
Press any key to continue
```

图 5-6　例 5-3 程序运行结果

定义指针变量时指定指针变量的类型，实际上就是在确定指针变量所指向的内存单元的个数。

两个指针相加、相乘、相除都没有现实意义，但两个指针相减则有一定的意义，可表示两指针之间相差的内存单元数。

2. 指针的关系运算

若 p1 和 p2 是同一种类型的指针，则：

（1）p1<p2：表示 p1 所指的单元在 p2 之前。

（2）p1>p2：表示 p1 所指的单元在 p2 之后。

（3）p1==p2：表示 p1 与 p2 指向共同的单元。

若 p1 与 p2 指向的是同一数组中的元素（变量），则上述比较有意义，否则比较没有实际意义。

5.2 指针与数组的关系

指针常用于对一段内存空间进行管理，这方面与数组有许多相似之处，下面详细介绍指针与数组之间的关系。通过学习两者之间的关系，为后面利用指针实现内存空间的动态按需分配打下基础。

指针与数组的关系

5.2.1 数组的指针与指向一维数组元素的指针变量

1. 数组的指针

其实就是数组在内存中的起始地址，即一个数组中首元素（在一维数组中下标为 0，二维数组中行下标和列下标都为 0，其他各维数组依此类推）在内存中的地址。C 语言的数组名中就存有数组在内存中的起始地址，因此，C 语言中的数组名与普通变量名有根本的差别：普通变量名对应用户数据，而数组名对应地址。

C 语言中 scanf() 函数的基本格式如下：

```
scanf("格式控制字符串",变量1的地址,变量2的地址,…,变量n的地址);
```

在 scanf() 函数中，如果参数是普通变量，就需要在变量名前加 "&"，而如果参数是数组名时，则不加 "&"。但是，如果参数是数组元素，其实质仍然是一个普通变量，则此时仍然要加 "&"。

2. 指向一维数组元素的指针变量

如果将数组的指针赋给某个指针变量，那么该指针变量就是指向数组元素的指针变量。例如：

```
int a[10],*p=a;
```

则 a 中存放的就是数组的指针（即起始地址），而 p 就是指向此数组的指针变量。

此时，数组名 a 中存有数组的起始地址，指向数组元素的指针变量 p 中也存有数组的起始地址，则对数组的操作既可通过数组名实现，也可通过指向数组元素的指针变量实现。

5.2.2 一维数组与指针变量的关系

一维数组与指针变量间的关系如图 5-7 所示。

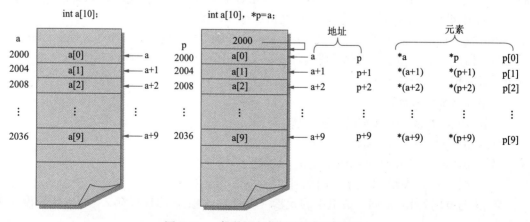

图 5-7　一维数组与指针变量间的关系

说明：

（1）图 5-7 中 a，a+1，a+2，…，a+i，p，p+1，p+2，…，p+i，&a[0]，&a[1]，&a[2]，…，&a[i]，&p[0]，&p[1]，&p[2]，…，&p[i] 分别对应 a[0]，a[1]，a[2]，…，a[i] 各元素的地址，它们从功能上来讲是等价的。

（2）图中 a[0]，a[1]，a[2]，…，a[i]，p[0]，p[1]，p[2]，…，p[i]，*a，*(a+1)，*(a+2)，…，*(a+i)，*p，*(p+1)，*(p+2)，…，*(p+i)，分别对应 a[0]，a[1]，a[2]，…，a[i] 各元素的内容，它们从功能上来讲是等价的。

（3）p+1 指向数组的下一个元素，而不是简单地使指针变量 p 的值加 1，其实际变化为 p+size（size 为一个数组元素占用的字节数）。

（4）图中 p 就是一个指向一维数组的指针变量，由于是变量，p 可以进行 p++、p-- 等操作，分别指向下一个或上一个数组元素。

（5）图中的数组名 a 是地址常量，不可改变，故而程序中不能对其赋值，也不可做 a++ 或 a-- 运算，否则会出错。

（6）有了指向一维数组元素的指针变量后，对数组的操作，既可以通过数组名（例中的 a）进行，也可以通过指针变量名（例中的 p）进行。操作数组元素时，a[i]、p[i] 的这种方式称为下标法，而 *(a+i)、*(p+i) 的这种方式称为指针法。两种方法都可以实现对数组元素的访问，但速度有差异，指针法的速度要快于下标法，原因在于计算机内部硬件层面最终都是使用指针（地址），如果采用下标法，要先转换成指针后再去访问，会降低速度。

例 5-4 演示了对一维数组元素进行操作的几种不同方法，它们从功能上讲是等价的。

【例 5-4】数组的指针与指向一维数组元素的指针变量示例。

```
#include "stdio.h"
int main()
{
   char str[10],*p;
   int k;
   for(k=0;k<10;k++)            // 通过数组名按下标法进行访问
        str[k]='A'+k;
   for(k=0;k<10;k++)
        printf("%c",str[k]);
   printf("\n");
   for(k=0;k<10;k++)            // 通过数组名按指针法进行访问
        *(str+k)='A'+k;
   for(k=0;k<10;k++)
        printf("%c",*(str+k));
   printf("\n");
   p=str;                       // 让指针指向 0 号元素
   for(k=0;k<10;k++)            // 通过指针变量名按下标法进行访问
        p[k]='A'+k;
   for(k=0;k<10;k++)
        printf("%c",p[k]);
   printf("\n");               // 通过指针变量名按指针法进行访问
   for(k=0;k<10;k++)
        *(p+k)='A'+k;
   for(k=0;k<10;k++)
        printf("%c",*(p+k));
   printf("\n");
   // 通过指针变量名按指针法进行访问，指针所指对象发生了改变
   for(k=0;k<10;k++)
```

```
        *p++='A'+k;                 // 相当于 *p='A'+k;  p++;
    p=str;                          // 重新让指针指向 0 号元素
    for(k=0;k<10;k++)
        printf("%c",*p++);
    printf("\n");
    return 0;
}
```

程序运行结果如图 5-8 所示。

需要注意的是，数组 str 对应多个元素空间，此例中共占用 10 个字节，而指针变量 p 任何时刻只能指向其中的一个元素。若用 sizeof() 函数进行测试，则 sizeof(str) 应该为 10，而 sizeof(p) 应该为 4（VC 6.0 中指针变量占 4 个字节），sizeof(a[0]) 应该为 1（VC 6.0 中 char 型变量占 1 个字节）。同样的道理，&str[0] 和 str 都对应起始地址，但数组名 str 的范围是整个数组，而 &str[0] 的范围是首元素，故而 sizeof(&str[0]) 的值也为 4。

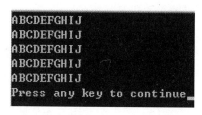

图 5-8　例 5-4 程序运行结果

5.2.3　指向指针的指针变量

指针可以指向基本类型变量，可以指向复杂类型变量，也可以指向另外一个指针变量，称为指向指针的指针。

例如：

```
int i;
int *pi=&i;
int **ppi=&pi;
```

这样定义之后，表达式 *ppi 取 pi 的值（实际上是地址），表达式 **ppi 取 i 的值（是真正的用户数据）。

当然，也可以定义指向指针的指针的指针，但很少用到。例如：

```
int ***p;
```

5.2.4　指针数组——元素类型为指针的数组

在需要比较多的普通变量时，可以通过定义数组达到目的。同样，在需要比较多的指针变量时，也可以通过定义指针数组达到目的。

数组中的每个元素可以是基本类型，也可以是复杂类型，当然也可以是指针类型。如果一个数组中的元素为指针类型，就称为指针数组。

指针数组的定义格式如下：

```
数据类型  *数组名 [数组大小];           // 一维指针数组
数据类型  *数组名 [行数][列数];         // 二维指针数组
```

例如：

```
int *a[10];
```

定义了一个包含 10 个元素的数组 a，每个元素都是 int * 型，相当于一次定义了 10 个整型的指针类型变量。

指针数组的使用方法与普通数组类似，需要注意的是其数组元素存放的是指针（地址）。

5.2.5 指针数组与指向指针的指针变量的关系

按前面所讲的一维数组与指针变量的关系，对于普通的一维数组来讲，完全可以通过定义一个指向此数组的指针变量来实现对此数组的操作。同样地，对于一个一维指针数组，可以通过定义一个指向指针的指针变量来实现对指针数组的操作。例如：

```
int *a[10];              // 定义一维指针数组
int **pa;                // 定义指向指针的指针变量
```

它们之间的关系类似于 int a[10]; 和 int *pa; 之间的关系：a 是由数组元素组成的数组，pa 则是指向这种元素的指针变量。所以，如果 pa 指向 a 的首元素：

```
int *a[10];
int **pa=&a[0];
```

则 pa[0] 和 a[0] 对应同一个元素，唯一比原来复杂的地方在于这个元素是一个指针类型，而不是基本类型。

例 5-5 表明了基本类型数组、指针数组、指向指针的指针变量三者之间的关系。

【例 5-5】指针数组与指向指针的指针变量的关系示例。

```
#include <stdio.h>
#define N 10
int main()
{
    int arr[N];              // 定义基本类型数组
    int *a[N];               // 定义指针数组
    int **pa;                // 定义指向指针的指针变量
    int i;
    for(i=0;i<N;i++)         // 数组元素赋初值
        arr[i]=i+1;
    for(i=0;i<N;i++)         // 让指针数组各元素指向基本类型数组各元素
        a[i]=&arr[i];        // 可改为 *(a+i)=&arr[i];
    pa=&a[0];                // 让指向指针的指针变量指向指针数组，可改为 pa=a;
    for(i=0;i<N;i++)
        printf("%8d",arr[i]); // 通过基本类型数组名输出数据
    printf("\n");
    for(i=0;i<N;i++)
        printf("%8d",*a[i]);  // 通过指针数组名输出数据
    printf("\n");
    for(i=0;i<N;i++)
    {
        printf("%8d",**pa);   // 通过指向指针的指针变量名输出数据
        pa++;
    }
    printf("\n");
    return 0;
}
```

程序运行结果如图 5-9 所示。

```
     1        2        3        4        5        6        7        8        9       10
     1        2        3        4        5        6        7        8        9       10
     1        2        3        4        5        6        7        8        9       10
Press any key to continue
```

图 5-9　例 5-5 程序运行结果

前面的例子中，printf()、sqrt() 等函数中都有参数，而 main() 函数没有参数。实际上，在 C 语言中，main() 函数也允许带参数，其标准原型如下：

```
int main(int argc,char *argv[]);
```

说明：

（1）argc：用于返回命令行参数的个数。

（2）argv：是一个字符型的指针数组，数组中每个元素都是 char * 指针，指向一个命令行参数字符串。从效果上来讲，此参数相当于一个二维的字符数组，用于存放多个字符串（即多个命令行参数）。

通过这两个参数，就可在程序运行时给所编程序传递一些用户信息，让程序按所传递的信息进行不同动作。

【例 5-6】main() 函数参数示例——打印命令行参数。

```
#include <stdio.h>
int main(int argc,char *argv[])
{
    int i;
    printf(" 共有 %d 个参数, 如下: \n",argc);
    for(i=0;i<argc;i++)
        printf("%s\n",argv[i]);
    return 0;
}
```

程序名本身也算一个命令行参数，运行结果如图 5-10 所示。

```
共有1个参数, 如下:
C:\Documents and Settings\Administrator\Debug\Cpp1.exe
Press any key to continue_
```

图 5-10　例 5-6 程序运行结果

按通常规定，数组名属于地址常量，不能改变，但将数组名作为参数去使用时，系统实际都按变量对待，故上述程序也可改为如下形式：

```
#include <stdio.h>
int main(int argc,char *argv[])
{
    int i;
    printf(" 共有 %d 个参数, 如下: \n",argc);
    for(i=0;i<argc;i++)
    {
        printf("%s\n",*argv);
        argv++;
    }
    return 0;
}
```

当然，程序改成如下形式，也能实现同样效果：

```
#include <stdio.h>
int main(int argc, char *argv[])
{
    int i;
    char **pargv;
    pargv=&argv[0];     // 可改为 pargv=argv;
    printf(" 共有 %d 个参数，如下: \n",argc);
    for(i=0;i<argc;i++)
        printf("%s\n",pargv[i]);
    return 0;
}
```

5.2.6 二维数组与指针变量的关系

从逻辑上来讲，二维数组由若干行、若干列组成，其中每一行或每一列就相当于一个一维数组。C 语言中的二维数组在内存中按"行序优先"方式排列，也就是说，对于一个二维数组，在内存中仍然是一个一维数组。如果将每一行的多个元素当作一个整体看待，则二维数组可看作是特殊的一维数组：其每个元素本身就是一个一维数组。

【例 5-7】二维数组与指针变量的关系——二维数组的行序优先排列。

```
#include <stdlib.h>
#include <stdio.h>
int main()
{
    int a[3][4]={{1,2,3,4},{5,6,7,8},{9,10,11,12}};
    int i,j,*p;
    p=&a[0][0];
    for(i=0;i<3;i++)
    {
        for(j=0;j<4;j++)
        {
            printf("%8d(%2d)",p,*p);
            p++;     // 指向下一个元素
        }
        printf("\n");
    }
    system("pause");
    return 0;
}
```

程序运行结果如图 5-11 所示。

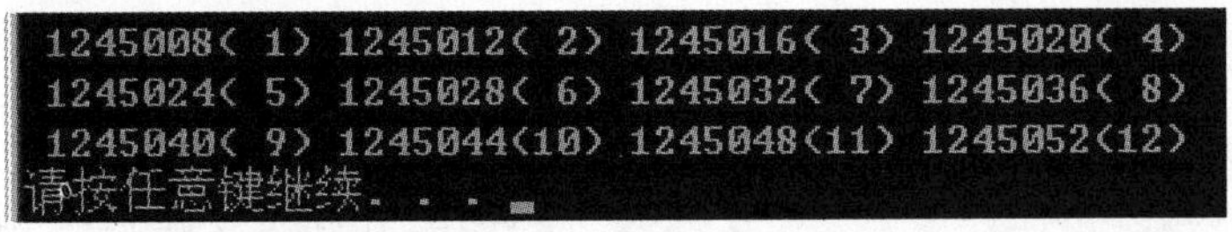

图 5-11 例 5-7 程序运行结果

此例即可验证二维数组在内存中实质是一维的，按行序优先方式排列。

1. 二维数组元素的地址

为说明问题,我们定义以下二维数组:

```
int a[3][4]={{0,1,2,3},{4,5,6,7},{8,9,10,11}};
```

其中,a 为二维数组名,代表整个数组,此数组有 3 行 4 列,共 12 个元素。也可以把数组 a 理解为由 3 个元素组成:a[0]、a[1]、a[2],而它们当中每个元素又是一个一维数组,且都含有 4 个元素,例如,a[0] 所代表的一维数组所包含的 4 个元素为 a[0][0]、a[0][1]、a[0][2]、a[0][3],如图 5-12 所示。

这样,就可以把 a[0]、a[1]、a[2] 看成是一维数组名,按一维数组的特点,它们同时分别代表各自所对应的一维数组的首地址,而范围为整个对应行。根据地址运算规则,a[0]+1 即代表 0 行 1 列元素的地址,即 &a[0][1]。依次类推,a[i]+j 代表 i 行 j 列元素的地址,即 &a[i][j]。

另外,从二维数组的角度来看,a 指向 0 号行,对应二维数组 0 号行的首地址,a+1 指向 1 号行,对应 1 号行的首地址,a+2 指向 2 号行,对应 2 号行的首地址。如果此二维数组的首地址为 1000,由于每行有 4 个整型元素, 而在 VC 6.0 中每个整型变量占 4 个字节,则 a+1 为 1016,a+2 为 1032,如图 5-13 所示。

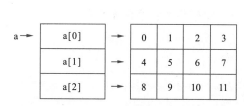

图 5-12　二维数组与指针

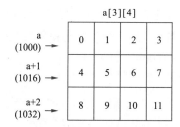

图 5-13　使用指针访问二维数组元素

即 a 代表二维数组,那么 a+i 就表示它的第 i 个元素的地址,即 i 行的地址,指向 i 行。这样,第 i 行的内容即可表示为 *(a+i),而在二维数组中 *(a+i) 对应一个一维数组,因此 *(a+i) 与 a+i 实质都对应 i 行地址,但它们有一个关键性差别,那就是所指向对象的范围不一样,a+i 指向整个 i 行,而 *(a+i) 指向 i 行的首元素。

这样,*(a+i)+j 表示 i 行这个一维数组中第 j 个元素的地址,要操作此元素内容可以使用 *(*(a+i)+j),所对应的就是 a[i][j]。

总结:对于二维数组 a,有如表 5-1 所示的对应关系。

表 5-1　二维数组与指针的关系

i 行地址	a+i	注意:a+i 和 *(a+i) 都表示 i 行地址,但对应的范围不一样,a+i 指向整个 i 行;而 *(a+i) 指向 i 行的首元素,仅对应一个元素,与 a[i] 等价。因此,在表示元素 a[i][j] 地址时,*(a+i)+j 是正确的,而 (a+i)+j 是错误的,相当于 a+i+j,即指向第 i+j 行
	*(a+i)	
	a[i]	
	&a[i][0]	
元素 a[i][j] 地址	*(a+i)+j	
	a[i]+j	
	&a[i][j]	
元素 a[i][j] 内容	*(*(a+i)+j)	
	*(a[i]+j)	
	a[i][j]	

对于其他维数和类型的数组可以按类似的思想加以理解。例如，对于三维数组中的元素 a[i][j][k]，其地址可表示为 *(*(a+i)+j)+k，也可以表示为 *(a[i]+j)+k，其内容可表示为 *(*(*(a+i)+j)+k)，也可以表示为 *(*(a[i]+j)+k)。

总结一下，如果 a 分别对应一维、二维、三维数组，则按指针法操作时，a+i、*(a+i)+j、(*(a+i)+j)+k 分别对应 a[i]、a[i][j]、a[i][j][k] 的地址，而 *(a+i)、*(*(a+i)+j)、*((*(a+i)+j)+k) 分别对应 a[i]、a[i][j]、a[i][j][k] 本身。

2. 数组指针——指向数组的指针变量

指针可以指向基本数据、复杂类型，当然也可以指向数组，即同时指向一组数组元素，通常指向一维数组。

指向数组的指针变量的定义格式如下：

```
数据类型 (* 数组名 )[ 数组大小 ];
```

例如：

```
int (*a)[4];
```

定义了一个指向数组的指针变量，所指向的数组有 4 个 int 元素。

与指针数组的定义相比，多了一对小括号"()"。

下面通过一个例子来学习指向数组的指针变量如何使用：

```
int a[4];
int (*pa)[4]=&a;
```

其中，a 是一个数组，取整个数组的首地址赋给指针变量 pa。注意，&a[0] 表示数组 a 的首元素的地址，而 a 表示整个数组的首地址，显然这两个地址的数值相同，但对应范围不同，前者对应一个元素，后者对应整个数组。这两个表达式的类型是两种不同的指针类型，前者的类型是 int *，而后者的类型是 int (*)[4]。*pa 就表示 pa 所指向的数组 a，所以取数组的 a[0] 元素可以用表达式 (*pa)[0]。注意到 *pa 可以写成 pa[0]，所以 (*pa)[0] 这个表达式也可以写成 pa[0][0]。pa 就像一个二维数组的名字，它表示什么含义呢？下面把 pa 和二维数组放在一起进行分析。例如：

```
int a[3][4];
int (*pa)[4]=&a[0];
```

则 int a[3][4]; 和 int (*pa)[4]; 之间的关系类似于 int a[4]; 和 int *pa; 之间的关系：a 是由一种元素组成的数组，pa 则是指向这种元素的指针。

pa 指向 a 的首元素，则 pa[0] 和 a[0] 取的是同一个元素，比原来复杂的地方在于这个元素是由 4 个 int 型元素组成的数组，而不是基本类型。这样，就可以把 pa 当成二维数组名来使用，pa[1][2] 和 a[1][2] 取的也是同一个元素。由于数组名是常量，不支持赋值、自增等运算，而指针是变量，支持赋值、自增等运算，使用更灵活，如 pa++ 使 pa 跳过二维数组的一行（此处是 16 个字节），指向 a[1] 的首地址。

例 5-8 演示了对二维数组元素进行操作的几种不同方法，它们从功能上讲是等价的。

【例 5-8】二维数组与指针变量的关系——对二维数组元素操作的不同方法。

```
#include "stdio.h"
```

```
int main()
{
    int a[3][4];// 定义二维数组
    int (*pa)[4]=&a[0];                    // 定义数组指针并指向二给数组首行
    int i,j;
    for(i=0;i<3;i++)
        for(j=0;j<4;j++)
            a[i][j]=10*i+j;                // 通过数组名按下标法进行访问，给数组元素赋值
    for(i=0;i<3;i++)
    {
        for(j=0;j<4;j++)
            printf("%8d",a[i][j]);       // 通过数组名按下标法进行访问
        printf("\n");
    }
    printf("----------------------------------------\n");
    for(i=0;i<3;i++)
    {
        for(j=0;j<4;j++)
            printf("%8d",*(*(a+i)+j));// 通过数组名按指针法进行访问
        printf("\n");
    }
    printf("----------------------------------------\n");
    for(i=0;i<3;i++)
    {
        for(j=0;j<4;j++)
            printf("%8d",pa[i][j]);      // 通过指针变量名按指针法进行访问
        printf("\n");
    }
    printf("----------------------------------------\n");
    for(i=0;i<3;i++)
    {
        for(j=0;j<4;j++)
            printf("%8d",*(*(pa+i)+j));// 通过指针变量名按指针法进行访问
        printf("\n");
    }
    printf("----------------------------------------\n");
    for(i=0;i<3;i++)
    {
        for(j=0;j<4;j++)
            printf("%8d",*(*pa+j));      // 通过指针变量名进行访问
        pa++;
        printf("\n");
    }
    printf("----------------------------------------\n");
    pa=&a[0];// 重新指向二维数组首行
    for(i=0;i<3;i++)
    {
        for(j=0;j<4;j++)
            printf("%8d",(*pa)[j]);      // 通过指针变量名进行访问
        pa++;
        printf("\n");
    }
    printf("----------------------------------------\n");
    return 0;
}
```

程序运行结果如图 5-14 所示。

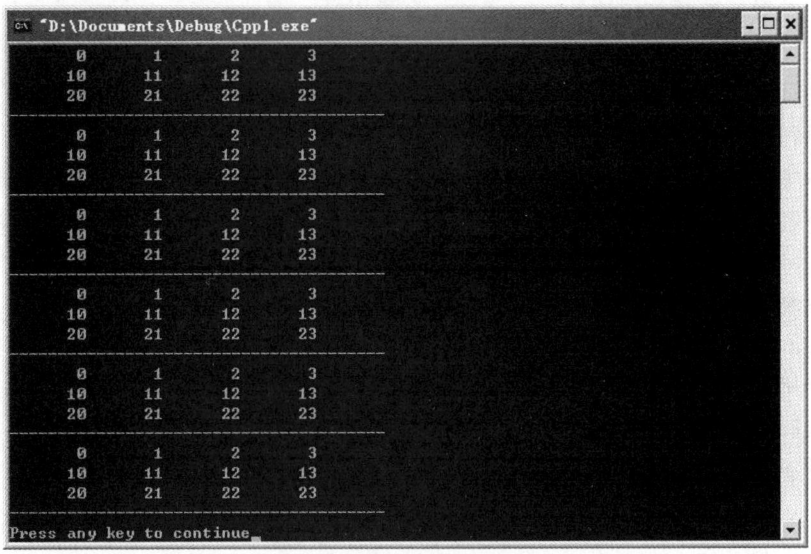

图 5-14 例 5-8 程序运行结果

可见，这种情况下，对二维数组元素的访问，既可以通过数组名进行，也可以通过指向数组的指针变量进行。

5.3 指针与动态内存分配

指针的一个典型应用场合是实现内存空间的动态按需分配，从而达到节约使用内存的目的。

【例 5-9】指针与动态内存分配示例——单位人员信息管理。

某单位职工基本情况表如表 5-2 所示。由于职工众多，现计划开发一款软件以提高管理效率，要求先输入职工原始信息，计算出各人实发工资（＝基本工资＋奖金），再按职工编号升序排序后输出以方便查看。

指针与动态
内存分配

表 5-2 职工基本情况表

职工编号	部 门	姓 名	性 别	身 份 证 号	职 称	基本工资	奖 金	实发工资
20100006	工程部	王琳	女	623024199601030×××	技术员	460	600	
20100012	工程部	王永	男	622901199606201×××	技术员	477	600	
20100008	工程部	黄苗	男	632122199412250×××	技术员	486	600	
20100015	研究部	孙静初	男	622901199407141×××	技术员	500	600	
20100013	开发部	刘真	女	622326199501021×××	工程师	554	800	
20100001	研究部	李丽	男	620103199408152×××	高工	799	1 200	
…	…	…	…	…	…	…	…	
20100010	开发部	李庆	男	622922199505290×××	高工	879	1 200	
20100009	开发部	夏春	女	621226199710080×××	高工	965	1 200	
20100014	开发部	宋和	男	620402199512121×××	高工	993	1 200	

分析：此例具有普遍性。

作为开发者，总是希望所开发的产品具有通用性，能满足各种实际需求，从而方便产品的推广普及。此例中如何分配存储空间存放表格数据是关键。

设经过调研，此软件的潜在客户，职工数最多的为 300 000 人，少的几十人，首先，每位职工的单行数据可以定义为结构体来存放。那所有行数据如何存放呢？

一种方案是用数组存储数据。C 语言在定义数组时，数组元素的个数必须是一个常量，程序运行过程中数组元素个数不能改变，分配给数组的内存空间大小是固定不变的，把这种在程序运行过程中所占内存空间大小不能改变的分配方式称为静态内存分配。

如果用数组存放这组数据，为了使程序满足各种情况，数组元素的个数只能按最大的一种情况（300 000）来确定，程序运行时按 300 000 个职工分配存储空间，这样，如果软件使用过程中某单位只有 200 名职工，则只用到其中小部分空间，多余的内存空间就浪费了，而且，这种浪费在问题规模差异大的情况下，会非常严重。

比较好的一种方案是，程序运行时先确定问题的总规模，即具体单位的职工总数（可通过键盘输入），再根据实际人数分配空间，将数据放入相应内存空间后再进行后续操作，即在程序运行过程中按实际需求分配空间。要做到这点，数组是实现不了的，可以用内存空间的动态分配达到目的。

动态内存分配是指在程序运行过程中，根据实际需求对内存进行分配、回收及大小调整，可实现动态"按需分配"。

5.3.1 C 语言内存管理概述

一个 C 语言程序占用的内存可分为以下几类：

1. 栈

栈是由编译器自动分配和释放的区域，主要存储函数的参数、函数的局部变量等。当一个函数开始执行时，该函数所需的实参、局部变量就推入栈中，该函数执行完毕后，之前进入栈中的参数和变量等也都出栈被释放掉。这部分内存的管理模式类似于数据结构中栈的管理模式，栈中的内存由系统自动管理。

2. 堆

堆是由程序员控制分配和释放的区域，可以通过相应函数如 malloc() 从堆中申请一部分空间供用户程序使用，使用结束后用函数 free() 释放空间，即将内存空间的使用权再交还给堆。在堆上分配的空间在整个程序的运行期间通常一直存在，直到程序中用 free() 函数被动释放。当然，如果不用 free() 函数释放这些空间，在程序运行结束后系统也会将其自动释放。

3. 全局区

全局区用于存放全局变量和静态变量。与堆上的空间类似，也是持续存在于程序的整个运行期间，但不同的是，他们是由编译器自动控制分配及释放。

4. 文字常量区

文字常量区专用于存放字符串常量，由编译器自动控制其分配和释放。

5. 程序代码区

存放函数体的二进制代码，由系统自动控制。

例如：下面程序用于说明各种内存空间的使用情况，涉及的部分内容目前还没有讲述，可通过学习后面相关内容来进一步理解。

```c
#include <stdio.h>
#include <stdlib.h>
#include <string.h>
int a=0;                    // 全局区
int main()
{
    int b=1;                // 栈
    char s[]="abc";         //s 在栈,"abc" 在文字常量区
    char *p1,*p2;           // 栈
    char *p3="123456";      //"123456" 在文字常量区, p3 在栈
    static int c=0;         // 全局区
    p1=(char *)malloc(10);  //p1 在栈, 分配的 10 字节在堆
    p2=(char *)malloc(20);  //p2 在栈, 分配的 20 字节在堆
    strcpy(p1,"123456");    //"123456" 放在文字常量区
    return 0;
}
```

有关函数参数、全局变量及局部变量、静态变量、空间分配函数 malloc() 等方面的内容可参照本章后面章节及第 6 章函数部分的相关内容。

从以上描述可知，堆中的空间可供程序员在程序运行过程中自行分配及释放。

5.3.2 内存空间的动态分配

C 语言中动态内存分配通过如下一些标准函数实现：

1. void　*malloc(unsigned size)

功能：在堆区中分配一块长度为 size 字节的连续区域，返回该区域的首地址。

说明：此函数包含在头文件 stdlib.h 中。

2. void　*calloc(unsigned n,unsigned size)

功能：在堆中分配 n 块长度为 size 字节的连续区域，返回首地址。

说明：此函数包含在头文件 stdlib.h 中。与 malloc() 不同的是，calloc() 会自动对分配到的内存空间进行清 0 操作而 malloc() 不清 0。

3. void　*realloc(void*ptr,unsigned newsize)

功能：在堆区中按新的大小要求重新分配长度为 newsize 字节的连续区域，返回首地址。

说明：包含在头文件 stdlib.h 中。

realloc() 不能保证重新分配后的内存空间和原来的内存空间在同一位置，它返回的指针很可能指向一个新的地址，所以，在代码中，必须把 realloc() 返回的地址值，重新赋给相应指针变量。例如：

```c
p=(char*)realloc(p,newsize);
```

需要强调的是，此函数会自动将原空间中的数据复制到新空间中。

4. void　*alloca(unsigned size)

功能：在栈中分配一块长度为 size 字节的连续区域，返回该区域的首地址。

说明：此函数包含在头文件 malloc.h 中，并且是从栈区中分配空间，用完自动释放，这一点与前面 3 个函数不同。

针对以上函数的相关说明：

（1）参数 size 及 newsize：指分配的内存的大小（以字节为单位）。

（2）参数 n：要分配的内存块份数。

（3）参数 ptr：原来所分配的内存块的首地址。

（4）函数返回值：分配成功，则返回值是一个指向空类型（void）的指针，对应所分配内存块的首地址；分配失败，则返回值是 NULL。

（5）动态分配的内存需要一个指针变量存放其起始地址。因为前述内存分配函数的返回值都是空类型的指针，而不同类型的指针所指向的内存单元个数可能会有差别，为了确定每次操作时所对应的内存单元的规模，有必要标明这些函数所返回的指针的类型，因此在将返回的指针赋给指针变量时，必须加上一个指针类型转换符进行强制转换。此指针类型转换符一般应与左边的指针变量类型一致。

（6）返回值若为 NULL，则表明内存分配失败。为避免后继操作不出错，一定要检查指针是否为空（NULL）。如果是空指针，则不能引用此指针，否则会造成系统崩溃。所以，在动态内存分配的语句后面一般紧跟一条 if 语句以判断分配是否成功。

（7）所需内存大小经常与类型有关，不同的类型会有差异，每种类型所需内存字节数可用函数 sizeof(数据类型) 来获得，其作用是返回所指定的数据或数据类型所需的内存字节数。

（8）数组对应一段连续空间，而动态分配内存成功时也得到一段连续空间供用户程序使用，此时，这段内存空间可完全当作数组一样使用，按"下标法"或"指针法"访问其元素。

5.3.3　动态释放内存

内存使用结束后，应尽早释放，交还给系统，以方便其他程序使用。

内存的释放用 free() 函数实现，格式如下：

```
void  free(void *ptr);
```

其作用是释放 ptr 所指向的内存块给系统。

通常情况下，内存分配与释放函数在程序中都是成对出现的，需要内存时分配，用完后及时释放以便系统能将内存再分配给其他程序使用，从而提高其利用率。

5.3.4　动态内存分配的几种不同情形

动态分配又可分两种情况：一次动态分配和多次动态分配。

1. 一次动态分配

在程序中根据需要一次性地分配所要求大小的空间，按需分配。例如，开发一个针对班级的信息管理系统，虽然各个班级人数不一样，但一个具体的班级的人数是确定的，一开始可根据班级规模确定所需空间的大小。

例如：要对某个班所有人的年龄进行处理，可按如下方式分配内存空间。

```
#include <stdio.h>
```

```
#include <stdlib.h>
int main()
{
    int n,*p;
    printf("请输入该班人数: ");
    scanf("%d",&n);
    p=(int *)malloc(n*sizeof(int));    // 分配所需内存空间
    if(p==NULL)
        printf("\n 空间分配不成功！\n");
    else
    {
        ...
    }
    return 0;
}
```

这种方式是一次性分配，占用连续内存空间。本节的例 5-9 即属于这种情况。

例 5-9 算法：例 5-9 的详细算法 N-S 图如图 5-15 所示。

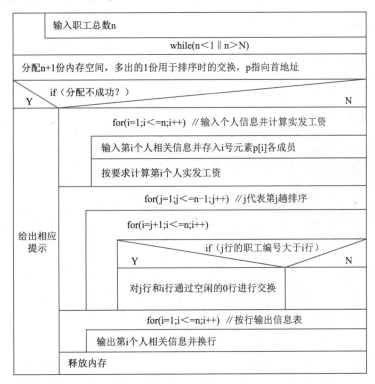

图 5-15   例 5-9 的详细算法 N-S 图

算法实现：

```
#include <stdlib.h>
#include <stdio.h>
#define N 300000
int main()
{
    struct info_type
```

```
{
    int   zgbh;                  // 职工编号
    char bm[11];                 // 部门
    char xm[11];                 // 姓名
    char xb[3];                  // 性别
    char sfzh[19];               // 身份证号
    char zc[11];                 // 职称
    int  jbgz;                   // 基本工资
    int  jj;                     // 奖金
    int  sfgz;                   // 实发工资
};
int i,j,n;
struct info_type *p;
do// 输入实际人数
{
    printf("\n 请输入职工总数（1 —— %d）: ",N);
    scanf("%d",&n);
}while((n<1)||(n>N));
// 分配 n+1 份内存空间，每份大小为 sizeof(struct info_type)，多出的 1 份用于排序
p=(struct info_type *)malloc((n+1)*sizeof(struct info_type));
if(p==NULL)
{
    printf("\n 内存空间的分配不成功！\n");
    system("pause");
    return  -1;
}
else    // 内存分配成功，进行后续操作
{
    printf("请逐个输入职工信息（职工编号 部门 姓名 性别 身份证号 职称 基本工资 奖金）: \n");
    for(i=1;i<=n;i++)
    {
        printf("No.%d:",i);
        scanf("%d%s%s%s%s%s%d%d",&p[i].zgbh,p[i].bm,p[i].xm,p[i].xb,p[i].
sfzh,p[i].zc,&p[i].jbgz,&p[i].jj);
        p[i].sfgz=p[i].jbgz+p[i].jj;
    }
    for(j=1;j<n;j++)        // 排序
        for(i=j+1;i<=n;i++)
            if(p[j].zgbh>p[i].zgbh)
            {
                p[0]=p[i];
                p[i]=p[j];
                p[j]=p[0];
            }
    printf("\n 职工基本信息表如下（按职工编号升序排列）: \n");
    for(i=1;i<=n;i++)
        printf("%10d%12s%12s%4s%20s%12s%6d%6d%6d\n",p[i].zgbh,p[i].
bm,p[i].xm,p[i].xb,p[i].sfzh,p[i].zc,p[i].jbgz,p[i].jj,p[i].sfgz);
    free(p);
    system("pause");
    return 0;
}
}
```

程序运行结果如图 5-16 所示。

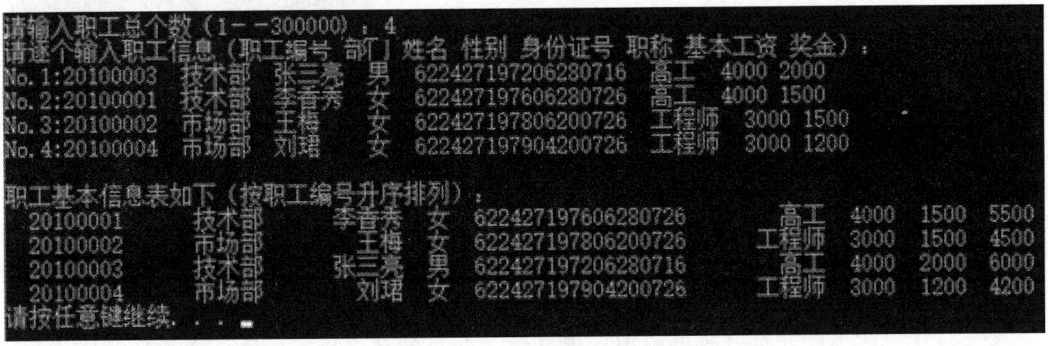

图 5-16　例 5-9 程序运行结果

说明：此例中，先输入职工人数，按需分配内存成功后，相当于动态创建了一个一维数组（真正的数组是不能动态创建的），此段空间可完全当作一维数组使用。

【例 5-10】二维数组的动态实现示例。

```c
#include "stdio.h"
#include "stdlib.h"
int main()
{
    int m,n,i,j;
    printf(" 输入矩阵行数和列数 :");
    scanf("%d%d",&m,&n);
    // 下面命令相当于创建一个包含 m 个元素的一维指针数组
    // 并用一个指向指针的指针变量指向它
    int **s=(int **)calloc(m,sizeof(int *));
    // 下面循环相当于创建 m 个普通一维数组
    // 每个数组包含 n 个元素，并用上面指针数组中的各元素指向这些数组
    // 这样，就相当于创建了一个 m 行 n 列的二维数组
    for(i=0;i<m;i++)
        s[i]=(int *)calloc(n,sizeof(int));
    // 对此二维数组赋值
    for(i=0;i<m;i++)
        for(j=0;j<n;j++)
            s[i][j]=(i+1)*10+(j+1);
    // 输出二维数组中的数据
    for(i=0;i<m;i++)
    {
        for(j=0;j<n;j++)
            printf("%4d",s[i][j]);
        printf("\n");
    }
    // 释放各行空间
    for(i=0;i<m;i++)
        free(s[i]);
    // 释放最初的指针数组
    free(s);
    return 0;
}
```

程序运行结果如图 5-17 所示。

```
输入矩阵行数和列数:3 4
  11  12  13  14
  21  22  23  24
  31  32  33  34
Press any key to continue
```

图 5-17　例 5-11 程序运行结果

2. 多次动态分配

对于有些问题，程序开始运行时无法预知最终需要多大的内存空间，但一开始又需要内存，此时比较好的一种办法是一边运行一边分配，此即所谓的多次动态分配。多次动态分配对内存空间最常见的一种组织方式是链表，在后续章节中详细加以讲述。

5.3.5　常见内存错误及其对策

发生内存错误是件非常麻烦的事情，编译器不能自动发现这些错误，通常在程序运行时才能捕捉到。这些错误大多没有明显症状，时隐时现，增加了改错的难度。

常见的内存错误及其对策如下：

1. 内存分配未成功，却使用了它

编程学习动态内存分配时比较容易犯这种错误。常用的解决办法是，在使用内存之前检查指针变量是否为 NULL，即在使用内存前先用 if(p==NULL) 或 if(p!=NULL) 进行防错处理。

2. 内存分配虽然成功，但是尚未初始化就引用它

犯这种错误主要有两个起因：一是没有初始化的观念；二是误以为内存的缺省初值全为零，导致引用初值错误，如数组通常情况下系统就不会自动进行初始化。

解决办法是，程序中不要嫌麻烦，养成赋初值的好习惯。

3. 内存分配成功并且已经初始化，但操作越过了内存的边界

例如在使用数组时经常发生下标“多 1”或者“少 1”的操作，特别是在 for 循环语句中，循环次数很容易出错，导致数组下标越界。

4. 忘记及时释放内存，造成内存耗尽

含有这种错误的函数每被调用一次就丢失一块内存。刚开始时系统的内存充足，看不到错误，但运行时间一长，程序突然死掉，系统提示内存耗尽。

动态申请的内存记得要及时释放，程序中 malloc() 与 free() 的使用次数一定要相同。

5. 释放了内存却继续使用它

（1）程序中的对象调用关系过于复杂，难以搞清楚某个对象究竟是否已经释放了内存，此时应该重新设计数据结构，从根本上解决对象管理的混乱局面。

（2）函数的 return 语句写错了，注意不要返回指向“栈内存”的“指针”或者“引用”，因为该内存在函数体结束时被自动销毁。

（3）使用 free() 释放了内存后，没有将指针设置为 NULL，导致产生“野指针”。

5.4　指针与字符串

字符串中一般包含多个字符，通常用字符数组存放，而数组与指针又有密切的关系，因此在处理字符串时可以有多种不同的具体形式。

指针与字符串

5.4.1 用 C 语言处理字符串的两种不同形式

1. 用字符型数组实现

例如：

```c
#include <stdio.h>
int main()
{
    char string[]="I love China!";
    printf("%s\n",string);
    printf("%s\n",string+7);
    return 0;
}
```

程序运行结果如图 5-18 所示。

图 5-18   字符串的字符型数组实现运行结果

2. 用字符型指针实现

例如：

```c
#include <stdio.h>
int main()
{
    char   *string="I love China!";
    printf("%s\n",string);
    string+=7;
    puts(string);
    return 0;
}
```

或者

```c
#include <stdio.h>
int main()
{
    char   *string="I love China!";
    printf("%s\n",string);
    string+=7;
    while(*string)
    {
        putchar(string[0]);//也可以写成putchar(*string);
        string++;
    }
    putchar('\n');
    return 0;
}
```

程序运行结果如图 5-19 所示。

此例中的 putchar() 是一个标准的字符输出函数，用于输出单个字符。

图 5-19 字符串的字符型指针实现运行结果

5.4.2 字符型指针变量与字符型数组

例如：

```
char    *cp;                // 字符型指针变量
char    str[20];            // 字符型数组
```

在用字符型指针变量和字符型数组处理字符串时，有如下一些注意事项：

（1）字符型指针变量只存放字符串的首地址而字符型数组可存放多个字符。

str 由若干元素组成，每个元素可存放一个字符，整个数组可存放一个字符串，而 cp 中只能存放字符串首地址，不能存放字符串。

```
char    str[20];      str="I love China!";              // 错误
char    *cp;          cp="I love China! ";             // 正确
char    str[20];      strcpy(str,"I love China!");       // 正确
char    *cp;          strcpy(cp,"I love China!");        // 错误
```

（2）字符型数组名是常量，而字符型指针是变量。

下面这个程序正确：

```
#include <stdio.h>
int main()
{
    char    *cp="I love China!";
    while(*cp!='\0')
    {
        putchar(*cp);
        cp++;// 指向下一个字符
    }
    putchar('\n');
    return 0;
}
```

下面这个程序错误：

```
#include <stdio.h>
int main()
{
    char    str[]="I love China!";
    while(*str!='\0')
    {
        putchar(*str);
        str++;// 此处错误
    }
    putchar('\n');
    return 0;
}
```

下面这个程序正确：

```
#include <stdio.h>
int main()
{
```

```
char  str[]="I love China!";
int i=0;
while(*(str+i)!='\0')
{
    putchar(*(str+i));
    i++;// 产生下一个字符的下标
}
putchar('\n');
return 0;
}
```

（3）字符型指针变量与字符型数组的共同点。

当字符型指针变量指向字符串时，除了可以被赋值（因为是变量，所以可以赋值）之外，与包含字符串的字符型数组的使用方法相同。例如：

```
#include <stdio.h>
#include <string.h>
int main(  )
{
    char str[10],*pstr;
    pstr="12345";                    //pstr 指向 "12345"
    strcpy(str,pstr);                // 将 pstr 所指向的字符串复制到数组 str 中
    pstr=str;
    printf("The Length is: %d\n",strlen(pstr)); // 输出字符串长度 5
    return 0;
}
```

习   题

1. 简述指针的实质及适用场合。

2. 简述指向一维数组元素的指针变量与数组名之间的异同点。

3. 输入某个班（人数不超过 100 人）数学课成绩，要求将不低于平均成绩的那部分人员的成绩输出。程序运行时先输入具体人数，再输入各人成绩，然后按要求进行相关处理，内存采用动态按需分配方案。

4. 输入一组数（至少 10 个），要求输出其中最大的前 5 个和最小的后 5 个。程序运行时先确定具体个数，再输入各个数，最后按要求进行相关处理，内存采用动态按需分配方案。

5. 输入某个班所有同学若干门课的成绩，如表 5-3 所示。

（1）计算各人的最终成绩（最终成绩 = 平时 20%+ 笔试 40%+ 操作 %）。

（2）计算每门课的平均成绩。

（3）输出完整的成绩表（二维表格式）。

（4）要求先输入课程数及人数，根据实际需求分配所需大小的存储空间，再完成后续操作。

表 5-3 成绩表

平 时	笔 试	操 作	最终成绩
60	88	75	
65	76	87	
56	78	78	
67	87	67	
...	...	...	...

第6章

函　数

本章重点

- C 语言中函数的概念、分类。
- 标准函数的使用。
- 自定义函数的定义及使用。
- 参数的两种传递方式。
- 变量的作用域及生存期。
- 函数的嵌套及递归调用。

6.1　C 语言函数简介

6.1.1　函数的概念、分类

函数其实就是一段可以重复调用的、功能相对独立完整的程序。

根据函数提供者的不同，可将 C 语言中的函数分为两大类：由系统本身所提供的标准函数（库函数）和用户根据需要自行编制的自定义函数。

C 语言函数简介

标准函数是计算机程序语言开发商为了方便一般程序员编程，将一些具有普遍使用价值的功能如输入 / 输出，计算正弦、余弦等，预先编制好相应程序，并随着程序设计语言开发系统同时分发的函数。为了使用方便，在 C 语言中将这些函数按功能进行了分类，每一类函数存入到一个以 ".h" 为扩展名的文件中，通常称为头文件。要使用这些函数，须先将相应的头文件包含进当前程序文件中。例如，前面例子中的 scanf()、printf()、system() 等函数，都是先将对应的头文件 stdio.h 及 stdlib.h 包含进来后才使用的，否则就会出错。

6.1.2　标准函数的使用

下面通过一个例子对标准函数的使用进行总结。

【例 6-1】标准函数应用示例——制作正弦余弦表。

计算 0.0 ～ π 之间各数的正弦及余弦值，各值之间以 0.01 为间距，生成一个正弦及余弦表以方便查看。

（1）分析：此例的关键是如何计算每个角的正弦及余弦值。C 语言本身提供了计算正弦及余弦值的函数，分别为 sin() 和 cos()，按要求调用即可。

（2）算法：用穷举算法，设一个循环变量 x 逐个产生 0.0 ～ π 之间的各个角的值，按要求调用 sin() 及 cos() 这两个函数计算出相应的正弦及余弦值并输出即可，而这两个函数都包含在 math.h 这个头文件中。

（3）算法实现：

```
#include <stdio.h>      //printf()、scanf() 函数所在头文件
#include <stdlib.h>     //system() 函数所在头文件
#include <math.h>       //sin()、cos() 所在头文件
int main()
{
    double x,sx,cx;
    for(x=0.0;x<=3.1415926;x=x+0.01)
    {
        sx=sin(x);
        cx=cos(x);
        printf("\nx=%10.8f,sin(x)=%10.8f,cos(x)=%10.8f",x,sx,cx);
    }
    printf("\n");
    system("pause");
    return 0;
}
```

程序运行结果如图 6-1 所示。

图 6-1　例 6-1 程序运行结果（部分）

（4）说明：各函数中小括号里面的内容称为参数。有的函数不需要参数，但括号不能省略；有的函数需要一个或多个参数。例 6-1 中 sin() 及 cos() 都是一个参数，而 printf() 可以是多个参数。如果参数多于一个，则各参数之间用逗号隔开。

使用标准函数前先要掌握以下几方面的内容：

1. 函数功能

需要了解清楚函数本身功能才能正确使用。

2. 参数的个数、意义和类型

不同函数参数的个数及类型、不同位置上的参数的意义可能都不一样，使用前一定要先了解清楚。

3. 函数返回值的意义和类型

有些函数可能没有返回值，而大多数函数都有返回值，不同函数的返回值代表不同意义，有各自所对应的数据类型。若要使用各函数的返回值，须先了解清楚这些返回值的类型及所代表的意义。

4. 函数所对应的头文件

要正确使用标准函数，须先查清楚其所在的头文件并用文件包含命令"#include"将头文件包含进当前程序文件，这样才能正确调用标准函数。一条"#include"命令只能包含一个头文件，多个头文件可以使用多条包含命令。

文件包含命令的一般形式为：

```
#include " 文件名 "
```

或

```
#include < 文件名 >
```

在用"#include"命令将某头文件包含进当前程序文件时，头文件名要用"<>"或""""括起来，两者有如下差别：

""：先从当前目录下查找指定头文件，若找到则包含进当前程序文件，找不到则再从系统内部所指定的位置去查找指定头文件。

<>：直接从系统内部所指定的位置去查找指定头文件。

以上有关标准函数使用的具体信息可以通过本书附录B、系统自带的帮助、上网查询等途径得到。

6.2 自定义函数

6.2.1 自定义函数概述

标准函数是计算机编程语言开发商为满足大多数用户而预先设计好的程序，只能满足一般需求。

某些情况下，用户希望用到一些函数，但系统并未提供这些函数，需要用户自己去开发设计，这就涉及自定义函数。

【例6-2】自定义函数应用示例——利用自定义函数计算表达式值。

计算后面表达式的值并输出 m!+n!+(m-n)!。

（1）分析：如果系统有计算阶乘的函数，则直接调用函数来计算表达式的值即可，但

自定义函数
基本应用

系统中没有计算阶乘的函数，需要用户自行设计代码计算阶乘。

（2）算法：要计算 n!，直接用循环来实现累乘即可。基本算法如下：

```
s=1;
for(i=1;i<=n;i++)
    s*=i;    // 等价于 s=s*i;
```

此例中要计算 3 个阶乘，按传统的程序设计方法，可设三段程序分别计算 m!、n! 及 (m-n)!，再将 3 个结果加起来就可得到想要的结果。基本算法如图 6-2 所示。

（3）算法实现：

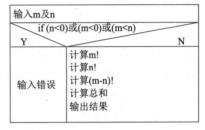

图 6-2　例 6-2 的算法 N-S 图

```
#include <stdio.h>
int main()
{
    int m,n,i,jm,jn,jmn,sum;
    // 下面是提示，尽可能按原题目设置提示信息内容
    printf("\n 请输入 m 及 n 的值 (m>=0, n>=0 且 m>=n)：");
    scanf("%d%d",&m,&n);
    if((n<0)||(m<0)||(m<n))
            printf("\n 输入数据有误！");
    else
    {
        jm=1;               // 计算 m!
        for(i=1;i<=m;i++)
            jm*=i;
        jn=1;               // 计算 n!
        for(i=1;i<=n;i++)
            jn*=i;
        jmn=1;              // 计算 (m-n)!
        for(i=1;i<=m-n;i++)
            jmn*=i;
        sum=jm+jn+jmn;      // 求和
        printf("%d!+%d!+%d!=%d\n",m,n,m-n,sum);
    }
    return 0;
}
```

程序运行结果如图 6-3 所示。

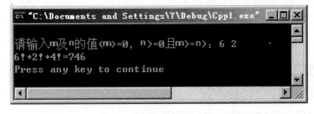

图 6-3　例 6-2 的循环结构实现运行结果

此程序中，计算 m!、n! 及 (m-n)！的三段程序只是用到的值不一样，算法完全相同，但在此程序中重复了三遍，导致程序中代码重复率高。

函数具有可以重复调用的特性。对于上述例子中所涉及的这种情况，可以用自定义函数实现，将需要重复使用的代码单独设计成一个函数，然后重复调用，这样可降低代码重复率，减轻编程人员代码录入负担。

6.2.2 自定义函数的一般定义形式

自定义函数也要先定义后再被其他函数调用，其一般定义格式如下：

```
返回值类型  函数名（类型符1 形参名1,…，类型符n 形参名n）
{
    变量声明部分
    执行部分
}
```

最前面一行是函数首部，后面大括号括起来的是函数体。可见，自定义函数的形式跟main() 函数是一致的。

对于例 6-2，可以定义一个计算某个数阶乘的函数。具体如下：

```
int jiecheng(int x)          // 函数首部，以下为函数体
{
    int i,s;
    s=1;
    for(i=1;i<=x;i++)
        s*=i;
    return(s);               // 用于返回结果并退回到主调函数
}
```

此例中函数首部的 x 就是函数 jiecheng() 的参数，因为这时它没有确定的值，只是在形式上使函数完整，故称之为形式参数，简称形参，此例中形参 x 的类型为 int 型；函数中的最后一条语句 return(s) 用于返回计算的结果并退回到调用当前函数的上一级函数。

有关自定义函数有如下几点说明：

（1）形参的实质：其实就是变量，设置一个形参就是定义一个变量。

（2）形参个数的确定：形参通常对应传递给函数等待加工的数据，一个形参就是一个变量，只能传递一个数据。因此，有几个数据需要同时传递，就定义几个形参。如果没有需要传递的数据，可以不定义形参。当然，如果需要传递的数据非常多，也可以定义数组作为形参，这样就可以传递大批量数据。

（3）形参的类型：根据要传递的数据的类型来确定。

（4）函数有返回值时指明返回值类型，函数体内部用 return 返回相应值。如果不需要返回值，则返回值类型为 void，表示没有返回值，函数体内部也不需要 return 语句。

6.2.3 自定义函数的调用

自定义函数的调用与标准函数的调用方式相同。前面求阶乘的例 6-2 中，有了自定义函数后，就可以通过调用此自定义函数来计算阶乘的值。

程序代码如下：

```
#include <stdio.h>
// 定义计算阶乘的自定义函数
int jiecheng(int x)          // 函数首部，x 为形参，下面为函数体
{
    int i,s;
    s=1;
    for(i=1;i<=x;i++)
        s*=i;
    return(s);
}
// 主函数
int main()
{
    int m,n,jm,jn,jmn,sum;
    printf("\n 请输入 M 及 N 的值 (M>=0，N>=0 且 M>=N)：");
    scanf("%d%d",&m,&n);
    if((n<0)||(m<0)||(m<n))
        printf("\n 输入数据有误！");
    else
    {
        // 调用函数
        jm=jiecheng(m);         // m 为实参
        jn=jiecheng(n);         // n 为实参
        jmn=jiecheng(m-n);      // m-n 为实参
        sum=jm+jn+jmn;
        printf("%d!+%d!+%d!=%d\n",m,n,m-n,sum);
    }
    printf("\n");
    return 0;
}
```

程序运行结果如图 6-4 所示。

图 6-4   例 6-2 的函数实现运行结果

说明：此程序中在实际调用函数 jiecheng() 时所用的几个参数 m、n、m-n 是具有实际意义的，代表确定的值，称为实际参数，简称实参。

通常，将调用其他函数的函数称为主调函数，而被其他函数调用的函数称为被调函数。此例中，main() 为主调函数，jiecheng() 为被调函数。

此例中，程序执行流程如图 6-5 所示。

即先执行 main() 函数，执行过程中调用函数 jiecheng() 时，再转去执行被调函数，执行完后再返回 main() 函数继续往下执行。

C 语言在使用常量、变量时，都遵循一个共同原则："先定义，后使用"，函数也不例外。标准函数是预先定义好的，用"#include"命令将相应头文件包含进当前程序文件就可以正常使用。对于自定义函数，数量比较少时，一般都是直接在当前程序文件中定义，为了不违

反"先定义，后使用"的原则，就应当将定义函数的代码放在调用函数的代码前面，然后在需要的位置直接调用即可。上面程序就采用这种方法，即自定义函数在前，main() 函数在后。

C 语言是从 main() 函数开始执行的，按照日常习惯，通常是将 main() 函数放到程序中前面位置，但这样一来，自定义函数就只能往后放了，这就会违反"先定义，后使用"的原则。为了解决此矛盾，可在需要调用函数的位置前面，对在后面位置进行定义的函数进行声明，声明的格式如下：

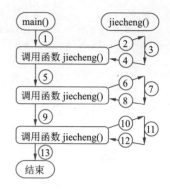

图 6-5　调用自定义函数的执行流程

返回值类型　函数名 (类型符 1　形参名 1, … , 类型符 n　形参名 n);

即在自定义函数的函数首部后面加一个分号即可。经过声明，就可以正常调用自定义函数。上述程序按这种模式可改为如下形式：

```c
#include <stdio.h>
int jiecheng(int x);              // 声明函数
// 主函数
int main()
{
    int m,n,sum=0;
    printf("\n请输入 M 及 N 的值 (M>=0, N>=0 且 M>=N): ");
    scanf("%d%d",&m,&n);
    if((n<0)||(m<0)||(m<n))
        printf("\n 输入数据有误！");
    else
    {
        // 调用函数
        sum=jiecheng(m)+jiecheng(n)+jiecheng(m-n);
        printf("%d!+%d!+%d!=%d\n",m,n,m-n,sum);
    }
    printf("\n");
    return 0;
}
// 自定义函数
int jiecheng(int x)
{
    int i,s;
    s=1;
    for(i=1;i<=x;i++)
        s*=i;
    return(s);
}
```

程序运行结果跟前面相同。

当然，如果设计了大量的自定义函数，也可以对这些函数进行分类，存入用户自行设计的"头文件"，在需要调用这些自定义函数的程序文件中用"#include"将相应头文件包含进来后就可以正常调用，跟标准函数的使用方法完全相同。

实际软件开发过程中，可以有意识地将一些比较有用的功能模块设计成函数，以"头文件"形式组织起来，存放到指定位置。这样，在后期软件开发当中就可以跟标准函数一样将对应头文件包含进当前程序文件后直接调用相应函数，从而加快软件开发进度。

6.2.4 模块化程序设计

模块化程序设计

除了为降低代码的重复率而将需要重复使用的代码设计成自定义函数外，在模块化程序设计中也经常使用自定义函数。

模块化程序设计是指将一个功能复杂的系统先按其逻辑功能进行分解，形成多个相对较小、功能较简单子模块。若各子模块仍然比较复杂，可进一步进行分解，直到各子模块相对比较简单为止。

下面是一个系统结构示意图，如图 6-6 所示。

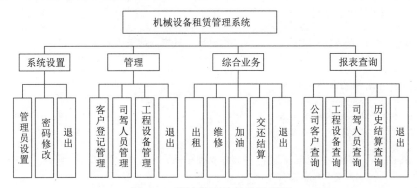

图 6-6　模块化系统结构示意图

针对每个模块单独设计相应函数实现其功能，而系统的完整功能则由各子模块综合作用来实现。这种处理复杂问题的方法称为"自顶向下，逐步细化，模块化"的程序设计思想。

模块化程序设计一方面可以降低设计难度（复杂问题分解开后就会比较单一、简洁），另一方面也为多人合作提供了方便（每个人或小组负责开发部分子模块，最后合起来即可），因此它是软件开发当中普遍采用的一种办法。

总之，在以下两种情况下通常需要设计自定义函数：

（1）实现代码重用，降低代码重复率。

（2）模块化程序设计。

下面再通过一个简单例子讲述模块化程序设计的一般程序结构。

【例 6-3】自定义函数应用示例——模块化程序设计。

输入一组数，降序排序后输出。

（1）分析：此例中涉及输入、输出及排序，按模块化程序设计思想，可分解为如下一些模块，如图 6-7 所示。

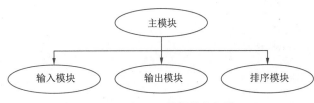

图 6-7　例 6-3 的模块化设计

　　可以看出，系统共分为 4 个模块，在具体设计程序时，可以将每个模块设计成一个函数单独实现。

　　（2）算法：此例中用到的算法在前面都进行过详细说明，此处不再赘述。

　　（3）算法实现：

```c
#include <stdio.h>
#include <stdlib.h>
#define N 10

void input(int a[N+1])            // 对应输入模块，形参为数组
{
    int i;
    printf("\n请输入%d个整数: ",N);
    for(i=1;i<=N;i++)
        scanf("%d",&a[i]);
}
void output(int a[N+1])           // 对应输出模块，形参为数组
{
    int i;
    printf("\n数据如下: \n");
    for(i=1;i<=N;i++)
        printf("%8d",a[i]);
    printf("\n");
}
void sort(int a[N+1])             // 对应排序模块，形参为数组
{
    int i,j;
    for(j=1;j<=N-1;j++)
        for(i=j+1;i<=N;i++)
            if(a[j]<a[i])
            {
                a[0]=a[j];        // 利用空闲的0号元素实现交换
                a[j]=a[i];
                a[i]=a[0];
            }
}
int main()                        // 主调模块
{
    int data[N+1],xz=1;
    while(xz!=0)
    {
        // 显示菜单
        printf("1—输入  2—输出  3—排序  0—退出 \n请选择: ");
        scanf("%d",&xz);          // 输入菜单选项
        // 根据不同选项调用不同函数
        if(xz==1)
            input(data);
        else
            if(xz==2)
                output(data);
            else
                if(xz==3)
                    sort(data);
    }
```

```
    return 0;
}
```

程序运行结果如图 6-8 所示。

图 6-8   例 6-3 程序运行结果

（4）说明：此例中共设计了 4 个函数 input（用于输入）、output（用于输出）、sort（用于排序）、main（主函数，调用其他模块），其中前 3 个函数都是只有一个参数，而 main() 函数没有参数。另外，这几个函数都只是对数据进行相应处理，没有返回值，因此函数名前面加了标志 void，表示无返回值，函数体内部也没有用于返回值的 return 语句。

此程序中模块比较多，如何进行组织才比较方便用户使用呢？

现代程序设计中最常见的一种多模块组织方式就是通过菜单。菜单通常包含三项功能：

①给用户提供可选项。

②给用户提供进行选择的方式。

③根据所选项的不同完成不同操作。

此例中 main() 函数内设计了一个简易菜单，根据菜单选项的不同，调用不同函数，完成不同功能。

通常见到的软件菜单都是图形化界面，由于还没有学过图形化编程，因此，本例在主函数中设计了一个文本形式菜单，界面不好看，但有关菜单的基本功能完全具备。

在具体编程时这几个模块可由多人合作完成，每人负责设计一个模块，从而简化系统的设计难度并加快进度。

6.3   函数中参数的传递方式

如果将程序中的数据看作工厂的原材料，则组成程序的各个函数相当于工厂中的各车间，负责数据的加工处理。

简单的工厂只一个车间，相当于程序只包含一个函数，数据在加工过程中只处在一个函数内部。但对于复杂工厂，通常按功能进行了细化分工，整个工厂由多个车间构成，相当于程序包含多个函数，数据的加工处理要通过一系列

函数中参数的
传递方式

函数的综合才能最终完成，这就涉及各函数之间参数的传递及其传递方式。

主调函数调用被调函数时，相应的实参与形参之间就会进行信息传递，具体有两种方式：按值传送和按地址传送。两种不同的传送方式会产生不同的效果。

6.3.1 按值传送

【例6-4】 参数按值传送示例。

```c
#include <stdio.h>
void swap(int a, int b)        // 被调函数
{
    int temp;
    temp=a;
    a=b;
    b=temp;
}
int main()                     // 主函数
{
    int x=7,y=11;
    printf("\n 交换前：");
    printf("x=%d,y=%d",x,y);
    swap(x,y);                 // 进行函数调用
    printf("\n 交换后：");
    printf("x=%d,y=%d\n",x,y);
    return 0;
}
```

程序运行结果如图6-9所示。

此程序算法比较简单，用于实现两个数的交换，但最终前后两次输出的结果相同，都是 x = 7, y = 11，可看出，数据并没有交换过来，产生这种结果的原因是此例中形参是普通变量，参数按值传送，数据只能由实参向形参传送，而形参的值不能回传给实参，因此两次输出的 x 及 y 的值完全相同。具体数据传送过程如图6-10所示。

说明：

（1）形参与实参占用不同的内存单元。

（2）这是一种单向传送方式，只能由实参传递给形参。

（3）传送的是值。

（4）形参是普通变量的形式，而实参可以是普通常量、变量、表达式等。

6.3.2 按地址传送

【例6-5】 参数按地址传送示例。

```c
#include <stdio.h>
void swap(int *a, int *b)      // 被调函数
{
```

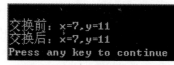

图 6-9　例 6-4 程序运行结果

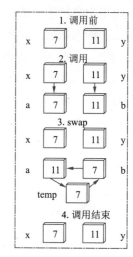

图 6-10　例 6-4 参数按值传送过程

```
        int temp;
        temp=*a;
        *a=*b;
        *b=temp;
}
int main()                        // 主函数
{
        int x=7,y=11;
        printf("\n 交换前: ");
        printf("x=%d,y=%d",x,y);
        swap(&x,&y);              // 进行函数调用
        printf("\n 交换后: ");
        printf("x=%d,y=%d\n",x,y);
        return 0;
}
```

程序运行结果如图 6-11 所示。

可以看出，通过函数调用，达到了数据交换的目的。

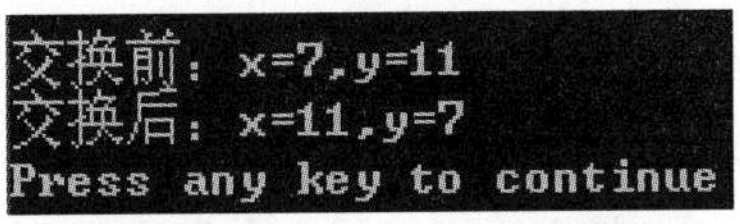

此程序中形参是指针变量，实参是变量的地址，这种情况下实参与形参指向共同的内存单元，因此形参所指内存单元的内容改变后，实参所指内存单元的内容也会随之改变，如图 6-12 所示。

图 6-11　例 6-5 程序运行结果

说明：

（1）形参与实参指向共同的内存单元。

（2）传送的是内存单元的地址。

（3）从效果上来讲，相当于是一种双向传送方式，调用时实参的数据传送至形参，调用结束时形参的数据回传给实参，而实质上仍然是一种单向传送，将实参的地址传送给形参，使得实参和形参指向共同的内存单元。

（4）形参是指针变量或数组，实参是地址常量或地址变量。

除了通过取地址运算符 “&” 获取地址并进行传送外，指针变量也对应地址。另外，C 语言中的数组名实际上是一个地址常量，将数组名作为参数进行传递，也是按地址传送。但是，如果是数组元素，则是按值传送。

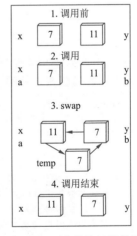

图 6-12　例 6-5 参数按地址传送过程

6.3.3　两种不同参数传递方式的选择

实质来讲，两种参数传递方式都是单向传送，都是实参传递给形参，只是按值传送方式传送的是值，按地址传送方式传送的是地址，从最终效果来讲，按地址传送实现了数值的双向传送。

设计程序的过程中，如果不需要将形参的值返回给实参，则采用按值传送方式即可，但如果希望将形参的值也返回给实参，则必须采用按地址传送方式才能达到目的。

发生函数调用时，通过函数名被调函数可以向主调函数（上一级函数）返回一个值，但只能返回一个值。如果希望返回多个值，则通过函数名的办法就无能为力了。此时，可通过

按地址传送的方式，将形参的值回传给实参，就可以达到将被调函数中的多个值返回给主调函数的目的。

6.4　变量的作用域、生存期及存储类型

变量实质对应分配给其的内存空间，变量的作用域及生存期分别反映了在程序的什么地方可以正确使用变量和变量占用内存单元时间的长短，而存储类型则影响到变量的作用域及生存期。

6.4.1　变量的作用域

变量的作用域即变量的作用范围，表现为变量只能在规定的范围内引用。按其作用域可分为 3 种：局部变量、全局变量和文件变量。

变量的作用域都是通过它在程序中的位置隐式说明的。

变量的作用域
及生存期

6.4.2　变量的生存期

变量的生存期指变量从被生成到被撤销的这段时间，实际上就是变量占用内存的时间。

变量只能在其生存期内被引用，变量的作用域直接影响到变量的生存期。

作用域和生存期分别从空间和时间的角度来体现变量的特性。

6.4.3　局部变量

在函数内部所定义的变量，称为局部变量，包括函数体部分所定义的变量及函数的形参。

（1）作用域：仅限于对应函数内部，离开函数后不可再引用。

（2）生存期：从函数被调用的时刻算起到函数返回调用处的时刻结束。

【例 6-6】局部变量示例。

```
#include <stdio.h>
// 此函数返回两个参数中的较大者
int f(int x,int y)
{
    int z;
    // 下面 "=" 右边是一个条件运算符，由三部分组成
    // 第一部分（?前部分）表示条件
    // 第二、三部分分别对应两个值
    // 条件成立时返回第二部分（此处为 x）
    // 条件不成立则返回第三部分（此处为 y）
    // 此运算符相当于一个选择结构语句的功能
    z=x>y?x:y;
    return(z);
}
int main()
{
    int max;
    max=f(10,20);
    printf("%d\n",max);
    return 0;
}
```

函数 f() 中的 x、y、z 和函数 main() 中的 max 都是局部变量。

说明：

（1）局部变量只允许在各自所在的函数内引用。主函数 main() 中定义的变量也是局部变量，它只能在主函数中使用，其他函数不能使用。同时，主函数中也不能使用其他函数中定义的局部变量。例 6-6 中 x、y、z 只能在函数 f() 中引用，而 max 只能在函数 main() 中引用。

（2）形参变量属于被调函数的局部变量，实参变量则属于全局变量或主调函数的局部变量。有关全局变量的概念参见 6.4.4 节。

（3）允许在不同的函数中使用相同的变量名，它们代表不同的对象，分配不同的内存单元，互不干扰，也不会发生混淆。

局部变量同名示例：

```
#include <stdio.h>
void subf();      // 声明函数
int main()
{
    int a,b;
    a=3;
    b=4;
    printf("main: a=%d, b=%d\n", a, b);
    subf();
    printf("main: a=%d, b=%d\n", a, b);
    return 0;
}
void subf()        // 定义函数
{
    int a,b;
    a=6;
    b=7;
    printf("subf: a=%d, b=%d\n", a, b);
}
```

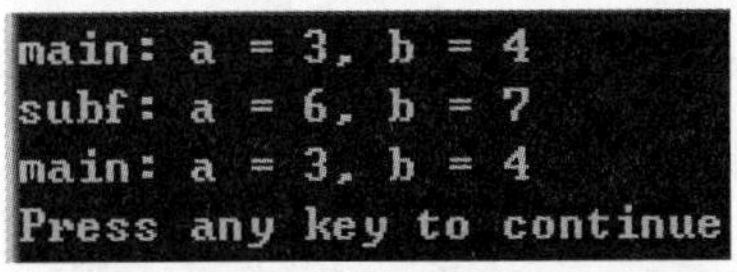

程序运行结果如图 6-13 所示。

（4）C 语言允许在复合语句中定义变量，也是局部变量，其作用域只在复合语句范围内，其生存期是从复合语句被执行的时刻到复合语句执行完毕的时刻。

```
main: a = 3, b = 4
subf: a = 6, b = 7
main: a = 3, b = 4
Press any key to continue
```

图 6-13　局部变量同名程序运行结果

复合语句局部变量示例：

```
#include <stdio.h>
int main()
{
    int a,b;
    a=3;
    b=4;
    printf("a=%d, b=%d\n", a, b);
    {  // 复合语句
        int temp;
        temp=a;
        a=b;
```

```
        b=temp;
    }
    printf("a=%d, b=%d\n", a, b);
    //printf("%d\n",temp);此语句不能执行
    return 0;
}
```

在复合语句内部定义了一个局部变量 temp 来实现两个变量的值的互换， temp 只在此复合语句内部有效，所以，最后一行命令根本无法执行。

6.4.4　全局变量

在函数外部所定义的变量，称为全局变量。它不属于某一个固定的函数，可以在比局部变量更多的位置对其进行访问。

（1）作用域：从定义变量的位置开始到本程序文件结束，以及有 extern 说明的其他源文件。有关 extern 的用法参见后面的变量存储类型。

（2）生存期：与程序相同，即从程序开始执行到程序终止的这段时间内，全局变量都存在。

说明：

（1）因为全局变量不属于某一个特定的函数，在其定义位置之后的各函数中都可以使用，因此可以利用全局变量在各个函数之间传递共用数据。同时，因为全局变量是各函数共用的，如果在一个函数中操作不当，就有可能对其他函数的正常运行造成影响，这一点不同于局部变量，所以应尽量少使用全局变量。

（2）全局变量的定义必须在所有函数之外，并可赋初始值。

（3）在有多个函数的情况下，C 语言中给变量起名时有如下规定：

同一个函数内部的局部变量（包括形参及在函数体部分所定义的变量）不允许同名；不同函数中的局部变量允许同名，互不干扰；同一程序内的全局变量不允许同名；全局变量与局部变量允许同名，若全局变量与局部变量同名，则在函数内部操作变量时全局变量会自动被屏蔽（即默认起作用的是局部变量）。若要在函数内部引用全局变量，则必须在变量名前加上两个冒号"::"。

【例 6-7】全局变量与局部变量同名示例。

```
#include <stdio.h>
int a=10;                  // 定义全局变量
int main()
{
    int a=100;             // 局部变量（与全局变量同名）
    printf("a=%d\n", a);   // 访问局部变量
    printf("a=%d\n", ::a); // 访问全局变量
    return 0;
}
```

程序运行结果如图 6-14 所示。

按这种起名规定，各程序员在设计程序时，可以不考虑其他函数中变量的起名，这就给程序设计带来了极大的便利。

图 6-14　例 6-7 程序运行结果

6.4.5 文件变量

大多数 C 语言教材，都没有说明文件变量，或者只是略微提到，其实文件变量在较大程序（多文件系统）中作用比较明显。

文件变量的作用域仅限于声明它的同一个转换单元。所谓转换单元是指定义这些变量的源代码文件（包括任何通过 #include 指令包含的源代码文件）。

与全局变量类似，文件变量也在函数外部定义，其格式如下：

```
static    数据类型    变量名列表 ;
```

即在类型前加一个关键字 static。

（1）作用域：从定义变量的位置开始到本程序文件结束。

（2）生存期：与程序相同。

【例 6-8】文件变量示例。

```c
#include <stdio.h>
#include <string.h>
static int num;        // 定义文件变量
void add(int *n)
{
    (*n)++;
}
int main()
{
    scanf("%d",&num);
    add(&num);
    printf("%d\n",num);
    return 0;
}
```

程序运行结果如图 6-15 所示。

此例中的变量 num 即为文件变量。

说明：

（1）因为文件变量不属于某一个特定的函数，在其定义位置之后的各函数中都可以使用，因此可以利用文件变量在多个函数之间传递共用数据，这一点与全局变量类似。

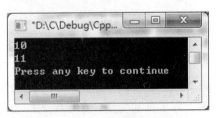

图 6-15　例 6-8 程序运行结果

（2）文件变量的定义必须在所有函数之外，并可赋初始值，未赋初值则默认值为 0。

（3）大多数程序都只由一个程序文件组成，所以文件变量没有实际意义。但是，实际软件开发当中一个软件可能由许多文件组成，它们不是由一个人写成的，而是由很多人共同完成，这些文件都是各自编译的，这难免使得某些人使用了一样的全局变量名，从而导致不同程序文件中名字相同的全局变量出现冲突。为了程序中各自的变量不互相干扰，就可以使用 static 修饰符定义文件变量，从而避免多个程序文件链接到同一个程序时变量相互冲突。

6.4.6　变量的存储类型

在 C 语言中，变量的存储类型有 4 种：auto（自动）、static（静态）、register（寄存器）和 extern（外部）。不同的存储类型直接影响着变量在函数中的作用域与生存期。在考虑存储类型的情况下，C 语言中变量的完整定义格式为：

```
存储类型　数据类型　变量名列表；
```

下面分别对 4 种存储类型进行详细说明。

6.4.7　auto 存储类型的变量与作用范围

在函数或复合语句内部指定存储类型说明符 auto 或省略，系统都认为所定义的变量为自动存储类型。因此，在函数内部定义变量：

```
float  a;
```

就等价于：

```
auto  float  a;
```

【例 6-9】auto 型变量的示例。

```
#include<stdio.h>
int main()
{
    int x=5;        // 为 auto 类型变量
    auto int y;     // 为 auto 类型变量
    y=x++;
    if(y==5)
    {
        int x=2;
        printf("x=%d\n",x);
    }
    printf("x=%d\n",x);
    return 0;
}
```

程序运行结果如图 6-16 所示。

对于自动变量，在程序运行过程中，执行到函数或复合语句时，系统会自动为其分配内存单元，而退出函数或复合语句后，自动变量所占内存单元会自动释放。

图 6-16　例 6-9 程序运行结果

6.4.8　static 存储类型的变量与作用范围

格式：`static  数据类型  变量名（＝初始化常数表达式）；`
静态变量可分为静态局部变量和静态全局变量。
静态局部变量是指在函数内定义的静态变量，只在本函数内有效。
静态全局变量是指定义在函数外的静态变量，即前面的文件变量。
在整个程序运行期间，静态变量在内存的静态存储区中占据着永久性的存储单元。即使退出函数以后，下次再进入该函数时，静态变量仍使用原来的存储单元，从而可以继续使用存储单元中原来的值。

另外，对未赋初值的静态变量，C 编译程序自动给它赋初值 0。

【例 6-10】静态局部变量的示例。

```c
#include <stdio.h>
int kk()
{
    int x=4;
    static int y=5;                //y 为静态变量
    x*=2;
    y*=2;
    return(x+y);
}
int main()
{
    int j,s=0;
    for(j=0;j<2;j++)
    {
        s=kk();
        printf("s=%d\n",s);
    }
    return 0;
}
```

程序运行结果如图 6-17 所示。

此时 x 为自动变量，每次调用函数 kk() 时都会将 x 赋值为 4，函数执行结束后此变量自动释放。而 y 为静态变量，函数结束后此变量所对应内存单元及其中存放的值都继续保留，在第一次执行函数 kk() 时将 y 的值赋为 5，其后 y 的值乘以 2 变成了 10，在第二次调用函数 kk() 时 y 的初始值仍为第一次调用函数时保留下来的 10，故第二次计算的结果为 28。

若将程序中的 "static int y=5;" 改为 "int y=5;"，y 就变成了自动变量，运行结果如图 6-18 所示。

图 6-17　例 6-10 程序运行结果
（y 为静态变量）

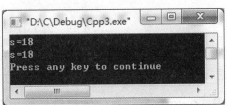

图 6-18　例 6-10 程序运行结果
（y 为自动变量）

此时 x 和 y 都为自动变量，每次调用函数 kk() 时都会给 x 和 y 分别赋初值为 4 和 5，而函数执行结束后两个变量都会自动释放，因此两次计算的结果都为 18。

6.4.9　register 存储类型的变量与作用范围

普通变量对应内存，内存在 CPU 的外面，通常比 CPU 的速度慢很多，频繁访问内存不利于发挥 CPU 的高速特性。register 变量对应的是寄存器，而寄存器在 CPU 内部，是一种容量非常小的临时性的存储器，其速度比内存要快。因此，将一些频繁使用的数据放入寄存器，有利于提高程序运行速度。格式如下：

```
register  数据类型  变量名；
```

寄存器变量的特点：

（1）寄存器变量具有局部寿命，与 auto 相同。

（2）只用于自动型变量及函数的形式参数，不适用于外部变量和静态变量。

（3）寄存器变量不能用 & 运算符取其地址。

【例 6-11】寄存器变量示例。

```c
#include <stdio.h>
int power(int x,register int u)
{
    register int n,p;
    for(p=1,n=1;n<=u;n++)
        p=p*x;
    return p;
}
int main()
{
    int s;
    s=power(5,3);
    printf("s=%d\n",s);
    return 0;
}
```

程序运行结果如图 6-19 所示。

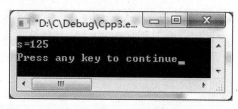

图 6-19 例 6-11 程序运行结果（寄存器变量）

需要说明的是，将一个变量定义为寄存器变量后，当有可用空闲寄存器时，才能真正分配物理寄存器给变量，否则，就分配内存给变量。

6.4.10 extern 存储类型的变量与作用范围

外部变量是在函数外部任意位置上定义的变量。定义时，在变量的类型前不能用 extern 标识，定义在函数外部即可。它的作用域是从变量定义的位置开始，到整个源文件结束为止。

一般来说，外部变量是全局变量，从定义时开始生效。它不仅在本文件中有效，还可以在其他文件中存取，因而外部变量也可称为全局变量。

外部变量的特点如下：

（1）在整个程序中都可存取，外部变量是永久性的。

（2）若外部变量和某一函数中的局部变量同名，则在该函数中，此外部变量被屏蔽。在该函数内，访问的是局部变量，与同名的外部变量不发生任何关系。

（3）extern 只是声明，不进行实际存储空间的分配，因此对用 extern 声明的变量赋初值是有编译错误的。

【例 6-12】外部变量示例。

```c
#include <stdio.h>
int z;     // 外部变量定义, 没有初始化时默认为 0
int p(int *x,int y)
{
    ++*x;
    y--;
    z=*x+y;
    printf("%8d%8d%8d\n",*x,y,z);
    return 0;
}
int main()
{
    int x=2,y=6,z=10;
    p(&x,y);
    printf("%8d%8d%8d\n",x,y,z);
    return 0;
}
```

程序运行结果如图 6-20 所示。

注意：如果要定义一个外部变量，在函数外定义就行，不用 extern 标识。extern 只能用来声明外部变量。在什么情况下需要声明外部变量呢？当一个外部变量使用在先、定义在后时，需要用 extern 声明。

图 6-20　例 6-12 程序运行结果（外部变量）

【例 6-13】外部变量示例。

```c
#include <stdio.h>
int x=123;                       // 定义外部变量
int main()
{
    extern int y;                // 声明外部变量 y
    printf("%d\n%d\n",x,y);      // 此处要应用外部变量 y, 但 y 在此还没有定义
    return 0;
}
int y=321;                       //y 定义在最后
```

程序运行结果如图 6-21 所示。

图 6-21　例 6-13 程序运行结果（外部变量）

6.4.11 外部变量在多文件系统中的应用

在多文件系统中，往往需要在各文件系统中进行数据的传递，通常有两种方案：一是通过文件实现，即 A 文件系统将数据放入一个磁盘文件，B 文件系统再从对应磁盘文件中读取数据。由于文件是在外存中的，外存速度比内存慢但容量大，因此这种方案适于对速度要求不高但数据量很大的情况。二是通过变量实现，变量对应内存，这种方案适于对速度要求高而数据量又比较小的情况，此时通常用外部变量来实现。

【例 6-14】利用外部变量实现多文件系统中数据的传递。

本例计算 1+2+3+…+a。

在程序文件 lx_main.cpp 中定义了一个 main() 函数及一个全局变量 a，其初值为 10，在文件 lx.h 定义了一个函数 f()，求 1+2+3+…+a，把结果返回到 main() 函数，并输出。此例中通过变量 a 实现数据的传递，由于变量 a 是在 lx_main.cpp 定义的，为了能在 lx.h 中正常引用，必须在 lx.h 中对 a 进行外部变量的声明 (extern int a)，如图 6-22 所示。

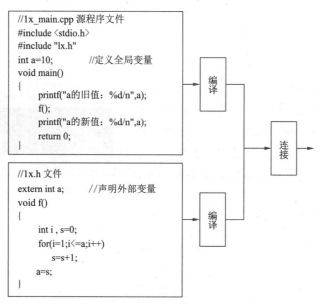

图 6-22 例 6-14 多文件系统中数据的传递

```
//lx_main.cpp 源程序文件
#include <stdio.h>
#include "lx.h"
int a=10;              // 定义全局变量
int main()
{
   printf("a 的旧值: %d\n",a);
   f();
   printf("a 的新值: %d\n",a);
   return 0;
}
//lx.h 文件
extern int a;          // 声明外部变量
void f()
```

```
{
    int i,s=0;
    for(i=1;i<=a;i++)
        s=s+i;
    a=s;
}
```

例 6-14 程序运行结果如图 6-23 所示。

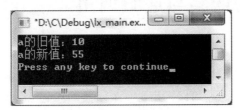

图 6-23　例 6-14 程序运行结果

6.4.12　变量作用域、生存期及存储类型小结

1. 从作用域看

（1）全局变量具有全局作用域。全局变量只需在一个源文件中定义，就可以作用于所有的源文件。当然，其他不包含全局变量定义的源文件需要用 extern 关键字再次声明这个全局变量。

（2）静态局部变量具有局部作用域，它只被初始化一次，自从第一次被初始化直到程序运行结束都一直存在，它和全局变量的区别在于全局变量对所有的函数都是可见的，而静态局部变量只对定义自己的函数始终可见。

（3）局部变量也只有局部作用域，它是自动对象（auto），它在程序运行期间不是一直存在，而是只在函数执行期间存在，函数的一次调用执行结束后，变量被撤销，其所占用的内存也被收回。

（4）静态全局变量也具有全局作用域，它与全局变量的区别在于如果程序包含多个文件，它作用于定义它的文件中，不能作用到其他文件中，即被 static 关键字修饰过的变量具有文件作用域。这样即使两个不同的源文件都定义了相同名字的静态全局变量，它们也是不同的变量。

2. 从分配内存空间看

（1）全局变量、静态局部变量、静态全局变量都在静态存储区分配空间，而局部变量在栈里分配空间。

（2）全局变量本身就是静态存储方式，静态全局变量当然也是静态存储方式。这两者在存储方式上并无不同。这两者的区别在于非静态全局变量的作用域是整个源程序，当一个源程序由多个源文件组成时，非静态的全局变量在各个源文件中都是有效的，而静态全局变量则限制了其作用域，即只在定义该变量的源文件内有效，在同一源程序的其他源文件中不能使用。由于静态全局变量的作用域局限于一个源文件内，只能为该源文件内的函数公用，因此可以避免在其他源文件中引起错误。

（3）静态变量会被放在程序的静态数据存储区中，这样在下一次调用时还可以保持原来的赋值。这一点是它与栈变量和堆变量的区别。

从以上分析可以看出，把局部变量改变为静态变量后改变了它的存储方式，即改变了它的生存期。把全局变量改变为静态变量后是改变了它的作用域，限制了它的使用范围。因此，static 这个说明符在不同的地方所起的作用是不同的，应予以注意。

6.5 函数的嵌套与递归调用

6.5.1 函数的嵌套调用

C 语言规定，函数定义不可嵌套，即不能在函数内部再定义其他函数，但调用可以嵌套，即在一个函数中可以调用另一个函数，甚至可以调用自身，如图 6-24 所示。

函数的递归调用

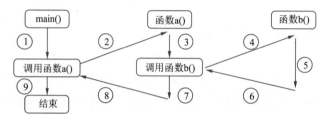

图 6-24 函数嵌套调用示意图

6.5.2 函数的递归调用

函数直接或间接调用自身称为函数的递归调用。

采取递归调用的思路设计程序，很多情况下可以简化程序的设计，但递归调用的内存开销比较大，同时因为多次调用及返回所花的额外开销，会导致程序运行速度减慢。

【例 6-15】函数的递归调用——求 n！

方法 1：用循环实现。

```
#include <stdio.h>
// 用循环实现的计算阶乘的函数
long factn(int n)
{
    long s=1;
    int i;
    for(i=1;i<=n;i++)
            s*=i;
    return(s);
}
int main()
{
    long n;
    printf("请输入一个不小于 0 的整数：");
    scanf("%d",&n);
    printf("%d!=%d\n",n,factn(n));
    return 0;
}
```

方法 2：用递归实现。

能采用递归算法进行描述的问题通常有这样的特征：为求解规模为 n 的问题，可将它分解成规模较小的问题，然后从这些小问题的解中方便地构造出大问题的解，并且这些规模较小的问题也能采用同样的分解和综合方法，分解成规模更小的问题，并从这些更小问题的解构造出规模较大问题的解。特别地，当规模小到一定程度（如 $n=1$）时，能直接得到解。

递归算法的设计步骤如下：

（1）确定递归公式，即将大问题分解为同类型小问题的分解办法。

（2）确定结束条件。

按数学方面的知识，计算某个数 n 的阶乘可表示为如下式子：

$$n! = \begin{cases} 1 & ,n = 0 \\ n \times (n-1)! & ,n \geq 1 \end{cases}$$

按此式可编写一个计算 n 的阶乘的函数，完整程序如下：

```c
#include <stdio.h>
// 用递归实现的计算阶乘的函数
long factn(int n)
{
    long s;
    if(n==0)        //n 为 0 则结果为 1
        return(1);
    else            //n 不为 0（实质是指 n>0）则结果为 n*(n-1)!
    {
        s=n*factn(n-1);                 // 递归调用
        return(s);
    }
}
int main()
{
    long n;
    printf("\n请输入一个不小于 0 的整数: ");
    scanf("%d",&n);
    printf("\n%d!=%d\n",n,factn(n));
    return 0;
}
```

【例 6-16】函数的递归调用——汉诺（Hanoi）塔问题。

在印度，有这么一个古老的传说：在世界中心贝拿勒斯（在印度北部）的圣庙里，一块黄铜板上插着三根宝石柱子。印度教的主神梵天在创造世界的时候，在其中一根柱子上从下到上穿好了由大到小的 64 片金片，这就是所谓的汉诺塔。不论白天黑夜，总有一个僧侣在按照下面的法则移动这些金片：一次只移动一片，不管在哪根柱子上，小片必须在大片上面。僧侣们预言，当所有的金片都从梵天穿好的那根柱子上移到另外一根柱子上时，世界就将在一声霹雳中消灭，而梵塔、庙宇和众生也都将同归于尽。

不管这个传说的可信度有多大，如果考虑一下把 64 片金片，由一根柱子上移到另一根柱子上，并且始终保持上小下大的顺序，这需要移动多少次呢？如何移呢？

（1）分析：如图 6-25 所示。为方便叙述，将柱子分别标为 A、B、C，金片从下往上依次标为 1、2、3……刚开始金片在 A 柱上，现在需要移到 C 柱上。

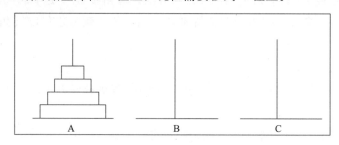

图 6-25　汉诺塔

如果只有一片金片，则不需要利用 B 柱子，直接将金片从 A 移动到 C。

如果有 2 片金片，可以先将 A 上的金片 2 移动到 B；将金片 1 移动到 C；将金片 2 移到 C。这说明，可以借助 B 将 2 片金片从 A 移动到 C。当然，也可以借助 C 将 2 片金片从 A 移动到 B。

如果有 3 片金片，那么根据 2 片金片的结论，可以先借助 C 将 A 上的两片金片从 A 移动到 B；将金片 1 从 A 移动到 C，A 变成空柱；借助 A，将 B 上的两片金片移动到 C。这说明，可以借助一根空柱，将 3 片金片从一根柱子移动到另一根柱子。

如果有 4 片金片，那么首先借助空柱 C，将 A 上的三片金片从 A 移动到 B；将金片 1 移动到 C，A 变成空柱；借助 A，将 B 上的三片金片移动到 C。

上述思路可以一直扩展到 64 片金片的情况：可以先借助空柱 C 将 A 上的 63 片金片从 A 移动到 B；将金片 1 移动到 C，A 变成空柱；再借助空柱 A，将 B 柱上的 63 片金片移动到 C。

设 $H(n)$ 表示移动 n 片金片的次数，根据上述推导，有如下结论：

$H(n)=1$　　　　$(n=1)$

$H(n)=2*H(n-1)+1$　$(n>1)$

则可得到 $H(n)$ 的一般式：

$H(n)=2^n-1$　　　$(n>0)$

并且，这种方法的次数也最少。

$H(64)=2^{64}-1=18\ 446\ 744\ 073\ 709\ 551\ 615$

假如每秒钟移动一次，共需多长时间呢？一个平年 365 天有 31 536 000 s，闰年 366 天有 31 622 400 s，以平年为标准，按下式计算：

18 446 744 073 709 551 615/31 536 000=584 942 417 355.072 0

结果单位为年，这表明移完这些金片需要 5 849 亿年以上，而地球存在至今不过 45 亿年，太阳系的预期寿命据说也就是数百亿年。

（2）算法：对于此问题，如果用非递归方法，则程序很不好设计。但如果用递归方法，则程序就很好设计了，算法基本思想如图 6-26 所示。

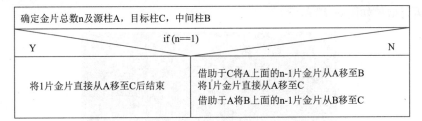

确定金片总数n及源柱A，目标柱C，中间柱B		
	if (n==1)	
Y		N
将1片金片直接从A移至C后结束	借助于C将A上面的n-1片金片从A移至B 将1片金片直接从A移至C 借助于A将B上面的n-1片金片从B移至C	

图 6-26　汉诺塔问题的递归设计

（3）算法实现：

```
#include "stdio.h"
#include "stdlib.h"
#define   N   64
int step=0;              //记录步骤的全局变量
//显示移动步骤
void Move(char chSour, char chDest)
{
   step++;
   printf("\n第%20d步，从 %c 移至 %c",step,chSour, chDest);
}
//下面函数 Hanoi(char chA,char chB,char chC,int n)
//表示借助 chB 柱子把 n 片金片从 chA 柱子移动到 chC 柱子。
//其中第一个参数表示源柱子，第二个参数表示借用的柱子，
//第三个参数代表目标柱子，第四个参数表示金片的数量
void Hanoi(char chA,char chB,char chC,int n)
{
   // 检查当前的金片数量是否为 1
   if(n==1)          //金片数量为 1，输出结果后停止
      Move(chA,chC);
   else// 金片数量大于 1，继续进行递归过程
   {
      Hanoi(chA,chC,chB,n-1);
      Move(chA,chC);
      Hanoi(chB,chA,chC,n-1);
   }
}
int main()
{
   int n;
   // 输入金片的数量
   do
   {
      printf("请输入金片数量（1~%d）: ",N);
      scanf("%d",&n);
   }while((n<1)||(n>N));
   printf("以下为将 %d 片金片从柱子 %c 移动到柱子 %c 的步骤: ",n,'A','C');
   // 调用函数，输出移动过程:
   Hanoi('A','B','C',n);
   printf("\n\n---------------- 结  束 ----------------\n");
   return 0;
}
```

程序运行结果如图 6-27 所示。

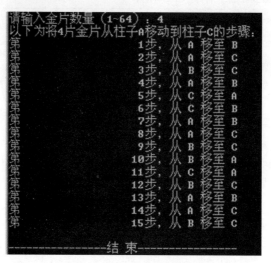

图 6-27　例 6-16 的运行结果

（4）说明：此题用递归方法比较好实现，但如果用非递归方法，则程序很不好设计。

习　　题

1. 简述自定义函数的主要适用场合及在定义及使用自定义函数过程中的注意事项。

2. 编写一个函数，将一整型数组 m 中的 N 个元素逆置，函数形参是数组。例如：

原数组 m 为：1　2　3　4　5　6　7　8　9

逆置后的 m：9　8　7　6　5　4　3　2　1

在主函数中，输入数组数据，调用函数并把逆置后的结果输出。

3. 求方程 $3^x-7x=8$ 的近似解，绝对误差不超过 0.00001，利用函数实现。

4. 编程通过函数调用的方式计算表达式 1!+2!+…+10! 的值并输出，其中计算阶乘用递归函数实现。

第 7 章

文 件

● 文件基本常识。
● 文件的打开、输入与输出及关闭。

7.1　文件概述

7.1.1　文件的概念

变量、数组等，实质都对应内存，结束程序的运行或关机后里面存放的信息就会丢失。如果希望将数据长期保存下来，就要用到文件。

文件指一组逻辑上相关联的数据的集合。计算机中的文件都有一个对应的文件名来标识，每个文件的文件名是唯一的，文件命名须遵循计算机操作系统的约定。计算机通过文件名实现对文件的读、写等有关操作，即所谓 "按名存取"。

文件概述

文件实质对应外存空间，对文件的操作实际上是对外存的操作。

7.1.2　文件的分类

1. 按存储介质划分

按存储介质划分，可分为磁盘文件、磁带文件、光盘文件等。

2. 按文件的内容划分

按文件的内容划分，可分为源程序文件、目标文件、可执行文件、图像文件、声音文件、数据文件等。

3. 按文件的编码方式（存储形式）划分

按文件的编码方式划分，可分为文本文件、二进制文件。

（1）文本文件：又称字符文件，文件中存储各字符的相应编码，最常见的是 ASCII 码，一个字符的 ASCII 码占一个字节，8 位。文本文件是通用性最好的一类文件，各种常见的编辑软件及各类编程语言均能正常识别及操作文本文件，可用于在不同类型软件之间交换数据。C 语言的源程序文件就是文本文件。

（2）二进制文件：以数据在内存中的表示形式原样将其存于外存。

计算机内信息的存储在物理上都采用二进制，所以文本文件与二进制文件的区别并不是物理上的，而是逻辑上的。

简单来说，文本文件是基于字符编码的文件，常见的编码有 ASCII 编码、UNICODE 编码等，这些编码是由国际上相应的机构统一规定的，是定长编码，每个字符在具体编码中是固定的，如 ASCII 码存储时占 8 个位，UNICODE 一般占 16 个位。这种文件具有通用性。

二进制文件是基于值编码的文件，用户可以根据具体应用，指定某个值的含义，可看成是变长编码的，因为是值编码，多少个位代表一个值，完全由用户自行决定。这种文件不具备通用性。

用文本处理工具打开一个文本文件时，它首先读取文件物理上所对应的二进制位，按照所选择的编码方案（如 ASCII 码）对数据进行解释，将结果显示出来。以常见的 ASCII 码为例，ASCII 码的一个字符是 8 个位，系统会按 8 位一组对文件中的数据进行解释。例如，某一文件中的二进制数据如下：

01000001　01000010　01000011　01000100

其中的空格是为了增强可读性而手动添加的。

第一个 8 位 01000000 按 ASCII 码来解码，所对应的字符是字符 'A'，同理其他 3 组可分别解释为 'B', 'C', 'D'，即这个文件可解释成"ABCD"，将"ABCD"显示在屏幕上。

事实上，世界上不同事物之间在进行通信会话时，都存在一个既定的协议、既定的编码。只有交流双方都按同一种协议去理解，才能保证不出现歧义。

用记事本打开二进制文件与上面的情况类似。记事本无论打开什么文件都按既定的字符编码方案对内容进行解释，所以，如果实际打开的文件的内容不是正确的文本文件，就会出现乱码。

因为文本文件与二进制文件的区别仅仅是编码上不同，所以它们的优缺点就是编码的优缺点。一般认为，文本文件编码基于字符定长，解释比较容易；二进制文件编码是变长的，更加灵活，存储利用率相对比较高，译码相对也较困难（不同的二进制文件格式，有不同的解释方式）。

总体来讲，文本文件通用性好，从用户角度来讲，可读性强，但存 / 取要花费转换时间。二进制文件通用性差（因为没有共同的规范）、可读性差，但存 / 取不存在转换时间。

编程当中具体采用何种类型的文件，由用户自行根据需要选择。

4. 按文件系统有无缓冲区划分

按文件系统有无缓冲区可分为缓冲文件（标准文件）和非缓冲文件（非标准文件）。

缓冲文件的特点：在内存开辟一个"缓冲区"供文件使用，当执行读文件操作时，从磁盘文件中将一组数据先读入内存"缓冲区"，装满后再从内存"缓冲区"依次读入接收的变量。执行写文件的操作时，先将数据写入内存"缓冲区"，待内存"缓冲区"装满后再整批写入文件。因此，程序运行时虽然进行了写数据操作，但是如果写入的数据没有装满内存中的缓冲区，就不会将数据写入到磁盘文件中。当程序运行结束后，系统会将缓冲区中的数据真正写入到外存的文件中，如图 7-1 所示。

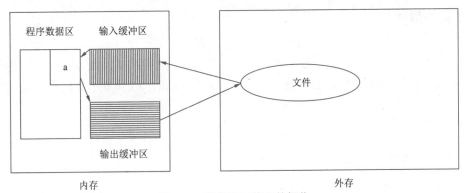

程序数据区　输入缓冲区

a

文件

输出缓冲区

内存　　　　　　　　　　　　外存

图 7-1　带缓冲区的文件操作

后面将要讲到的函数 fopen() 就会使用文件读 / 写缓冲区，函数 fclose() 关闭文件时，会把缓冲区中的内容写入外存文件中。

可以看出，由于缓冲区的设置，使程序减少了访问外存的次数，由于内存速度比外存快很多，这样，就可以提高整个程序的运行速度。非缓冲文件则没有缓冲区，对文件的操作就是对外存的直接操作，速度较慢。

5. 按文件存取方式划分

按文件存取方式可分为顺序存取文件和随机存取文件。

顺序存取文件只能按从前往后的顺序依次访问其内容，排在后面的内容的访问时间就比较长，总体来说，速度比较慢，磁带文件就属于这一类。

随机存取文件则可以任意访问其上面的内容，不同位置的内容的访问速度差不多。总体来说，速度比顺序存取文件的要快，磁盘文件就属于这一类。

6. 按文件实际所对应的物理部件划分

按文件实际所对应的物理部件可分为普通文件和设备文件。

普通文件是指驻留在磁盘或其他外部存储介质上的一个有序数据集，可以是源文件、目标文件、可执行程序，也可以是一组待输入处理的原始数据，或者是一组输出的结果，实质对应外存。

设备文件是指与主机相连的各种外围设备，如显示器、打印机、键盘等。在操作系统中，把外围设备也看作文件进行管理，把它们的输入、输出等同于对磁盘文件的读和写，这样，用户就可以像操作普通文件一样操作这些设备，从而方便用户使用设备。通常把显示器定义为标准输出文件，一般情况下在屏幕上显示有关信息就是向标准输出文件输出，如前面经常使用的 printf() 函数就是这类输出。键盘通常被指定为标准输入文件，从键盘上输入就意味着从标准输入文件上输入数据，scanf() 函数所进行的输入就属于这类输入。

7.2　文件操作

C语言程序中对文件的操作一般可分为"四步走"：第一步，定义文件（FILE）类型指针变量；第二步，用 fopen() 函数按相应方式打开文件；第三步，对文件进行读或写等操作；第四步，用 fclose() 函数关闭文件。

文件操作

7.2.1 文件指针

在缓冲文件系统中，每个被使用的文件都在内存中开辟一个区域，用来存放文件的有关信息（如文件名、文件的状态以及文件的当前位置等）。这些信息是保存在一个结构体类型的变量中的，该结构体类型是由系统定义的，取名为 FILE，VC 6.0 中此结构体的具体定义如下：

```
struct _iobuf
{
    char *_ptr;
    int  _cnt;
    char *_base;
    int  _flag;
    int  _file;
    int  _charbuf;
    int  _bufsiz;
    char *_tmpfname;
};
typedef struct _iobuf FILE;
```

上面的 typedef 用于为现有类型创建一个新的名字，即为类型 struct _iobuf 创建了一个新的名字 FILE。

有了 FILE 类型之后，就可以用它来定义若干个 FILE 类型的变量，以便存放文件信息。例如：

```
FILE *fp;
```

fp 是一个指向 FILE 类型结构体的指针变量。可以使 fp 指向某一个文件的结构体变量，从而通过该结构体中的文件信息访问该文件。

7.2.2 文件操作基本步骤示例

下面通过实际例子演示对文件的基本操作。

【例 7-1】文件写操作示例。

编写程序，从键盘输入若干个数，降序排序后将结果在屏幕上显示，同时存入文件 jieguo.txt 中。

分析：此例算法比较简单，主要涉及文件的基本操作。程序如下：

```
#include <stdio.h>
#include <stdlib.h>
#define N 10
int main()
{
    int a[N+1],i,j;
    FILE *fp;                        // 定义 FILE（文件）类型指针变量
    printf("\n请输入 %d 个待排序的数（整数）: ",N);
    for(i=1;i<=N;i++)                 // 输入原始数据
        scanf("%d",&a[i]);
    for(j=1;j<=N-1;j++)
        for(i=j+1;i<=N;i++)
            if(a[j]<a[i])
```

```
            {
                a[0]=a[j];                // 利用空闲的 0 号元素实现交换
                a[j]=a[i];
                a[i]=a[0];
            }
    printf("\n 排序如果如下：\n");
    for(i=1;i<=N;i++)                     // 向屏幕输出排序结果
        printf("%6d",a[i]);
    fp=fopen("jieguo.txt","w");           // 以写方式打开指定文件
    if(fp==NULL)                          // 若打开文件不成功，则提示用户失败信息
        printf("\n 文件建立失败，数据保存不成功！\n");
    else                                  // 若打开文件成功
    {
        for(i=1;i<=N;i++)
            fprintf(fp,"%6d",a[i]);       // 向文件中输出排序结果
        fclose(fp);                       // 文件使用完毕，关闭文件
        printf("\n 数据已存入文件 jieguo.txt！\n"); // 提示成功保存
    }
    system("pause");
    return 0;
}
```

【例 7-2】文件读 / 写操作示例。

编写程序，从文件 jieguo.txt 中读入所有数据，将其中的偶数全部挑选出来并存入文件 oushu.txt 中。

程序如下：

```
#include <stdio.h>
#include <stdlib.h>
int main()
{
    int a,count=0;
    FILE *fp1,*fp2;                       // 定义两个 FILE（文件）类型指针变量
    fp1=fopen("jieguo.txt","r");          // 以读方式打开原始数据文件
    if(fp1==NULL)                         // 若打开文件不成功，则提示用户失败信息
        printf("\n 文件无法打开，操作不能继续进行！\n");
    else                                  // 若打开文件成功
    {
        fp2=fopen("oushu.txt","w");       // 以写方式打开存放数据文件
        if(fp2==NULL)                     // 若打开文件不成功
            printf("\n 文件无法建立，数据不能保存！\n");
        else                              // 若打开文件成功
        {
            while(!feof(fp1))             // 数据未读取完
            {
                fscanf(fp1,"%d",&a);      // 读取一个数
                printf("%8d",a);          // 在屏幕上显示
                if(a%2==0)                // 判断是否为偶数
                {
                    fprintf(fp2,"%6d",a); // 将偶数写入目标文件
                    count++;
                }
            }
```

```
            fclose(fp2);                       // 文件使用完毕，关闭文件
            printf("\n 共找到 %d 个数！ ",count);
            printf("\n 数据已存入文件 oushu.txt！ \n"); // 提示成功保存
        }
        fclose(fp1);                           // 文件使用完毕，关闭文件
    }
    system("pause");
    return 0;
}
```

以上程序演示了对文件操作的一般流程，7.3 节对文件操作的相关内容做进一步说明。

7.3 文件操作相关函数

对文件的具体操作都是通过一些专用函数实现的，下面就主要函数做详细解释。

7.3.1 文件的打开：fopen() 函数

fopen() 函数用于打开文件，其一般格式为：

```
FILE *fopen(" 文件名 "," 文件使用方式 ");
```

例如：

```
FILE *fp;
fp=("d:\\aa.txt", "r");
```

以"读方式"打开 D 盘根目录下 aa.txt 文件。fopen() 函数返回指向 aa.txt 文件的指针并赋给 fp，这样 fp 就和 aa.txt 相关联了，或者说，fp 就指向 aa.txt 文件了。可以看出，在打开一个文件时，需要确定以下三方面的信息：

（1）需要打开的文件名，也就是准备访问的文件的名字。

（2）使用文件的方式（读还是写等）。

（3）让哪一个指针变量指向被打开的文件。

文件使用方式如表 7-1 所示。

表 7-1 常见文件使用方式

文件使用方式		含　义
r	（只读）	以读方式打开一个文本文件用于输入，存在则打开，不存在则打开失败
w	（只写）	以写方式打开一个文本文件用于输出，存在则覆盖，不存在则创建
a	（追加）	以追加方式打开一个文本文件并向末尾追加数据，存在则打开，不存在则创建
rb	（只读）	以读方式打开一个二进制文件用于输入，存在则打开，不存在则打开失败
wb	（只写）	以写方式打开一个二进制文件用于输出，存在则覆盖，不存在则创建
ab	（追加）	以追加方式打开一个二进制文件并向末尾追加数据，存在则打开，不存在则创建
r+	（读写）	以读 / 写方式打开一个已存在的文本文件
w+	（读写）	以读 / 写方式建立一个新的文本文件
a+	（读写）	以读 / 写方式打开一个文本文件
rb+	（读写）	以读 / 写方式打开一个已存在的二进制文件

续表

| wb+ | （读写） | 以读 / 写方式建立一个新的二进制文件 |
| ab+ | （读写） | 以读 / 写方式打开一个二进制文件 |

说明：

（1）用 r 方式打开的文件只能用于从中读取数据而不能用于向该文件输出数据，而且该文件应该已经存在，否则出错。

（2）用 w 方式打开的文件只能用于向该文件输出数据而不能从中读取数据。如果原来不存在文件，则新建一个以指定名字命名的文件。如果指定文件已存在，则先将该文件删除，再新建一个文件。

（3）如果希望向文件末尾添加数据，用 a 方式打开，打开时位置指针移到文件末尾。文件若存在则打开，不存在则新建。

（4）用 r+ 和 w+ 方式所打开的文件，都是既可以读，也可以写。用 r+ 方式打开已存在的文件，而用 w+ 方式则创建一个新文件。

（5）如果文件正常打开，则 fopen() 返回相应指针，而如果文件不能正常打开，则 fopen() 会返回一个空指针 NULL。常用下面的方法打开一个文件：

```
if((fp=fopen("file1", "r"))==NULL)
{
    printf ("can not open this file\n");
    exit(0);
}
```

即先判断文件是否正常打开，如果未正常打开就输出 "can not open this file"。exit() 函数的作用是终止正在执行的程序。

（6）用以上方式可以打开文本文件或二进制文件，用同一种缓冲文件系统来处理文本文件和二进制文件。

（7）在从文本文件读取数据时，将回车换行符转换为一个换行符，在输出时把换行符转换为回车和换行两个字符。在用二进制文件时，不进行这种转换。

（8）系统有 3 个标准文件：标准输入文件、标准输出文件、标准出错输出文件，其中的标准输入和标准输出文件通常分别对应键盘和显示器。系统自动定义了 3 个文件指针 stdin、stdout 和 stderr 分别指向标准输入、标准输出、标准出错输出这 3 个文件。如果在程序中指定要从 stdin 所指的文件输入数据，就是指从键盘输入数据。

7.3.2　文件的关闭：fclose() 函数

在使用完一个文件后应该及时关闭它，以防止再被误用。"关闭" 就是使文件指针变量不再指向该文件，此后不能再通过该指针对其相关联的文件进行读 / 写操作，除非再次打开，使该指针变量重新指向该文件。

另外，对于缓冲文件，关闭时也会将缓冲区中的数据回写到外存中，从而避免数据丢失。

用 fclose() 关闭文件，其一般格式如下：

```
int fclose(文件指针);
```

例如：

```
fclose(fp);
```

fclose() 返回一个值，顺利执行关闭操作则返回值为 0；否则返回非 0 值，表示关闭时有错误。

应养成及时关闭所使用文件的习惯，从而避免由于误操作或程序非正常中止而造成数据的丢失。

7.3.3 文件格式化输出函数：fprintf()

格式：`fprintf( 文件指针 ," 格式控制字符串 ", 表达式 1, 表达式 2,…, 表达式 n);`

功能：按照"格式控制字符串"所规定的格式，计算各表达式的值并输出到文件指针所指的文件中。

fprintf() 函数和 printf() 函数用法接近，都是格式化输出函数，主要差别是前者向指定文件输出，后者向标准输出文件（实质为显示器）输出。

7.3.4 文件格式化输入函数：fscanf()

格式：`fscanf ( 文件指针 ," 格式控制字符串 ", 变量 1 的地址 , 变量 2 的地址 ,…, 变量 n 的地址 );`

功能：在格式控制字符串的控制下，接收来自文件的数据，并依次存放到变量 1、变量 2……变量 n 中。

fscanf() 函数与 scanf() 函数相仿，都是格式化输入函数，只是前者从指定文件中读取数据，后者从标准输入文件（实质为键盘）中读取数据。

7.3.5 判断是否到文件尾函数：feof()

格式：`int feof ( 文件指针 )`

功能：在从文件中读取数据时，用于判断是否到了文件末尾，到了文件末尾则返回真 (1)，没到文件末尾则返回假 (0)。

可以用 feof() 来判断文件中的数据是否已全部读取完毕。

注意：在 VC 6.0 中，只有当文件位置指针到了文件末尾，然后再发生读操作，文件结束标志位才会被置为真，此时再调用 feof()，才会得到文件结束的信息。

7.3.6 文件数据块读 / 写函数：fread() 和 fwrite()

格式：

```
int fread(void *buffer,int size,int count,FILE *fp);
int fwrite(void *buffer,int size,int count,FILE *fp);
```

功能：

（1）fread()：从 fp 所指向文件的当前位置开始，一次读入 size 个字节，重复 count 次，并将读入的数据存放到从 buffer 开始的内存中。buffer 是存放读入数据的起始地址，返回值表示实际读取的数据块个数。

（2）fwrite()：从 buffer 开始，一次输出 size 个字节，重复 count 次，并将输出的数据存放到 fp 所指向的文件中。buffer 是要输出的数据在内存中的起始地址，返回值表示实际输出的数据块个数。

如果文件以二进制形式打开，用 fread() 和 fwrite() 函数就可以读 / 写任何类型的信息，因此这两个函数通常用于二进制文件的处理。

7.3.7　文件内部指针的定位

文件内部有一个指针，指示当前读 / 写的位置。对某一文件进行读 / 写时，该位置指针会自动进行移动，指向下一个位置。该位置指针所指示的位置，也就是对文件进行读 / 写时实际操作的位置。如果希望知道此指针所指示的位置，或者希望将此位置指针指向某个需要的位置，可通过相关函数实现。

1. rewind() 函数

格式：`int rewind(FILE *fp);`

功能：将文件指针重新指向一个文件的开头。

返回值：成功，返回 0，否则返回其他值。

2. fseek() 函数

格式：`int fseek(FILE *fp,long offset,int origin);`

功能：重定位文件内部位置指针。

说明：

第一个参数 fp 为文件指针。

第二个参数 offset 为偏移量，正数表示正向偏移，负数表示负向偏移，以字节为单位。

第三个参数 origin 指定相对于文件的哪个位置开始偏移，可能的取值为：SEEK_SET（文件开头）、SEEK_CUR（当前位置）、SEEK_END（文件结尾），其中 SEEK_SET、SEEK_CUR 和 SEEK_END 依次对应 0、1 和 2。

返回值：成功，返回 0，否则返回其他值。

3. ftell() 函数

格式：`long ftell(FILE *fp);`

功能：用于得到文件位置指针所指当前位置相对于文件首的偏移字节数。

【例 7–3】复杂数据类型文件写操作示例。

编一个程序，输入某个班 N 个人的姓名、性别、年龄、平时、笔试、机试这几项信息，计算每个人的平均成绩，然后将结果存入一个文件中。

算法比较简单，程序如下：

```
#include "stdio.h"
#include "stdlib.h"
#include "string.h"
#define  N 200   //人数最大值
int main()
{
  struct  student_info
  {
    char       name[7];          // 姓名
    char       sex[5];           // 性别
    unsigned   int  age;         // 年龄
    int        pingshi;          // 平时
    int        bishi;            // 笔试
    int        caozuo;           // 机试
    float      average;          // 平均
  };
  struct  student_info *stu;      // 定义指针变量指向存放各人数据的空间首地址
```

```
    int i,n;
    FILE *fp;        // 定义文件类型指针变量以实现对文件操作
    // 下面的循环用于输入实际人数
    do
    {
        printf(" 请输入本班实际人数 (1~%d): ",N);
        scanf("%d",&n);
    }while(n<1 || n>N);
    // 动态分配空间,相当于建立了包含 n+1 个元素的一维数组,用于存放各人数据
    stu=(struct student_info *)malloc(sizeof(struct student_info)*(n+1));
    if(stu==NULL)
        printf(" 空间分配不成功,程序无法继续运行......\n");
    else
    {
        // 以下代码用于输入各人数据并计算平均分
        printf("\n 输入 %d 个人的相关信息: \n",n);
        for(i=1;i<=n;i++)
        {
            printf("\nNo.%2d(姓名、性别、年龄、平时、笔试、机试): \n",i);
            scanf("%s%s%d%d%d%d",stu[i].name,stu[i].sex,&stu[i].age,&stu[i].
pingshi,&stu[i].bishi,&stu[i].caozuo);
            stu[i].average=(float)((stu[i].pingshi+stu[i].bishi+stu[i].
caozuo)/3.0);
        }
        fp=fopen("stu_list.txt","wb");     // 以写方式打开一个二进制文件
        if(fp==NULL)
            printf(" 无法打开文件 \n");
        else
        {
            // 以下循环保存数据至文件
            for(i=1;i<=n;i++)
                fwrite(&stu[i],sizeof(struct student_info),1,fp);
            fclose(fp);// 关闭文件
            printf(" 数据已保存! \n");
        }
    }
    system("pause");
    return 0;
}
```

程序运行结果如图 7-2 所示。

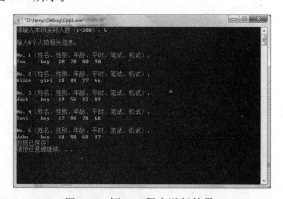

图 7-2　例 7-3 程序运行结果

【例 7-4】复杂数据类型文件读 / 写操作示例。

读取并显示例 7-3 中的人员信息，然后将每个人的年龄增 1 后重新存入原文件中。

分析：只需逐个访问每个人员信息，读取每个人员信息到内存后按要求加工处理，再回存到原文件中对应位置即可。

程序如下：

```
#include "stdio.h"
#include "stdlib.h"
#include "string.h"
int main()
{
    struct   student_info
    {
        char        name[7];            // 姓名
        char        sex[5];             // 性别
        unsigned    int  age;           // 年龄
        int         pingshi;            // 平时
        int         bishi;              // 笔试
        int         caozuo;             // 机试
        float       average;            // 平均
    };
    struct   student_info stu;          // 定义一个变量用于存放当前一个人的数据
    FILE *fp;
    int i,count=0;
    fp=fopen("stu_list.txt","rb+");     // 以读 / 写方式打开一个二进制文件
    if(fp==NULL)
        printf(" 无法打开文件 \n");
    else
    {
        // 先读取一位同学的信息
        fread(&stu,sizeof(struct student_info),1,fp);
        while(!feof(fp))                // 文件中还有信息时反复输出并读取
        {
            printf("%8s%6s%6d%6d%6d%6d%6.2f\n",stu.name,stu.sex,stu.age,stu.
pingshi,stu.bishi,stu.caozuo,stu.average);
            fread(&stu,sizeof(struct student_info),1,fp);
            count++;
        }
        rewind(fp);                     // 移动文件内部指针到文件头
        printf("\n\n");
        for(i=0;i<count;i++)
        {
            // 定位文件内部指针到相应位置
            fseek(fp,i*sizeof(struct student_info),SEEK_SET);
            // 读取数据
            fread(&stu,sizeof(struct student_info),1,fp);
            // 重新定位文件内部指针到相应位置
            fseek(fp,i*sizeof(struct student_info),SEEK_SET);
            stu.age++;
            // 存放数据
```

```
            fwrite(&stu,sizeof(struct student_info),1,fp);
            printf("%8s%6s%6d%6d%6d%6d%6.2f\n",stu.name,stu.sex,stu.age,stu.
pingshi,stu.bishi,stu.caozuo,stu.average);
        }
        fclose(fp);
    }
    system("pause");
    return 0;
}
```

程序运行结果如图 7-3 所示。

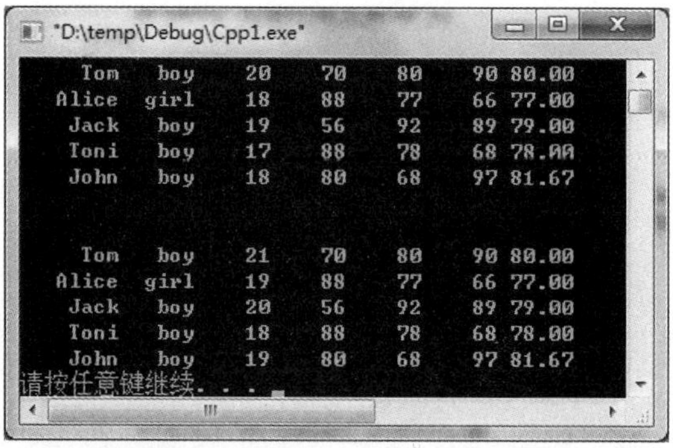

图 7-3　例 7-4 程序运行结果

7.3.8　清除文件缓冲区函数：fflush()

格式：`int fflush(FILE *stream)`

功能：清除文件缓冲。文件以写方式打开时将缓冲区内容写入文件。

返回值：如果成功则返回 0。没有缓冲区或者只读打开时也返回 0 值。返回 EOF 则表示出现错误，此时数据可能由于写错误已经丢失。

fflush(stdout)：刷新标准输出缓冲区，对应显示器，把输出缓冲区中的内容输出到标准输出设备。

fflush(stdin)：清空标准输入缓冲区，对应键盘输入缓冲区。

清空输入缓冲区，通常是为了确保不影响后面的数据读取（例如在读完一个字符串后紧接着又要读取一个字符，此时应该先执行 fflush(stdin);）。

【例 7-5】清除文件缓冲区示例。

程序如下：

```
#include "stdio.h"
int main()
{
    int x,y,z;
    printf("请输入两个整数：");
    scanf("%d%d",&x,&y);
    printf("这两个数的和为：%d\n",x+y);
    printf("请再输入一个整数：");
    scanf("%d",&z);
```

```
    printf("这三个数的和为：%d\n",x+y+z);
    return 0;
}
```

程序运行结果如图 7-4 所示。

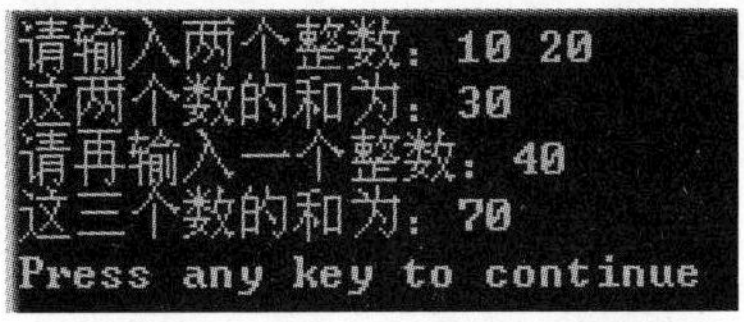

图 7-4 例 7-5 程序运行结果

但是，如果在第一次输入时多输入了数据（本应输入两个，假如实际输入了三个），则会出现如图 7-5 所示的情况。

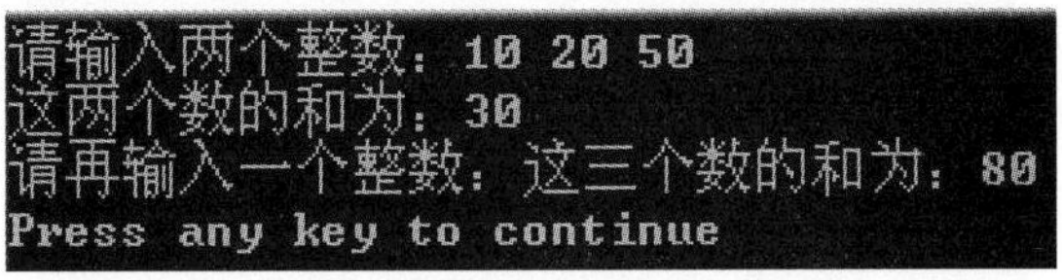

图 7-5 例 7-5 输入 3 个数时的运行结果

很明显，第二次输入时将第一次多输入的一个数据 50 读进去了，也就是说第一次多出来的输入影响了第二次的输入。

如果不希望出现这种情况，程序可进行如下修改：

```
#include "stdio.h"
int main()
{
    int x,y,z;
    printf("请输入两个整数：");
    scanf("%d%d",&x,&y);
    printf("这两个数的和为：%d\n",x+y);
    fflush(stdin);          // 清空输入缓冲区
    printf("请再输入一个整数：");
    scanf("%d",&z);
    printf("这三个数的和为：%d\n",x+y+z);
    return 0;
}
```

程序运行结果如图 7-6 所示。

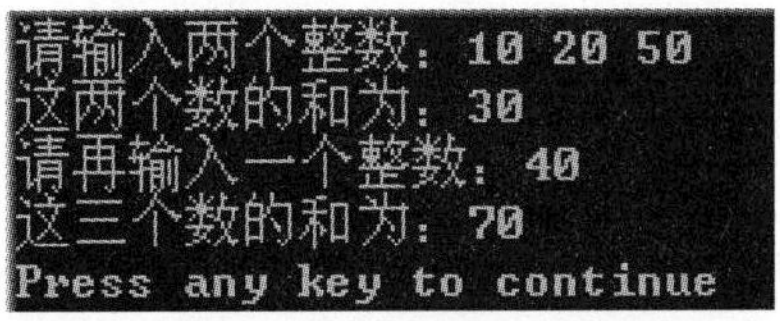

图 7-6 例 7-5 修改程序后的运行结果

结果跟用户期望的一致，消除了前次多输入数据的影响。

习　题

1. 简述文件的适用场合及在 C 语言中文件使用的一般步骤。

2. 编程从键盘输入若干个数（0 结束），要求先将这组数存入文件 source.txt 中，再从文件 source.txt 中将所有的偶数挑选出来并存入文件 oushu.txt 中，将偶数的总个数在屏幕上显示输出。

系统开发与链表

本章重点

- 掌握一个完整系统开发的基本过程。
- 掌握完整系统开发过程中应注意的问题。
- 掌握单链表的结构及基本操作。
- 掌握链式存储结构的特点。

8.1　软件工程简介

8.1.1　软件工程概述

完整软件包括三方面的内容：程序、数据及相关文档。

软件工程
简介

程序是表明对数据如何进行加工处理的命令代码；数据是待加工处理的对象，常按一定结构组织存放；文档则是软件开发当中所涉及的相关说明性材料。

20 世纪 60 年代以前，计算机刚刚投入实际使用，软件设计往往只是为了一个特定的目的而在指定的计算机上设计和编制代码，采用密切依赖于计算机的机器代码或汇编语言，软件的规模比较小，文档资料通常也不存在，很少使用系统化的开发方法，设计软件往往等同于编制程序，基本上是个人设计、个人使用、个人操作、自给自足的私人化的软件生产方式。

60 年代中期，大容量、高速度计算机的出现、使计算机的应用范围迅速扩大，软件开发的规模、数量都急剧增长。计算机高级语言的出现，操作系统的发展引起了计算机应用方式的变化，而大量数据处理导致第一代数据库管理系统诞生。软件系统的规模越来越大，复杂程度越来越高，软件可靠性问题也越来越突出。原来的个人设计、个人使用的方式不能再满足要求，迫切需要改变软件生产方式，提高软件生产率，软件危机开始爆发。

落后的软件生产方式无法满足迅速增长的计算机软件需求，从而导致软件开发与维护过程中出现一系列严重问题，即所谓的软件危机。

软件危机主要表现在：

1. 软件开发进度难以预测

软件开发拖延工期几个月甚至几年的现象频繁出现，降低了软件开发组织的信誉。

2. 软件开发成本难以控制

投资一再追加，令人难于置信，往往是实际成本比预算成本高出一个数量级。

3. 用户对产品功能难以满足

开发人员和用户之间很难沟通、矛盾很难统一。往往是软件开发人员不能真正了解用户的需求，而用户又不了解利用计算机对问题求解的模式和能力，双方无法用共同熟悉的语言进行交流和描述。在双方缺乏充分了解的情况下，仓促上阵设计系统，匆忙着手编写程序，这种"闭门造车"的开发方式必然导致最终的产品不符合用户的实际需要。

4. 软件产品质量无法保证，系统中的错误难以消除

软件是逻辑产品，质量问题很难以统一的标准度量，因而造成质量控制困难。软件产品并不是没有错误，而是盲目检测很难发现错误，而隐藏下来的错误往往是造成重大事故的隐患。

5. 软件产品难以维护

软件产品本质上是开发人员代码化的逻辑思维活动，他人难以替代。除非是开发者本人，否则很难及时检测、排除系统故障。为使系统适应新的硬件环境，或根据用户的需要在原系统中增加一些新的功能，又有可能增加系统中的错误。

6. 软件缺少适当的文档资料

实际上，软件的文档资料是开发组织和用户之间权利和义务的合同书，是系统管理者、总体设计者向开发人员下达的任务书，是系统维护人员的技术指导手册，是用户的操作说明书。文档资料是软件必不可少的重要组成部分，缺乏必要的文档资料或者文档资料不合格，将给软件开发和维护带来众多严重的困难和一系列问题。

1968 年，北大西洋公约组织的计算机科学家在联邦德国召开国际会议，第一次讨论软件危机问题，并正式提出"软件工程"一词，从此一门新兴的工程学科——软件工程学，为研究和克服软件危机应运而生。

软件工程诞生于 20 世纪 60 年代末期，它作为一个新兴的工程学科，主要研究软件生产的客观规律性，建立与系统化软件生产有关的概念、原则、方法、技术和工具，指导和支持软件系统的生产活动，以期达到降低软件生产成本、改进软件产品质量、提高软件生产率水平的目标。软件工程学从硬件工程和其他人类工程中吸收了许多成功的经验，明确提出了软件生命周期的模型，发展了许多软件开发与维护阶段适用的技术和方法，并应用于软件工程实践，取得了良好的效果。

8.1.2 软件工程中的瀑布模型

软件生命周期是指从开始构思一个软件产品到这个软件结束使用所经历的所有时间。

1970 年温斯顿·罗伊斯（Winston Royce）提出了著名的"瀑布模型"，其核心思想是按时间先后顺序，将软件生命周期划分为 3 个时期，每个时期又分为若干个阶段，各个阶段自上而下相互衔接，不同阶段完成不同任务，如图 8-1 所示。

下面对各阶段做进一步介绍：

1. 问题的定义

需要确定要解决的问题是什么。

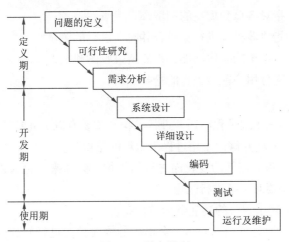

图 8-1　瀑布模型

通过对客户的访问调查，系统分析员扼要写出关于问题性质、工程目标和工程规模的书面报告，经过讨论和必要的修改之后这份报告应该得到客户的确认。

2. 可行性研究

可行性研究用来确定上一阶段中的问题是否有行得通的解决办法，包括技术方面和成本方面的可行性。

3. 需求分析

需求分析主要确定目标系统必须具备哪些功能。

系统分析员在此阶段须和用户密切配合，充分交流信息，以得出用户确认的系统逻辑模型。通常用数据流图、数据字典和简要的算法表示系统的逻辑模型。

这个阶段需要准确完整地体现用户要求，用正式文档准确记录对目标系统的需求，这份文档通常称为规格说明书。

4. 系统设计（概要设计）

设计出实现目标系统的几种可能的方案，从中选择一种最佳的。设计系统的总体结构，即确定程序由哪些模块组成，同时确定各模块间的关系。

这个阶段还需要确定数据的组织方式，即数据结构。数据结构是计算机存储、组织数据的方式。通常情况下，精心选择的数据结构可以带来更高的处理或者存储效率。数据结构往往同高效的检索算法和索引技术有关。

5. 详细设计

详细设计主要指对各个子模块具体算法及数据结构的设计。

6. 编码

编码指选择具体的计算机语言去书写程序。

7. 测试

测试的目的是尽可能多地找出错误及缺点，从而减少使用过程中出问题的概率。但是，通过测试无法保证系统没有错误，原因是测试不可能把所有可能性都一一列举出来。

测试按进行的先后次序可分为如下几类：

（1）单元测试：指对各单独模块的测试。

（2）集成测试：指将各模块进行集成合并时所进行的测试。

（3）系统测试：对系统的整体功能、性能所进行的测试。

（4）确认测试：交付用户前所进行的验收测试。

8.运行及维护

系统交付用户后，在使用过程中还要进行维护，主要有以下几种情况：

（1）纠错性维护：发现并修改使用过程中出现的错误。

（2）适应性维护：为适应新的变化而进行的维护，如原来的输入采用键盘，后来又增加了扫描输入功能，则需要对系统进行改进。

（3）完善性维护：对于缺失的功能继续进行完善。

（4）预防性维护：指对可预见的将来会出现的错误预先进行修改。例如，系统中当前学号为 14 位，假定某学校已经有计划在两年后将学号增为 16 位，则可提前进行修改。

8.2 "班级基本信息管理系统"开发示例

【例 8-1】"班级基本信息管理系统"的开发。

设计本系统的主要目的是为了了解一个完整系统开发的一般过程及各类资源的组织方式，选择以一个"班级基本信息管理系统"为例进行讲解。

表 8-1 所示为某学校某班人员信息情况，后面的例子围绕此表进行。

需求分析及系统设计

表 8-1 XX 班人员信息表

学　号	姓　名	性　别	年　龄
20110803050201	陈　彪	男	18
20110803050202	陈登明	男	18
20110803050203	陈　洁	男	18
20110803050204	陈绍威	男	18
20110803050205	陈思路	男	18
20110803050206	俄克东	男	18
20110803050207	范建涛	男	18
20110803050208	高承健	男	18
20110803050209	关同霞	女	19
20110803050210	郭治男	男	19
20110803050211	胡邦新	男	19
20110803050212	黄　成	男	19
20110803050213	黄辉聪	男	19
20110803050214	黄　帅	男	19
20110803050215	蒋　津	男	19
20110803050216	兰　天	女	19
20110803050217	李春燕	女	19

续表

学 号	姓 名	性 别	年 龄
20110803050218	李伟伟	女	19
20110803050219	廖 强	男	18
20110803050220	刘 峰	男	18
20110803050221	刘 腾	男	18
20110803050222	刘希强	男	19
20110803050223	刘颜恺	男	19
20110803050224	刘 阳	女	19
20110803050225	吕翔翔	男	19
20110803050226	马 睿	男	19
20110803050227	马廷强	男	17
20110803050228	彭佳飞	男	17
20110803050229	彭 琴	女	17
20110803050230	漆勤勇	男	17
20110803050231	施彭枭	男	17
20110803050232	谭振宇	男	18
20110803050233	王鹏辉	男	18
20110803050234	王兴昌	男	18
20110803050235	温道鸿	男	18
20110803050236	吴妙晨	女	18
20110803050237	吴小菁	女	18
20110803050238	邢增龙	男	18
20110803050239	徐彬榕	男	18

8.2.1 问题的定义

开发一个针对本班的"班级基本信息管理系统"以实现对本班成员基本信息的自动化管理。

8.2.2 可行性研究

大家对班级基本信息比较熟悉，又有一定的 C 语言基础，有充足的上机实践时间，完全有能力开发这样的一个小系统。

另外，在性能、功能要求不高的情况下，此系统的开发也不需要太高的成本。

8.2.3 需求分析

数据涉及以下几方面：

（1）个人基本信息包括如下内容：学号（14 位）、姓名（最多 3 个汉字）、性别（1 个汉字）、年龄（3 位）。实际个人信息一般都比较多，这里仅考虑四项信息，对于更多信息的情况可参照处理。

（2）班级总人数。

功能要求：

①录入功能。

②按学号查找功能。

③按学号修改人员信息功能。

④按学号删除人员信息功能。

⑤将全部人员信息按学号顺序列表输出功能。

⑥启动时的用户合法性检测功能。

⑦永久性存盘功能。

⑧读取信息功能。

性能要求：程序运行过程中各项功能的完成时间不能太慢（1 s 以内）。

8.2.4　系统设计（概要设计）

按照逻辑功能，可将整个系统大体划分为如下几个模块，如图 8-2 所示。

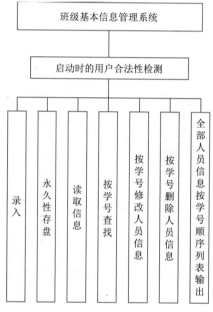

图 8-2　班级基本信息管理系统功能模块

对于系统中数据的组织，分析如下：

首先，每个人员的基本信息可以用结构体来组织，从而将属于每个人员的类型不同的几项信息组织到一起。所有成员的信息在内存中可以用一个一维数组来存放，用一个变量 CurrentCount 来表示目前具有有效信息的人员数，初值为 0。程序如下：

```
#define N 100              // 最大人数
struct stu_info            // 个人信息用结构体组织
{
    char xh[15];           // 学号
    char xm[7];            // 姓名
    char xb[3];            // 性别
    int nl;                // 年龄
};
// 下面的数组用于在内存中存放所有人员相关信息
```

```
//0 号元素备用，有效信息存放于 1 ～ CurrentCount 范围内
struct stu_info stu[N+1];
int CurrentCount=0;            // 当前实际人数，初值为 0
```

详细设计

8.2.5 详细设计

针对本系统各个模块的算法描述如图 8-3 ～图 8-11 所示。

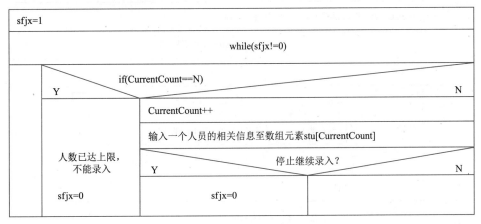

图 8-3 录入功能模块

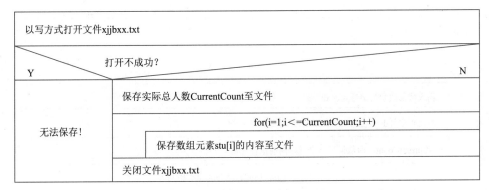

图 8-4 永久性存盘功能模块

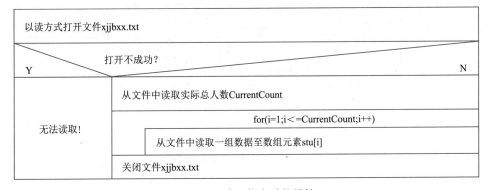

图 8-5 读取信息功能模块

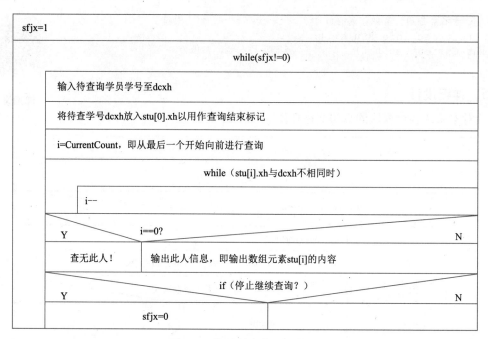

图 8-6　按学号查找功能模块

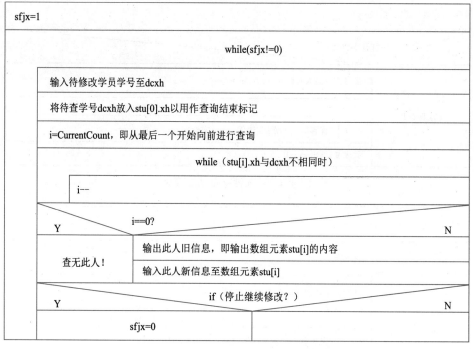

图 8-7　按学号修改人员信息功能模块

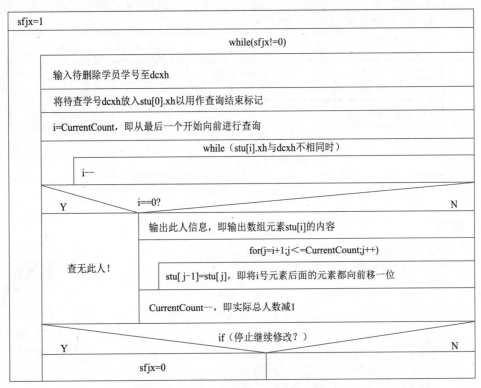

图 8-8　按学号删除人员信息功能模块

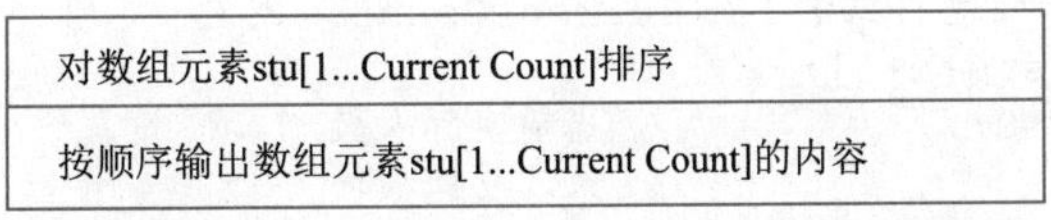

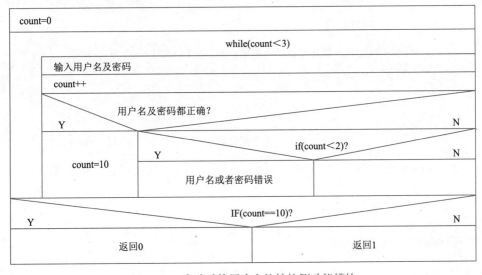

対数组元素stu[1...Current Count]排序

按顺序输出数组元素stu[1...Current Count]的内容

图 8-9　全部人员信息按学号顺序列表输出功能模块

图 8-10　启动时的用户合法性检测功能模块

调用"用户合法性检测模块"对用户进行检测		
Y 是合法用户吗？		N
显示菜单		提示是非法用户，退出系统
用户从菜单中进行选择		
根据所选菜单项的不同调用相应函数，完成相应功能		
直到用户选择退出为止		

图 8-11 主控模块

8.2.6 编码

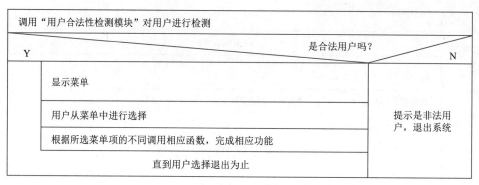

编码、测试及
运行维护

```c
#include <stdio.h>
#include <stdlib.h>
#include <string.h>
#define N 100                      // 最大人数
struct stu_info                    // 个人信息用结构体组织
{
    char xh[15];                   // 学号
    char xm[7];                    // 姓名
    char xb[3];                    // 性别
    int nl;                        // 年龄
};
// 下面的数组用于在内存中存放所有人员相关信息
//0 号元素备用，有效信息存放于 1 ～ CurrentCount 范围内
struct stu_info stu[N+1];
int CurrentCount=0;                // 当前实际人数
void input()                       // 录入功能模块
{
    char sfjx=1;
    while(sfjx!=0)
    {
        if(CurrentCount==N)
        {
            printf("\n人数已达上限，不能添加！！！\n");
            sfjx=0;
        }
        else
        {
            CurrentCount++;
            printf("\n请输入一个人员的相关信息 ( 学号 姓名 性别 年龄 ): ");
            scanf("%s%s%s%d",stu[CurrentCount].
xh,stu[CurrentCount].xm,stu[CurrentCount].xb,&stu[CurrentCount].nl);
            printf("\n是否继续 (0-- 结束，其他 -- 继续 ): ");
            scanf("%d",&sfjx);
        }
    }
    system("pause");
}
void save()                        // 永久性存盘功能模块
{
```

```
    FILE *fp;
    fp=fopen("xjjbxx.txt","w");
    if(fp==NULL)
        printf("\n 文件打开不成功，信息无法保存！！！\n");
    else
    {
        fprintf(fp,"%d",CurrentCount);
        for(int i=1;i<=CurrentCount;i++)
        fprintf(fp,"\n%16s%8s%4s%4d",stu[i].xh,stu[i].xm,stu[i].xb,stu[i].nl);
        fclose(fp);
        printf("\n 信息已成功保存！！！\n");
    }
    system("pause");
}
void read()                 // 读取信息功能模块
{
    FILE *fp;
    fp=fopen("xjjbxx.txt","r");
    if(fp==NULL)
        printf("\n 文件打开不成功，信息无法读取！！！\n");
    else
    {
        fscanf(fp,"%d",&CurrentCount);
        for(int i=1;i<=CurrentCount;i++)
        {
            fscanf(fp,"%s%s%s%d",stu[i].xh,stu[i].xm,stu[i].xb,
&stu[i].nl);
            printf(" 学号：%s  姓名：%s  性别：%s  年龄：%d\n",stu[i].
xh,stu[i].xm,stu[i].xb,stu[i].nl);
        }
        fclose(fp);
        printf("\n 信息已成功读取！！！\n");
    }
    system("pause");
}
void search()               // 按学号查找功能模块
{
    char dcxh[15];
    int sfjx=1,i;
    while(sfjx!=0)
    {
        printf("\n 请输入一个待查学员的学号：");
        scanf("%s",dcxh);
        strcpy(stu[0].xh,dcxh);
        i=CurrentCount;
        while(strcmp(stu[i].xh,dcxh)!=0)
            i--;
        if(i==0)
            printf(" 查无此人！！！ \n");
        else
        {
            printf("\n 此人详细信息如下：\n");
            printf(" 学号：%s  姓名：%s  性别：%s  年龄：%d\n",stu[i].
xh,stu[i].xm,stu[i].xb,stu[i].nl);
```

```
        }
        printf("\n 是否继续 (0-- 结束，其他 -- 继续 )：");
        scanf("%d",&sfjx);
    }
    system("pause");
}
void modify()              // 按学号修改人员信息功能模块
{
    char dcxh[15];
    int sfjx=1,i;
    while(sfjx!=0)
    {
        printf("\n 请输入一个待修改学员的学号：");
        scanf("%s",dcxh);
        strcpy(stu[0].xh,dcxh);
        i=CurrentCount;
        while(strcmp(stu[i].xh,dcxh)!=0)
            i--;
        if(i==0)
            printf(" 查无此人！！！ \n");
        else
        {
            printf("\n 此人详细信息如下：\n");
            printf(" 学号：%s  姓名：%s  性别：%s  年龄：%d\n",stu[i].
xh,stu[i].xm,stu[i].xb,stu[i].nl);
            printf("\n 请输入新内容 ......\n");
            printf("\n 请输入一个人员的相关信息 ( 学号  姓名  性别  年龄 )：");
            scanf("%s%s%s%d",stu[i].xh,stu[i].xm,stu[i].xb,&stu[i].nl);
            printf("\n 已成功修改 ......\n");
            system("pause");
        }
        printf("\n 是否继续 (0-- 结束，其他 -- 继续 )：");
        scanf("%d",&sfjx);
    }
    system("pause");
}
void del()                 // 按学号删除人员信息功能模块
{
    char dcxh[15];
    int sfjx=1,i,j;
    while(sfjx!=0)
    {
        printf("\n 请输入一个待删学员的学号：");
        scanf("%s",dcxh);
        strcpy(stu[0].xh,dcxh);
        i=CurrentCount;
        while(strcmp(stu[i].xh,dcxh)!=0)
            i--;
        if(i==0)
            printf(" 查无此人！！！ \n");
        else
        {
            printf("\n 此人详细信息如下：\n");
            printf(" 学号：%s  姓名：%s  性别：%s  年龄：%d\n",stu[i].
xh,stu[i].xm,stu[i].xb,stu[i].nl);
```

```
            printf("\n 按任意键开始删除 ......\n");
            system("pause");
            for(j=i+1;j<=CurrentCount;j++)
                stu[j-1]=stu[j];
            CurrentCount--;
            printf("\n 已成功删除 ......\n");
            system("pause");
        }
        printf("\n 是否继续 (0-- 结束, 其他 -- 继续 ): ");
        scanf("%d",&sfjx);
    }
    system("pause");
}
void list()          // 全部人员信息按学号顺序列表输出功能模块
{
    int i,j;
    for(i=1;i<CurrentCount;i++)
        for(j=CurrentCount;j>i;j--)
            if(strcmp(stu[j].xh,stu[j-1].xh)<0)
            {
                stu[0]=stu[j];
                stu[j]=stu[j-1];
                stu[j-1]=stu[0];
            }
    printf("\n          班级基本信息表 \n");
    printf(" 序号  学号  姓名  性别  年龄 \n");
    for(i=1;i<=CurrentCount;i++)
        printf("%4d  %s%16s%6s%6d\n",i,stu[i].xh,stu[i].xm,stu[i].
xb,stu[i].nl);
    system("pause");
}
int check()          // 启动时的用户合法性检测功能模块, 合法返回 0, 否则超过 3 次返回 1
{
    int count=0,name,pass;
    while(count<3)
    {
        printf("\n 请输入用户名及密码: ");
        scanf("%d%d",&name,&pass);
        count++;
        if((name==1)&&(pass==1)) // 假定用户名及密码都为 1
            count=10;
        else
            if(count<2)
                printf("\n 输入用户名或者密码错误, 请重输! \n");
    }
    if(count==10)
        return 0;
    else
        return 1;
}
int main()      // 主控函数, 主控模块
{
    int xz;
    printf("\n          欢迎使用班级基本信息管理系统 \n\n\n");
    if(check()!=0)
```

```
        {
            printf("\n 你无权使用本系统 ......\n\n");
            system("pause");
        }
        else
        {
            do
            {
                // 显示菜单项
                printf("\n 请选择相应功能: \n");
                printf("1- 录入 \n2- 查询 \n3- 修改 \n4- 删除 \n5- 保存 \n6- 读取
\n7- 按学号列表 \n0- 结束 \n 请输入选择: ");
                scanf("%d",&xz);                    // 输入菜单选择
                switch(xz)                          // 根据菜单选项调用对应函数
                {
                    case 1:
                        input();break;
                    case 2:
                        search();break;
                    case 3:
                        modify();break;
                    case 4:
                        del();break;
                    case 5:
                        save();break;
                    case 6:
                        read();break;
                    case 7:
                        list();break;
                    case 0:
                        printf("\n\n 谢谢使用本系统! \n\n");
                        system("pause");
                        break;
                    default:
                        printf("\n 无此功能，请重新选择 ......\n");
                        system("pause");
                }
            }while(xz!=0);
        }
    return 0;
}
```

8.2.7 测试

测试主要包括集成测试及验收测试。

在实际编写程序代码的过程中，建议逐个进行测试，在集成时也是逐个进行添加。每增加一个模块函数，则进行编译运行测试。这样，如果发现错误，即可大体判定错误与新增模块相关，比较有利于错误的定位及修正。

8.2.8 运行及维护

系统交付用户后，在使用过程中再根据需要进行维护。

8.3 链表与系统开发

【例 8-2】跟踪管理系统开发。

要对某人某天所到之处进行跟踪，记录其按时间先后顺序所到过的地名、时间、相关事务等信息，试设计一个系统完成此任务。

需求分析及系统设计

8.3.1 问题的定义

开发一个针对上述问题的"跟踪管理系统"以实现对相关信息的自动化管理。

8.3.2 可行性研究

功能及性能的要求都不是太高，完全有能力开发。

8.3.3 需求分析

基本信息：地名、时间、相关事务。

功能要求：

（1）添加：发现跟踪对象到了一个新地方，需要记录下来，添加到前一个地名的后面。

（2）按顺序输出：按顺序输出跟踪对象全天所到过的地方。

（3）查询：按地名查询此人是否到过某地方，到过的话输出相关信息，并标明是到过的第几个地方。

（4）删除：发现在记录过程中把某个本没有到过的地方给错误地添加进去了，进行删除。

（5）插入：发现某个到过的地方没有记录进去，需插入到合适的位置。

（6）修改：某个到过的地方记录有误，需要重新更正。

（7）保存：数据永久性存放至外存。

（8）读取：将存放于外存的数据读入内存继续操作。

性能要求：各类操作的速度不能太慢（1 s 以内）。

8.3.4 系统设计（概要设计）

按照逻辑功能，可将整个系统大体划分为如下几个模块，如图 8-12 所示。

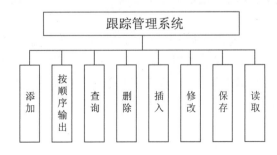

图 8-12 跟踪管理系统功能模块

此例的关键是选择合适的数据结构，即数据采用何种方式进行组织存储。

此例中被跟踪对象所到之处可能多，也可能少，是不定的，而且有可能变化很大，采取何种方式存储这些信息呢？有如下几种可选方案：

1. 用空间静态分配方案

具体用数组实现，即定义一个包含 3 个成员（地名，时间，相关事务）的结构体类型一维数组，如下：

```
struct poi_info
{
    char name[31];              // 存放地名
    char dateTime[35];          // 存放日期时间
    char others[81];            // 存放发生的相关事务的记录
};
struct poi_info record[1000];   // 定义结构体类型一维数组，用于存放跟踪信息
```

每个数组元素存放跟踪所到过的一个地方的相关信息。由于数组采用的是空间的静态分配方案，即在程序的运行过程中，其所占用空间的大小是固定的，要修改数组大小，只能通过修改源程序达到目的，但源程序只有程序开发人员才能接触到，最终用户无法接触到。这样一来，如果开发时所定义的数组元素的个数太少，则不够用；太多，则会造成严重的空间浪费。这种方案无法实现内存空间的按需分配。

2. 用空间的动态分配方案

动态分配又可分两种情况：一种是在任务中根据实际要求一次性地分配所需空间，如开发一个针对班级的管理信息系统，虽然各个班级人数不一样，但一个具体的班级的人数是确定的，可以一开始根据班级规模确定所需空间大小。

这种方式是一次性分配，占用连续内存空间。对于这种分配方式，在前面章节中已经进行过说明。这种方式需要预先知道问题的总规模。

另一种是任务开始时无法预知问题的总规模，也就无法确定问题最终需要多大的内存空间，但当前又需要内存，这样，就只能一边运行程序一边分配内存，即所谓的多次动态分配。本例就属于这种情况。

由于内存是供所有程序共享的，而计算机内通常有多个程序同时处于运行状态，各程序的运行都会用到内存。就某一个程序来讲，如果是分多次申请内存的，则多次申请到的内存就可能不连续，即多次申请到的内存块占用的可能不是连续的一片。这样，为了能找到各个内存块，就需要把每个内存块的首地址都记录下来，这就意味着在程序中需要众多的指针变量来存放首地址。

就本例来讲，可以用一个内存块来存放一个地方，由于跟踪可能到过的地方的个数不定，则所需内存块的个数也不定，意味着对用于存放每个内存块首地址的指针变量的需求数也是不定的。而在 C 语言中，程序编制好了后，程序中的变量个数就是个固定值。这就出现了矛盾：程序只能提供个数固定的变量，而问题本身所需的指针变量个数是个不定值。如何解决此矛盾呢？

此例从逻辑上来讲，应该是一种线性结构（前后所到之地之间的逻辑关系是一种 1∶1 的关系），可采用线性链表来解决内存中数据的存储问题。

线性链表中的单链表有两种常见形式：带头结点的单链表和不带头结点的单链表。相对而言，带头结点的单链表更容易掌握。

带头结点的单链表的逻辑结构如图 8-13 所示。

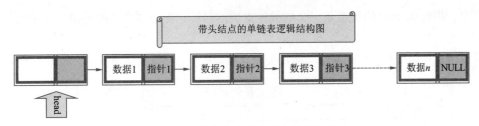

图 8-13 带头结点的单链表逻辑结构

说明：

（1）整个链表由若干个结点组成，一个结点占用一个内存块，而每个结点又分为两大部分：数据域和指针域，其中数据域存放用户数据，指针域用于存放后一个结点的地址，通过指针域将逻辑上前后相邻的结点连接起来，这样，通过前一个结点指针域中存放的地址就可以找到后一个结点。可以看出，每个结点的指针域实际上充当了指针变量的角色，只要结点数可变，则意味着指针变量数也可变，而事实上结点所对应的这些内存块完全可以多次动态分配，这也就意味着指针域（相当于指针变量）的个数可以根据需要动态调整，这就解决了前述的"程序中变量个数固定，但问题本身所需变量个数不定"的矛盾。

（2）设置一个头指针变量指向首结点，在带头结点的单链表中，此结点不存放有效数据。

（3）末尾结点的指针域设置为空 NULL 表示链表的结束，相当于字符串中的 '\0'。

（4）在没有用户数据的情况下，此链表只有一个结点，此结点既是首结点，又是末结点，结点的指针域为 NULL，此时表示链表为逻辑"空"，也就是说，链表的初始状态应该如图 8-14 所示。

按照上述这种方式，程序中实际上只需要定义一个指针变量来存放首结点的地址，其他结点的地址都存放在前一个结点的指针域内。

在数组中，可以直接访问其中的任一元素，访问各元素的速度从理论上来讲是相同的，称为"随机存取"。而按上述单链表的组织特点，要访问某一结点，必须先通过头指针变量找到首结点，再按从前往后的方式逐个查找，

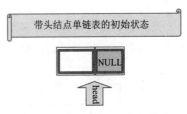

图 8-14 带头结点单链表初始态图

直到找到需要访问的结点后再进行具体操作，处于不同位置上的结点的访问速度明显有差异，这种按从前往后顺序逐个访问的方式称为"顺序存取"，速度总体来讲要比随机存取方式慢。

此例对性能的要求不高，为了节省存储空间，采用这种链式结构进行数据的存储。

链式存储结构中，每个结点逻辑上分成两部分：数据域和指针域，但这两部分又处于同一个内存块中，需要组织到一起，此问题可以通过结构体来解决。

链表结点数据类型的定义如下：

```
struct poi_info
{
    char name[31];              // 数据域，存放地名
    char dateTime[35];          // 数据域，存放日期时间
    char others[81];            // 数据域，存放发生的相关事务的记录
    struct poi_info *next;      // 指针域，存放后一结点地址
};
```

其中，指针域 next 的类型是一个结构体类型的指针，而此结构体类型即正在定义的结构体类型。

采用链式存储结构之后的系统功能需要稍做修改扩展，修改后的功能模块如图 8-15 所示。

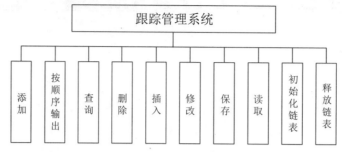

图 8-15　修改后的跟踪管理系统功能模块

由于采用链式存储结构，是一种动态分配方案，刚开始时需要建立"空"链表，不需要内存时又要及时将各链表结点所占内存释放掉，图 8-15 中新增的"释放链表"是指释放链表所占用的内存空间，而"初始化链表"是指建立初始的无用户数据的空链表，为其他操作做好准备。

8.3.5　详细设计（算法设计）

详细设计

1. 添加

题目中要求按时间先后顺序记录所到过的地名等相关信息，因此新的地名应该加在已有地名的后面。采用单链表存储结构时，添加新地名的一般操作步骤如下：

找到当前链表末结点；开辟新结点空间，在其数据域中存入新地名；将新结点连接到当前链表的末尾，从而得到一个结点数多 1 的新链表。具体算法如图 8-16 所示。

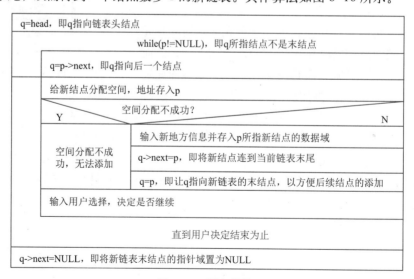

图 8-16　添加模块

2. 按顺序输出

因为有效数据是从第二个结点开始存放的，因此从第二个结点开始，按从前到后的顺序逐个输出每个结点数据域的内容即可。算法如图 8-17 所示。

图 8-17　按顺序输出模块

3. 查询

应该先输入待查地名，然后在链表中从前向后逐个比较，若找到则说明去过这个地方，若所有结点都比较完了，没有一个相同的，则说明没有去过此地。设一个用于计数的变量，初值为 1，每往后推进一个结点，此变量的值增 1，此变量的值就是所要找的地名所对应的站数。算法如图 8-18 所示。

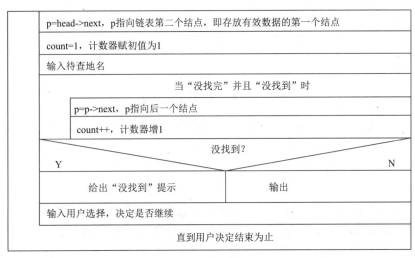

图 8-18　查询模块

4. 删除

要删除一个地方，首先需要在链表中找到对应结点，这实质上是一次查询过程。

找到对应结点后，不能直接删除，那样会造成链表前后两段断开。正确的做法是在删除对应结点前，先将结点的前后两结点连起来，然后再删除此结点。通过分析可发现，删除过程中涉及 3 个相关结点：待删除结点、待删除结点的后一个结点、待删除结点的前一个结点。其中，待删除结点的后一个结点可通过待删除结点的指针域直接找到，但待删除结点的前一个结点却不能通过待删除结点找到。

为此，改进原有的查询算法，设两个指针变量 p 和 q，p 指向当前比较的结点，q 指向此结点的前一个结点。在比较过程中这两个指针变量始终保持指向前后相邻结点的状态（p 指向当前结点，q 指向其前一个结点）。这样，等找到待删除结点（即 p 所指结点）后，就可通过 q 访问 p 前面的一个结点了。

详细算法如图 8-19 所示。

5. 插入

插入新地名及相关信息的一般操作步骤如下：

在原链表中找到合适的插入位置；开辟新结点空间，在其数据域中存入新地名及相关信息；将新结点插入至指定位置，从而得到一个结点数多 1 的新链表。

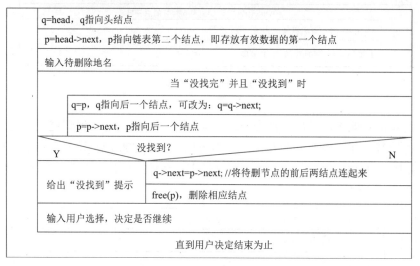

图 8-19　删除模块

插入位置如何指定呢？可先给定一个地名用于指示位置，规定待插入的地名最终插入到指示位置的地名之前。这样，插入操作的实际步骤应该为：给定用于指示位置的地名，在原链表中找到其对应结点；给新结点开辟空间，在其数据域中存入新地名及相关信息；将新结点插入至与指示位置的地名相对应的结点之前，得到新链表。

与删除操作类似，具体实现插入时也要涉及前后相关的 3 个结点，为方便实现插入，在进行查询时，设两个指针变量，分别指向当前结点及其前一个结点，这样，在具体实现插入时就可以方便地对相关的 3 个结点直接进行操作。具体算法如图 8-20 所示。

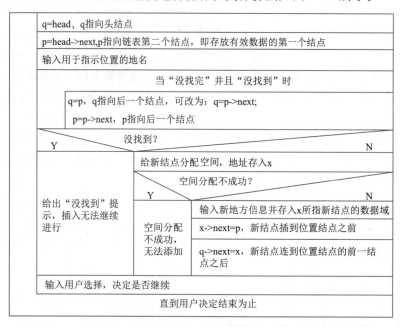

图 8-20　插入模块

6. 修改

修改地名及相关信息的一般操作步骤如下：

输入旧地名进行查询，找到其对应结点；输入新地名及相关信息，将旧的覆盖即可，算法如图 8-21 所示。

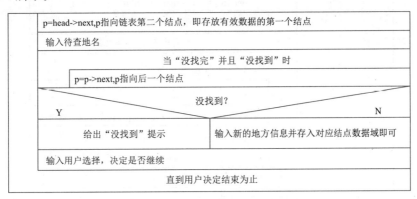

图 8-21　修改模块

7. 保存

"保存"操作跟"按顺序输出"操作流程差不多，只是前者的输出方向为文件，而后者的输出方向为显示器。算法如图 8-22 所示。

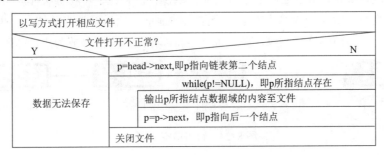

图 8-22　保存模块

8. 读取

"读取"操作与"添加"操作差不多，只是前者的数据来源是文件，后者的数据来源是键盘。两者的共同点都是向当前链表末尾追加结点。算法如图 8-23 所示。

9. 释放链表

初始化链表比较简单，创建一个头结点，让链表头指针指向此结点，再将此结点的指针域置为 NULL 即可，这样就形成了一个没有存放用户数据的、只有一个结点的"空"链表。

系统运行过程中，有时需要将链表中存放的所有地名及相关信息清空，即将链表清为不存放用户数据的逻辑"空"状态。通常有两种方案：

（1）从后往前删。每次找到当前链表的末结点，删除此结点，将此结点的前一结点重新置为末结点。反复进行，直到链表中只剩下不存放用户数据的首结点为止。此方法容易实现，但因为单链表只能通过前面结点找到后面结点而无法逆向从后面向前找，每次都要自首至尾查找当前链表的末结点，很明显效率低下。

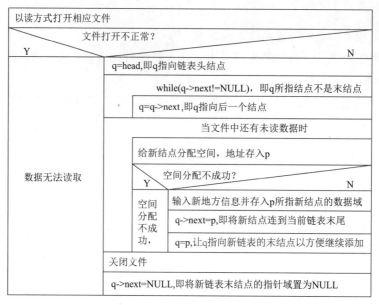

图 8-23　读取模块

（2）从前往后删：即从第二个结点开始进行删除，直到后面所有结点全部删除为止。如果能实现，则此种方案应该效率比较高，但若直接将当前结点删除，将其所对应的空间释放，则会导致链表断开，造成后面部分丢失而无法操作。为此，可在每次释放当前结点之前，先用一个指针变量存放待删除结点的后一个结点的地址，然后释放当前结点，再从剩下的链表部分的首结点开始继续进行删除，直到所有后面部分结点全部释放为止，如图 8-24 所示。

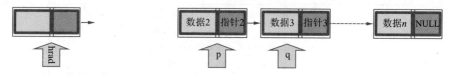

图 8-24　链表清空步骤

其中的 p 指向当前待删除结点，q 指向其后一个结点。

按此方案设计的释放链表的算法如图 8-25 所示。

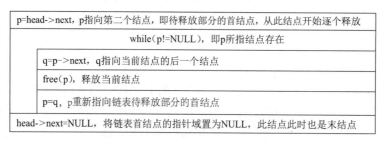

图 8-25　释放链表模块

8.3.6　编码

以下为采取链表存储方式的上述系统的完整代码实现：

```
#include <stdio.h>
```

编码、测试及
运行维护

```
#include <stdlib.h>
#include <string.h>
struct poi_info                        // 定义结点所对应的结构体类型
{
    char name[31];                     // 数据域，存放地名
    char dateTime[35];                 // 数据域，存放日期时间
    char others[81];                   // 数据域，存放发生的相关事务的记录
    struct poi_info *next;             // 指针域，存放后一结点地址
};                                     // 要有";"
// 按顺序录入地名，创建单链表
void input(struct poi_info *head)
{
    int sfjx;
    struct poi_info *q,*p;
    q=head;                            //q指向链表头结点
    while(q->next!=NULL)//q所指结点不是末结点
        q=q->next;                     // 即 q 指向后一个结点
    do
    {
        // 给新结点分配空间
        p=(struct poi_info *)malloc(sizeof(struct poi_info));
        if(p==NULL)                    // 分配不成功
            printf("\n 空间分配不成功，无法进行记录！\n");
        else
        {
            printf("\n 请输入要记录的地名：");
            scanf("%s",p->name);       // 读入地名并存入新结点数据域
            fflush(stdin);             // 清空输入缓冲区
            printf("\n 请输入日期时间：");
            scanf("%s",p->dateTime);   // 读入日期时间并存入新结点数据域
            fflush(stdin);             // 清空输入缓冲区
            printf("\n 请输入相关事务：");
            scanf("%s",p->others);     // 读入相关事务并存入新结点数据域
            fflush(stdin);             // 清空输入缓冲区
            q->next=p;                 // 将新结点连到当前链表末尾
            q=p;                       // 即让 q 指向新链表的末结点，以方便后续结点的添加
        }
        printf("\n 是否继续 (0 一结束   其他一继续 )：");
        scanf("%d",&sfjx);             // 输入用户选择，决定是否继续
    }while(sfjx!=0);                   // 直到用户决定结束为止
    q->next=NULL;                      // 将新链表末结点的指针域置为 NULL
}
// 按从前往后顺序输出所有地名等信息
void output(struct poi_info *head)
{
    struct poi_info *p;
    p=head->next;
    printf("\n 以下为输出结果：\n");
    while(p!=NULL)
    {
        printf("%-s\n%-s\n%-s\n------\n",p->name,p->dateTime,p->others);
        p=p->next;
    }
}
// 查询，判断是否到过某地，若到过判断是此人所到过的第几个地方
void search(struct poi_info *head)
```

```c
{
    int sfjx,count;
    struct poi_info *p;
    char dcdm[31];
    do
    {
        p=head->next;              //p 指向链表第二个结点，即存放有效数据的第一个结点
        count=1;                   // 计数器赋初值为 1
        printf("\n 请输入要查询的地名：");
        scanf("%s",dcdm);
        //p!=NULL 表示没有找完，strcmp(dcdm,p->name)!=0 表示没找到
        while((p!=NULL)&&(strcmp(dcdm,p->name)!=0))
        {
            p=p->next;             //p 指向后一个结点
            count++;               // 计数器增 1
        }
        if(p==NULL)                //p==NULL 表示没找到
            printf("\n 此人没有到过以下地方：%s\n",dcdm);
        else
        {
            printf("%-s\n%-s\n%-s\n------\n",p->name,p->dateTime,p->others);
            printf(" 是此人到过的第 %d 站。\n",count);
        }
        printf("\n 是否继续 (0 一结束  其他一继续 )：");
        scanf("%d",&sfjx);         // 输入用户选择，决定是否继续
    }while(sfjx!=0);
}
// 从链表中删除指定的某些地方
void del(struct poi_info *head)
{
    int sfjx=1;
    struct poi_info *p,*q;
    char dcdm[31];
    do
    {
        q=head;                    //q 指向头结点
        p=head->next;              //p 指向链表第二个结点
        printf("\n 请输入要删除的地名：");
        scanf("%s",dcdm);
        while((p!=NULL)&&(strcmp(dcdm,p->name)!=0))
        {
            q=p;                   //q 指向后一个结点，可改为：q=q->next;
            p=p->next;//p 指向后一个结点
        }
        if(p==NULL)
            printf("\n 此人没有到过以下地方：%s\n",dcdm);
        else
        {
            q->next=p->next;       // 将待删结点的前后两结点连起来
            free(p);               // 删除相应结点
            printf("\n 已成功删除！ \n");
        }
        printf("\n 是否继续 (0 一结束  其他一继续 )：");
        scanf("%d",&sfjx);
    }while(sfjx!=0);
}
```

```
// 往某个地名前插入一个地名及相关信息
void insert(struct poi_info *head)
{
    int sfjx=1;
    struct poi_info *p,*q,*x;
    char dcdm[31];
    do
    {
        q=head;                          //q 指向头结点
        p=head->next;                    //p 指向链表第二个结点
        printf("\n 请输入用于指示位置的地名：");
        scanf("%s",dcdm);
        while((p!=NULL)&&(strcmp(dcdm,p->name)!=0))
        {
            q=p;
            p=p->next;
        }
        if(p==NULL)
            printf("\n 此人没有到过以下地方：%s，无法确定插入位置！\n",dcdm);
        else
        {
            // 给新结点分配空间
            x=(struct poi_info *)malloc(sizeof(struct poi_info));
            if(x==NULL)
                printf("\n 空间分配不成功，无法进行记录！\n");
            else
            {
                printf("\n 请输入要记录的地名：");
                scanf("%s",p->name);        // 读入地名并存入新结点数据域
                fflush(stdin);              // 清空输入缓冲区
                printf("\n 请输入日期时间：");
                scanf("%s",p->dateTime);    // 读入日期时间并存入新结点数据域
                fflush(stdin);              // 清空输入缓冲区
                printf("\n 请输入相关事务：");
                scanf("%s",p->others);      // 读入相关事务并存入新结点数据域
                fflush(stdin);              // 清空输入缓冲区
                // 以下两条语句用于将新结点插入至相应位置
                x->next=p;                  // 新结点插到位置结点之前
                q->next=x;                  // 新结点连到位置结点的前一结点之后
                printf("\n 已成功插入！\n");
            }
        }
        printf("\n 是否继续 (0 — 结束   其他 — 继续 )：");
        scanf("%d",&sfjx);
    }while(sfjx!=0);
}
// 修改某一指定的地名及相关信息
void modify(struct poi_info *head)
{
    int sfjx=1;
    struct poi_info *p;
    char dcdm[31];
    do
    {
        p=head->next;
        printf("\n 请输入要修改的地名：");
```

```
            scanf("%s",dcdm);
            while((p!=NULL)&&(strcmp(dcdm,p->name)!=0))
                p=p->next;
            if(p==NULL)
                printf("\n此人没有到过以下地方：%s\n",dcdm);
            else
            {
                printf("\n原信息为：\n");
                printf("%-s\n%-s\n%-s\n------\n",p->name,p->dateTime,p->others);
                printf("\n请重新输入相关信息：");
                printf("\n请输入要记录的地名：");
                scanf("%s",p->name);           //读入地名并存入新结点数据域
                fflush(stdin);                 //清空输入缓冲区
                printf("\n请输入日期时间：");
                scanf("%s",p->dateTime);       //读入日期时间并存入新结点数据域
                fflush(stdin);                 //清空输入缓冲区
                printf("\n请输入相关事务：");
                scanf("%s",p->others);         //读入相关事务并存入新结点数据域
                fflush(stdin);                 //清空输入缓冲区
                printf("\n已成功修改！\n");
            }
            printf("\n是否继续 (0 —结束   其他—继续 )：");
            scanf("%d",&sfjx);
    }while(sfjx!=0);
}
// 按顺序保存
void save(struct poi_info *head)
{
    struct poi_info *p;
    FILE *fp;
    fp=fopen("data.txt","w");
    if(fp==NULL)
        printf(" 文件无法打开，数据不能保存！\n");
    else
    {
        p=head->next;
        while(p!=NULL)
        {
            fprintf(fp,"%-s\n%-s\n%-s\n",p->name,p->dateTime,p->others);
            p=p->next;
        }
        fclose(fp);
        printf(" 已成功保存！\n");
    }
}
// 按顺序读取，添加到已有链表的末尾
void read(struct poi_info *head)
{
    FILE *fp;
    char name[31];
    char dateTime[25];
    char others[81];
    struct poi_info *q,*p;
    fp=fopen("data.txt","r");
    if(fp==NULL)
        printf(" 文件无法打开，数据不能读取！\n");
```

```
        else
        {
            // 以下代码找到当前链表的末结点
            q=head;
            while(q->next!=NULL)
                q=q->next;
            fscanf(fp,"%s%s%s",name,dateTime,others);
            while(!feof(fp))          // 文件中还有未读数据
            {
                p=(struct poi_info *)malloc(sizeof(struct poi_info));
                if(p==NULL)
                    printf("\n 空间分配不成功，无法进行记录！\n");
                else
                {
                    strcpy(p->name,name);
                    strcpy(p->dateTime,dateTime);
                    strcpy(p->others,others);
                    q->next=p;
                    q=p;
                }
                fscanf(fp,"%s%s%s",name,dateTime,others);
            }
            fclose(fp);               // 关闭文件
            printf(" 读取完成！\n");
        }
        q->next=NULL;                 // 末结点指针域置为 NULL
}
// 释放链表空间，使之成为一个空链表
void release(struct poi_info *head)
{
    struct poi_info *p,*q;
    //p 指向第二个结点，即待释放部分的首结点，从此结点开始逐个释放
    p=head->next;
    while(p!=NULL)
    {
        q=p->next;                    //q 指向当前结点的后一个结点
        free(p);                      // 释放当前结点
        p=q;                          //p 重新指向链表待释放部分的首结点
    }
    // 将链表首结点的指针域置为 NULL，该结点此时也是末结点
    head->next=NULL;
    printf("\n 空间已正常释放！\n");
}
int main()
{
    int xz=1;
    struct poi_info *head;
    // 给头结点分配空间
    head=(struct poi_info *)malloc(sizeof(struct poi_info));
    if(head==NULL)
        printf("\n 空间分配不成功！\n");
    else
    {
        head->next=NULL;             // 将头结点指针域置为 NULL，完成链表初始化
        while(xz!=0)
        {
```

```
        system("cls");                    // 清除屏幕
        printf("\n                欢迎使用民用跟踪记录系统！\n\n\n");
        printf("1 —添加 2 —输出 3 —查询 4 —删除 5 —修改 6 —插入
7 —保存 8 —读取 9- 清空 0 —退出 \n");              // 显示文本形式菜单
        printf("\n请选择: ");
        scanf("%d",&xz);                   // 输入菜单选项
        switch(xz)                         // 根据菜单选项的不同调用不同函数
        {
          case 1:input(head);break;
          case 2:output(head);break;
          case 3:search(head);break;
          case 4:del(head);break;
          case 5:modify(head);break;
          case 6:insert(head);break;
          case 7:save(head);break;
          case 8:read(head);break;
          case 9:release(head);break;
          case 0:
                release(head);
                free(head);                // 释放头结点空间
                printf(" 谢谢使用！\n");
                break;
        }
        system("pause");
        }
    }
    return 0;
}
```

8.3.7　测试

　　链表的操作相对比较难，也更容易出错，因此，在调试过程中最好逐个函数地进行，调试好一个后再进行下一个函数的调试运行以方便查错。

8.3.8　运行与维护

　　可根据具体情况进行，步骤略。

　　此例实际上涉及有关链表的大多数相关操作的实现，搞清楚这样一个例子，其他有关链表的更进一步操作就没有太多技术方面的问题。

习　　题

　　1. 简述软件生命周期的不同阶段及各阶段需要完成的主要任务。

　　2. 设计一个单位人员基本信息管理系统，对所有人员基本信息进行管理，要求具备输入、查看、统计、修改等基本功能，数据组织方式分别为数组和链表。

第9章

位 运 算

本章重点

- C 语言中的位运算。
- 位运算的用途。
- 位域。

9.1   C 语言中的位运算

    C 语言的一大特色就是具有极强的硬件操作能力，对于一些有关自动化控制、计算机通信等方面的软件，早期一般都用汇编语言开发，现在通常都是用 C 语言开发。由于 C 语言有非常强的硬件操作能力，具备许多低级语言（如机器语言、汇编语言）的功能，所以有人又把 C 语言称为"中级语言"，以强调其既具备高级语言的特点——比低级语言更易于掌握和使用，又具备低级语言的特点——有很强的对硬件直接进行操作的能力。而在具体对硬件进行编程操作的过程中，经常会用到位运算。

    众所周知，在计算机内部采用的是二进制，即任何信息在计算机内部都是以二进制形式存放的，二进制的基本系数只有两个，分别为 0 和 1。

    从计算机硬件角度来讲，内存编址的最小单位是字节，即分配内存的最小单位是字节，因此在前面各种数据类型中，所占内存数都是以字节为单位的，如 int 型为 4 个字节，double型为 8 个字节，char 型为 1 个字节。1 个字节对应 8 个二进制位，即最小操作单位是 8 个位。

    但是，在实际编程中，许多情况下需要对某组二进制数中的部分甚至仅仅一位二进制位进行操作，如硬件开发中对 PSW（程序状态字）的操作。

    程序状态字是指在计算机中，一段供操作系统和硬件使用的特殊的程序状态信息。通常存放在程序状态寄存器中。

    程序状态寄存器是计算机系统的核心部件——控制器的一部分，存放两类信息：一类是体现当前指令执行结果的各种状态信息，称为状态标志，如有无进位（CF 位）、有无溢出（OF位）、结果正负（SF 位）、结果是否为零（ZF 位）、奇偶标志位（PF 位）等；另一类是控制信息，称为控制状态，如允许中断 (IF 位)、跟踪标志（TF 位）、方向标志 (DF 位) 等。有些机器中将程序状态寄存器称为标志寄存器（Flag Register，FR）。

MCS-51 单片机的 PSW 是一个 8 位寄存器，用来存放指令执行后的一些状态，通常由 CPU 来填写，但是用户也可以改变各状态位的值。各标志位定义如表 9-1 所示。

表 9-1　MCS-51 单片机的 PSW 说明

位编号	7	6	5	4	3	2	1	0
标　志	Cy	AC	F0	RS1	RS0	OV	-	P

1.CY(Carry)

CY 表示加法运算中的进位和减法运算中的借位，加法运算中有进位或减法运算中有借位，则 CY 位置 1，否则为 0。

2.AC（Auxiliary　Carry）

与 CY 基本相同，不同的是 AC 表示的是低 4 位向高 4 位的进、借位。

3.F0

该位是用户自己管理的标志位，用户可以根据自己的需要来设置。

4.RS1、RS0

这两位用于选择当前工作寄存器区。8051 有 8 个 8 位寄存器 R0~R7，它们在 RAM 中的地址可以根据用户需要来确定。

5.OV

该位表示运算是否发生了溢出，发生溢出则 OV=1。

6.P

P 是奇偶标志位。若累加器 A 中 1 的个数为奇数，则 P=1；若累加器 A 中 1 的个数为偶数，则 P=0。

假定在编程中需要知道当前运算是否发生了溢出，则需要测试 OV 位是否为 1，即测试 PSW 寄存器中的 2 号位是否为 1，此时就需要仅对这 8 位中的 1 位进行操作。这种只对一个整数中的部分位进行操作的情况，就可以通过 C 语言的位运算来实现。

位运算是指按二进制位进行的运算。在单片机中位运算通常用于 I/O 端口的输入／输出控制和逻辑判断。

C 语言提供的位运算符有 6 个，如表 9-2 所示。

表 9-2　C 语言的位运算符

位运算符	含　义	功　　能	典型用途
&	按位与	如果两个相应的二进制位都为 1，则该位的结果值为 1；否则为 0	清零
|	按位或	两个相应的二进制位中只要有一个为 1，该位的结果值为 1	置 1
^	按位异或	参加运算的两个二进制位相同则结果为 0，相异则结果为 1	交换两个数，部分位取反
~	按位取反	~ 是一个单目（元）运算符，用来对一个二进制数按位取反，即将 0 变 1，将 1 变 0	
<<	左移	左移运算符是用来将一个数的各二进制位全部左移 N 位，右补 0	
>>	右移	表示将 a 的各二进制位右移 N 位，移到右端的低位被舍弃，对无符号数，高位补 0	

注：上述运算符的操作对象都必须是整型的，也就是说，在进行位运算时，运算的对象都按整数对待。

9.2 位运算实际应用

9.2.1 按位与、或、异或及取反

【例 9-1】按位与、或、异或及取反示例。

```c
#include <stdio.h>
#include <stdlib.h>
int main()
{
    unsigned char a=120,b=78,aandb,aorb,axorb,nota;
    aandb=a&b;
    aorb=a|b;
    axorb=a^b;
    nota=~a;
    printf("a=%x\nb=%x\n",a,b);
    printf("a and b=%x\n",aandb);
    printf("a or  b=%x\n",aorb);
    printf("a xor b=%x\n",axorb);
    printf("  not a=%x\n",nota);
    return 0;
}
```

程序运行结果如图 9-1 所示。

图 9-1 例 9-1 程序运行结果

分析：程序中 a=120(十)=78(十六)=01111000(二)，b=78(十)=4e(十六)=01001110(二)，位运算如表 9-3 所示。

表 9-3 基本位运算相关说明

运 算	数据(二进制)	数据(十进制)	数据(十六进制)	说 明
a	01111000	120	78	原始数据
b	01001110	78	4e	原始数据
a & b	01111000 & 01001110 ---------- 01001000	72	48	按位与
a | b	01111000 | 01001110 ---------- 01111110	126	7e	按位或
a ^ b	01111000 ^ 01001110 ---------- 00110110	54	36	按位异或
~a	~01111000 ---------- 10000111	135	87	按位取反

从上面可看出，所谓的"按位"是指参加运算的数字的每个对应位各自进行相关运算。另外，还需要说明的是，&、|、^ 都符合交换律的运算规则。

上述几类位运算有如下一些基本特点（以 1 位二进制数为例）：

（1）1 与 x（0 或 1）进行 &（与运算）结果为 x，0 与 x（0 或 1）进行 & 运算结果为 0。

（2）1 与 x（0 或 1）进行 |（或运算）结果为 1，0 与 x（0 或 1）进行 | 运算结果为 x。

（3）1 与 x（0 或 1）进行 ^（异或运算）结果为 x 的反（1 或 0），0 与 x（0 或 1）进行 ^ 运算结果为 x。

（4）对 x（0 或 1）进行 ~（取反运算）的结果为 x 的反。

9.2.2 移位运算

移位运算分为左移和右移，是将一个整数的各二进制位全部左移或右移若干位。

【例 9-2】移位运算示例。

```c
#include <stdio.h>
int main()
{
    unsigned int a=0x8ffffff3,b;
    b=a<<2;
    printf("a=%x\nb=%x\n",a,b);
    return 0;
}
```

需要说明的是，上述程序中给变量 a 赋的值采用的是十六进制（C 语言中以 0x 开头）而没有采用十进制，原因是十六进制与二进制的转换更为直观简便。有关数制转换可参考相关资料，后面例子中也做了同样的处理。

程序运行结果如图 9-2 所示。

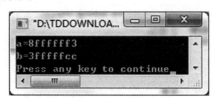

图 9-2 例 9-2 程序运行结果

说明：

```
a=0x8ffffff3=10001111111111111111111111110011
<<                                            2
        00111111111111111111111111001100=0x3ffffcc
```

最高两位的 10 被移出去了，最低两位又补了两个 0，其他位依次左移两位。但要注意，移动的位数必须小于操作数的总位数，否则达不到预期目的。

当操作数是无符号数时，右移运算的规则和左移类似。

【例 9-3】移位运算示例。

```
#include <stdio.h>
int main()
{
    unsigned int a=0x8fffff3,b;
    b=a>>2;
    printf("a=%x\nb=%x\n",a,b);
    return 0;
}
```

程序运行结果如图 9-3 所示。

图 9-3   例 9-3 程序运行结果

说明：

```
a=0x8fffff3=10001111111111111111111111110011
>>                                          2
           00100011111111111111111111111100=0x23ffffc
```

最低两位的 11 被移出去，最高两位又补了两个 0，其他位依次右移两位。和左移类似，移动的位数也必须小于操作数的总位数，否则达不到预期目的。

在不出现溢出（超出表示范围）的情况下，将一个二进制整数左移 1 位相当于乘以 2，右移 1 位相当于除以 2。例如，二进制 11（十进制 3）左移一位变成 110，就是 6，再左移一位变成 1100，就是 12。由于计算机做移位比做乘、除法快得多，编译器可以利用这一点进行优化。

9.2.3   典型应用案例

一个整数由多位组成，VC 6.0 中为 32 位，在有关计算机硬件开发的编程当中，经常需要对一个数的部分位进行相关操作，如取出、取反、置为某个值（0 或 1）等。前面章节中所讲的算术运算、逻辑运算等，都是对一个数中的所有位进行操作，对于这种只对部分位进行操作的情况，就可以通过位运算实现。

基本思路：对于原数 a，为了实现对其部分指定位的操作，可设一个对应的数 mask，称为掩码，用于控制对 a 中各个具体二进制位的操作，然后将 a 与 mask 进行一定的位运算即可达到目的。

假定某个整数 a 的值为 0x12345678，对应二进制形式为：

00010010001101000101011001111000，总共 32 位，为叙述方便，按从右到左编号，依次为 1 ~ 32。下面就几种常见情况举例说明：

1. 取出部分位

假定取出 9 ~ 16 位。可利用按位与运算实现，方法是将数 a 与用作掩码的 mask 进行与运算，mask 中各个二进制位的设置原则：原数 a 中某二进制位需要取出，则 mask 中对应位的值为 1；a 中某二进制位不需要取出，mask 中对应位的值为 0，如表 9-4 所示。

表 9-4　取出部分位

数　据	十六进制	二　进　制
a	12345678	00010010001101000101011001111000
mask	0000ff00	00000000000000001111111100000000

程序如下：

```
#include <stdio.h>
int main()
{
    unsigned int a,b,mask;
    a=0x12345678;
    mask=0x0000ff00;
    b=(a & mask) >> 8;
    printf("a=%x\nb=%x\n",a,b);
    return 0;
}
```

2. 将部分位清 0，其他位保持不变

假定对 9～16 位清 0。可利用按位与运算实现，方法是将数 a 与用作掩码的 mask 进行与运算，mask 中各个二进制位的设置原则：原数 a 中某二进制位需要清 0，则 mask 中对应位的值为 0；a 中某二进制位不需要清 0，mask 中对应位的值为 1，如表 9-5 所示。

表 9-5　将部分位清 0

数　据	十六进制	二　进　制
a	12345678	00010010001101000101011001111000
mask	ffff00ff	11111111111111110000000011111111

程序如下：

```
#include <stdio.h>
int main()
{
    unsigned int a,b,mask;
    a=0x12345678;
    mask=0xffff00ff;
    b=a & mask;
    printf("a=%x\nb=%x\n",a,b);
    return 0;
}
```

3. 将部分位置 1，其他位保持不变

假定对 9～16 位置 1。可利用按位或运算实现，方法是将数 a 与用作掩码的 mask 进行或运算，mask 中各个二进制位的设置原则：原数 a 中某二进制位需要置 1，则 mask 中对应位的值为 1；a 中某二进制位不需要置 1，mask 中对应位的值为 0，如表 9-6 所示。

表9-6　将部分位置1

数　据	十六进制	二　进　制
a	12345678	00010010001101000101011001111000
mask	0000ff00	00000000000000001111111100000000

程序如下：

```c
#include <stdio.h>
int main()
{
    unsigned int a,b,mask;
    a=0x12345678;
    mask=0x0000ff00;
    b=a | mask;
    printf("a=%x\nb=%x\n",a,b);
    return 0;
}
```

4. 将部分位取反，其他位保持不变

假定对 9 ～ 16 位取反。可利用按位异或运算实现，方法是将数 a 与用作掩码的 mask 进行异或运算，mask 中各个二进制位的设置原则是：原数 a 中某二进制位需要取反，则 mask 中对应位的值为 1；a 中某二进制位不需要取反，mask 中对应位的值为 0，如表 9-7 所示。

表9-7　将部分位取法

数　据	十六进制	二　进　制
a	12345678	00010010001101000101011001111000
mask	0000ff00	00000000000000001111111100000000

程序如下：

```c
#include <stdio.h>
int main()
{
    unsigned int a,b,mask;
    a=0x12345678;
    mask=0x0000ff00;
    b=a^mask;
    printf("a=%x\nb=%x\n",a,b);
    return 0;
}
```

5. 交换两个数

前面章节中讲述过交换两个变量值的常规方法。例如：

```c
#include <stdio.h>
int main()
{
    unsigned int a,b,t;
    a=0x12345678;
```

```
b=0x87654321;
t=a;
a=b;
b=t;
printf("a=%x\nb=%x\n",a,b);
return 0;
}
```

这种方法需要定义一个第三方变量作为中介。

下面是一种更简洁的方法：

```
#include <stdio.h>
int main()
{
    unsigned int a,b;
    a=0x12345678;
    b-0x87654321;
    a=a^b;
    b=b^a;
    a=a^b;
    printf("a=%x\nb=%x\n",a,b);
    return 0;
}
```

程序运行结果如图 9-4 所示。

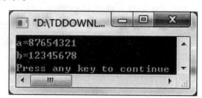

图 9-4　两个数交换的位运算实现运行结果

可见，确实达到了交换的效果。

其原理如表 9-8 所示。

表 9-8　位运算实现两个数的交换

运　算	数据 1	数据 2	说　明
初始状态	a	b	与 1 异或取反 与 0 异或保持 与自身异或清 0
a=a^b	a^b	b	
b=b^a	a^b	b^(a^b)=>a	
a=a^b	a^b^a=>b	a	

这种方法不需要定义第三方变量，更节省空间。

9.3　位　域

有些信息在存储时，只需占几个或一个二进制位。例如，在存放一个开关量时，只有 0

和 1 两种状态，用一位二进位即可。为了节省存储空间，并使处理简便，C 语言又提供了一种数据结构，称为"位域"或"位段"。所谓"位域"是把一个存储单元（包含若干个字节，如整型为 4 个字节，字符型为 1 个字节）中的二进位划分为几个不同的区域，并说明每个区域的位数。每个域有一个域名，允许在程序中按域名进行操作。这样就可以把几个不同的对象用一个存储单元中不同的二进制位域来表示。这种以位为单位的成员称为"位段"或"位域"。

位域在本质上是一种结构体类型，但其成员是按二进位分配空间的。

9.3.1 位域类型定义

```
struct   位域类型名
{
    数据类型名   位域名 1 : 位域长度 ;
    数据类型名   位域名 2 : 位域长度 ;
    ...
    数据类型名   位域名 n : 位域长度 ;
};
```

例如：

```
struct bs
{
    int   a:8;
    int   b:2;
    char  c:6;
};
```

说明：

（1）位域成员的类型须为整型相关类型，如 int、char 等。

（2）位域的长度不能够超过所定义类型的长度。例如：

```
struct bs
{
    int   a:10;     // 整型，最大可以是 32 位，此处正确
    char  b:10;     // 字符型，最大只能是 8 位，此处错误
    int   c:6;
};
```

（3）不能定义位域数组。

（4）可以定义无名位域，例如":2"，这时它只用来作填充或调整位置，不能使用。

（5）若某一位域要从另一个字节开始存放，可在其后用":0"设置一个长度为 0 的空位域，作用就是使下一个位域从下一个存储单元开始存放。例如：

```
struct bs
{
    int   a:8;
    int    :0;      // 长度为 0 无名域
    int   b:2;
    int   c:6;
};
```

9.3.2　位域变量定义

1. 先定义位域类型后定义变量
例如：

```
struct bs
{
   int   a:8;
   int   b:2;
   char  c:6;
};
struct bs data;
```

2. 定义位域类型的同时定义变量
例如：

```
struct bs
{
   int   a:8;
   int   b:2;
   char  c:6;
} data,*pdata;
```

9.3.3　位域的使用

位域的使用和结构体的使用相同，引用位域变量中某个位域的一般形式为：

位域变量名.位域名

位域可以用整型格式符输出，也可以在数值表达式中引用，它会被系统自动地转换成整型数。

【例 9-4】一个长方形的周长是 22 m，如果它的长和宽都是整米数，那么这个长方形有多少种可能情况？

分析：由于长方形的周长是 22 m，可知它的长与宽之和为 11 m，长与宽的最小值为 1，最大值为 10。可用穷举算法解决此问题，算法比较简单。程序如下：

```
#include <stdio.h>
int main()
{
   struct bs
   {
      short length:5;          //长
      short width:5;           //宽
      short count:6;           //用于存放总个数
   } rectangle;
   rectangle.count=0;
   for(rectangle.length=1;rectangle.length<=10;rectangle.length++)//长度
      for(rectangle.width=1;rectangle.width<=10;rectangle.width++)//宽度
       if(rectangle.length +rectangle.width==11)//若长宽之和为11
       {
            printf("长：%4d  宽：%4d\n",rectangle.length,rectangle.width);
```

```
            rectangle.count++;
        }
    printf("共有：%d 种情况！\n",rectangle.count);
    return 0;
}
```

例 11-4 实质是将一个 short 型的 16 位空间分成了三部分，分别存放长、宽及总个数，相较于单独定义 3 个变量而言，更节省空间。

9.3.4　位域的空间分配

使用位域的主要目的是节省存储空间，其内存分配的基本规则如下：

（1）如果相邻位域字段的类型相同，且其长度之和小于或等于位域字段定义类型的 sizeof() 大小，则后面的位域字段将紧邻前一个位域字段存储，直到不能容纳为止。

（2）如果相邻位域字段的类型相同，但其长度之和大于位域字段定义类型的 sizeof() 大小，则后面的位域字段将从新的存储单元开始，其偏移量为其类型大小的整数倍。

（3）如果相邻的位域字段的类型不同，则各编译器的具体实现有差异，VC 6.0 采取不压缩方式。

（4）如果位域字段之间穿插着非位域字段，则不进行压缩。

（5）整个位域结构体的总大小为最长基本类型成员大小的整数倍。

看一下下面几个结构体的定义：

```
#include <stdio.h>
int main()
{
    struct bs
    {
        char  a:2;
        char  b:3;
        char  c:1;
    };
    printf("%d\n",sizeof(struct bs));
    return 0;
}
```

输出结果为 1。

```
#include <stdio.h>
int main()
{
    struct bs
    {
        char  a:2;
        char  b:3;
        char  c:7;
    };
    printf("%d\n",sizeof(struct bs));
    return 0;
}
```

输出结果为2。

```
#include <stdio.h>
int main()
{
    struct bs
    {
        char  a:2;
        char  b:7;
        char  c:3;
    };
    printf("%d\n",sizeof(struct bs));
    return 0;
}
```

输出结果为3。

```
#include <stdio.h>
int main()
{
    struct bs
    {
        char  a:2;
        char  b:3;
        int   c:1;
    };
    printf("%d\n",sizeof(struct bs));
    return 0;
}
```

输出结果为8。

```
#include <stdio.h>
int main()
{
    struct bs
    {
        char  a:2;
        int   b:3;
        char  c:1;
    };
    printf("%d\n",sizeof(struct bs));
    return 0;
}
```

输出结果为12。

习　题

1. 简述位运算的主要适用场合及与普通运算的异同点。
2. 简述各种不同位运算的典型使用方法。

第10章

预 处 理

●本章重点

●预处理简介。

●宏定义。

●文件包含。

●条件编译。

10.1 预处理简介

在前面各章中，已多次使用过以"#"号开头的命令，如包含命令 #include、宏定义命令 #define 等。在源程序中这些命令都放在函数之外，而且一般都放在源文件的前面，称为预处理命令。

所谓预处理是指对源程序在进行编译之前所进行的处理。

预处理是C语言的一个重要功能，它由预处理程序负责完成。当对一个源文件进行编译时，系统将自动引用预处理程序对源程序中的预处理部分进行处理，根据源程序中的预处理指令来修改用户程序，处理完毕自动进入对源程序的编译。

预处理程序有许多非常有用的功能，例如宏定义、条件编译，在源代码中插入预定义的环境变量，打开或关闭某个编译选项，等等。对专业程序员来说，深入了解预处理程序的各种特征，是创建快速和高效程序的方法之一。

C语言的预处理主要有 3 个方面的内容：宏定义；文件包含；条件编译。预处理命令都以符号"#"开头。

合理使用预处理功能编写的程序便于阅读、修改、移植和调试，也有利于模块化程序设计。本章介绍常用的几种预处理功能。

10.2 宏定义

在 C 语言源程序中允许用一个标识符来表示一个字符串，称为"宏"。被定义为"宏"的标识符称为"宏名"。在编译预处理时，对程序中所有出现的"宏名"，都用宏定义中的字符串去代换，称为"宏代换"或"宏展开"。

宏定义是由源程序中的宏定义命令完成的，宏代换是由预处理程序自动完成的。

在 C 语言中，"宏"分为有参数和无参数两种。下面分别讨论这两种"宏"的定义和调用。

10.2.1 无参宏定义

无参宏的宏名后不带参数，其定义的一般形式为：

```
#define   标识符   字符串
```

其中，"#"表示这是一条预处理命令；"define"为宏定义命令；"标识符"为所定义的宏名；"字符串"可以是常数、表达式、格式串等。

在前面介绍过的符号常量的定义就是一种无参宏定义。例如：

```
#define   M   3.14159
```

表示在程序中出现 M 的地方就用 3.14159 这一串字符代替。

此外，常对程序中反复使用的表达式进行宏定义。

对于宏定义还要说明以下几点：

（1）宏定义是用宏名来表示一个字符串，在宏展开时又以该字符串取代宏名，这只是一种简单的代换。字符串中可以含任何字符，可以是常数，也可以是表达式，预处理程序对它不做任何检查。如果有错误，只能在编译已被宏展开后的源程序时发现。

（2）宏定义不是说明或语句，在行末不必加分号，如果加上分号则连分号也一起置换。

（3）宏定义必须写在函数之外，其作用域为从宏定义命令起到源程序结束。如果要终止其作用域，可使用 #undef 命令。

（4）宏名在源程序中若用引号括起来，则预处理程序不对其作宏代换。例如：

```
printf("M");
```

（5）宏定义允许嵌套，在宏定义的字符串中可以使用已经定义的宏名。在宏展开时由预处理程序层层代换。例如：

```
#define PI 3.1415926
#define S PI*y*y            //PI 是已定义的宏名
```

（6）习惯上宏名通常用大写字母表示，变量名用小写字母表示，以方便相互区别，但这只是一种建议，不是强制性的语法规定。

10.2.2 带参宏定义

C 语言允许宏带有参数。带参宏定义的一般形式如下：

```
#define   宏名 ( 形参表 )   字符串
```

在宏定义中的参数称为形式参数，在宏调用中的参数称为实际参数。

对带参数的宏，在调用中，不仅要将宏展开，而且要用实参去代换形参。

带参宏调用的一般形式为：

```
宏名 ( 实参表 ) ;
```

例如:

```
#define M(a,b,c) b*b-4*a*c                // 宏定义
…
k=M(1,2,3);                               // 宏调用
…
```

在宏调用时, 用实参去代替相应形参, 经预处理宏展开后的语句为:

```
k=2*2-4*1*3;
```

可以看出, 带参宏定义相当于定义了函数。

对于带参的宏定义有以下问题需要说明:

(1) 带参宏定义中, 宏名和形参表之间不能有空格出现。例如:

```
#define MIN(x,y) (x<y)?x:y
```

如果改为:

```
#define MIN  (x,y) (x<y)?x:y
```

将被认为是无参宏定义, 宏名 MIN 代表字符串 (x,y) (x<y)?x:y, 宏展开时, 宏调用语句:

```
min=MIN(a,b);
```

将变为:

```
min=(x,y)  (x<y)?x:y(a,b);
```

达不到预期目的, 错误。

(2) 在带参宏定义中, 形式参数不分配内存单元, 因此不必做类型定义。而宏调用中的实参有具体的值, 要用它们去代换形参, 因此必须做类型说明, 这是与函数中的情况不同的。在函数中, 形参和实参是两个不同的量, 各有自己的作用域, 调用时要把实参值赋予形参, 进行 “值传递”。而在带参宏中, 只是符号代换, 不存在值传递的问题。

(3) 在宏定义中的形参是标识符, 而宏调用中的实参可以是表达式。

(4) 在宏定义中, 字符串内的形参通常要用括号括起来以避免出错。例如:

```
#define F(x) x*x
```

其作用是求形参的平方值。形参没有用括号括起来, 若按如下方式调用:

```
f1=F(5);
```

则宏展开后为:

```
f1=5*5;
```

跟期望的结果相同。

若按如下方式调用：

```
f2=F(2+3);
```

则宏展开后为：

```
f1=2+3*2+3;
```

跟期望的结果就不相同了。

为避免出错，将此宏按如下格式定义：

```
#define F(x)  (x)*(x)
```

则调用就不会出现前面所述的那种错误。

（5）宏定义可用来定义多条语句，在宏调用时，把这些语句展开到源程序内。例如：

```
#define JISUAN(l,w,h) zhouchang=(l+w)*2;mianji=l*w;tiji=l*w*h;
```

（6）宏替换只做替换，不做计算，不做表达式求解，这点与函数不同。

（7）函数调用在编译后程序运行时进行，并且分配内存。宏替换在编译前进行，不分配内存。

（8）宏展开使源程序变长，函数调用不会出现这种情况。

（9）宏展开不占运行时间，只占编译时间，函数调用则占运行时间，包括分配内存、值传递、返回结果等。

10.2.3 取消宏定义

格式如下：

```
#undef   标识符
```

其作用是取消已定义的宏。

10.3   文件包含

前面章节中已多次使用文件包含命令包含过库函数的头文件。例如：

```
#include <stdio.h>
#include "math.h"
```

文件包含是 C 预处理程序的另一个重要功能，其功能是把指定的文件插入该命令行位置取代该命令行，从而把指定的文件和当前的源程序文件连成一个文件，编译时以包含处理以后的文件为编译单位，被包含的文件是源文件的一部分。

文件包含命令的一般形式为：

```
#include "文件名"
```

或

```
#include <文件名>
```

对文件包含命令还要说明以下几点：

（1）包含命令中的文件名可以用双引号括起来，也可以用尖括号括起来。例如，以下两种格式都是允许的：

```
#include "stdio.h"
#include<math.h>
```

但是这两种格式有区别：使用尖括号表示在由系统所指定的包含目录中去查找（包含目录由用户在设置环境时设置），而不在源文件目录去查找；而使用双引号则表示首先在当前源文件目录中查找，若未找到才到包含目录中去查找。编程时可根据自己文件所在的目录来选择合适的命令形式。

（2）一条 #include 命令只能指定一个被包含文件，若有多个文件要包含，则需用多条 #include 命令。

（3）文件包含允许嵌套，即在一个被包含的文件中又可以包含另一个文件。

10.4 条件编译

一般情况下，源程序中所有的行都参加编译，但有时希望对其中某些内容只在满足一定条件下才进行编译，即对一部分内容指定编译条件，这就是"条件编译"。条件编译通过条件编译指令来实现。

条件编译指令将决定哪些代码被编译，而哪些是不被编译的。可以根据表达式的值或者某个特定的宏是否被定义来确定编译条件。

1. #if、#else、#elif 和 #endif 指令

一般形式有如下几种：

（1）形式一：

```
#if   表达式
语句段1
[#else 语句段2]
#endif
```

如果表达式为真，就编译语句段 1，否则编译语句段 2。例如：

```
#include <stdio.h>
#define DEBUG 0
int main()
{
   #if DEBUG
      printf("Debugging\n");
   #else
      printf("Running\n");
   #endif
      printf("End\n");
}
```

此程序输出 Running 和 End。

（2）形式二：

```
#if  表达式1
语句段1
#elif  表达式2
语句段2
#else
语句段3
#endif
```

如果表达式1为真，则编译语句段1，否则判断表达式2；如果表达式2为真，则编译语句段2，否则编译语句段3。例如：

```
#include <stdio.h>
#define DEBUG 0
#define RUN   1
int main()
{
   #if DEBUG
      printf("Debugging\n");
   #elif RUN
      printf("Running\n");
   #else
      printf("End\n");
   #endif
}
```

此程序输出 Running。

2. #ifdef 和 #ifndef

（1）#ifdef 的一般形式：

```
#ifdef  宏名
语句段1
[#else 语句段2]
#endif
```

作用：如果在此之前已定义了这样的宏名，就编译语句段1，否则编译语句段2。例如：

```
#include <stdio.h>
#define DEBUG
int main()
{
   #ifdef DEBUG
      printf("Debugging\n");
   #else
      printf("Notdebugging\n");
   #endif
      printf("Running\n");
}
```

程序输出 Debugging 和 Running。

（2）#ifndef 的一般形式：

```
#ifndef  宏名
语句段1
[#else 语句段2]
#endif
```

作用：如果在此之前未定义这样的宏名，就编译语句段 1，否则编译语句段 2。例如：

```
#include <stdio.h>
#define DEBUG
int main()
{
    #ifndef DEBUG
        printf("Debugging\n");
    #else
        printf("Notdebugging\n");
    #endif
        printf("Running\n");
}
```

程序输出 Notdebugging 和 Running。

习　　题

1. 简述宏定义的主要适用场合及典型使用方法。
2. 简述文件包含的两种典型使用格式的异同点。
3. 简述条件编译的主要适用场合。

附录 A
学习建议

　　学习计算机语言的最终目的是编写程序，从而控制计算机按人的意图自动、连续、高速运行，以便更高效地解决实际问题，因此，编写程序是一项实践性很强的工作。熟练掌握编程语言的最有效办法是多去编写程序，通过编写大量程序，自然就会熟练掌握各种语法规则、各条命令及各种算法。对于初学者，有如下具体建议可供参考：

　　（1）学习重点不要放在繁杂的语言规则方面。语法规则不需要投入太多精力，掌握基本要求就可以编写程序。在编写程序过程中，遇到有关语法方面的问题，再去查看教材相关内容，编写的程序多了，语法规则自然就记住了。

　　（2）遇到具体问题时不要急于编写程序，应该先确定算法，用流程图、N-S 图等工具描述出来，算法确定后再去写程序——谋定而后动。

　　（3）编译调试过程中系统都有相关提示，对于各类错误都有相关说明，要养成利用系统提示解决问题的习惯。VC 6.0 的系统提示是英文的，刚开始可能不太理解，遇到新提示，先查清楚单词的中文含义，通过网络等手段弄清出现此类错误的原因。日积月累，一段时间后，看到提示就可以基本断定程序发生了哪类错误，就可以快速确定错误的类型、位置并进行更正。

　　（4）教材只对基本知识进行了讲述，只包含最基本的内容。实际编写程序过程中会遇到各种各样的问题，有几种解决思路：

　　①通过系统自带帮助解决问题。现在市面上的各类软件都自带帮助功能，C 语言也不例外（VC 6.0 的帮助需要单独安装），对于语法、函数使用方法、各类运算符的使用等语言本身的问题，都可以借助于系统自带的帮助功能来解决。

　　②网络。计算机网络上提供了大量有关语法、算法、编程注意事项等各方面的资料，且绝大多数是免费的，遇到问题时可借助网络解决——有问题，找百度。

　　③请教别人，如老师、同学、朋友等。不耻下问始终是学习过程中的一种非常好的态度，请教别人不丢人，不懂装懂才丢人。

　　（5）对于初学者来讲，编程需要理论指导，但更是一种技术实践，而技术的熟练需要大量的训练。对于一些有典型意义的程序，不能仅编写出来就算完成任务，要反复练习到非常熟练的程度。通常情况下，20 行以内的程序，应该在 10 分钟内完成。

　　以上是根据个人经验对初学者提出的一些建议，但愿对大家的学习有所裨益。

常见标准函数

C 语言编译系统提供了众多的预定义库函数和宏。用户在编写程序时，可以直接调用这些库函数和宏。这里选择了初学者常用的一些库函数，简单介绍了各函数的用法和所在的头文件。

1. 测试函数

（1）isalnum

原型：`int isalnum(int c)`

功能：测试参数 c 是否为字母或数字，是则返回非零，否则返回零。

头文件：ctype.h。

（2）isapha

原型：`int isapha(int c)`

功能：测试参数 c 是否为字母：是则返回非零，否则返回零。

头文件：ctype.h。

（3）isascii

原型：`int isascii(int c)`

功能：测试参数 c 是否为 ASCii 码（0x00~0x7F），是则返回非零，否则返回零。

头文件：ctype.h。

（4）iscntrl

原型：`int iscntrl(int c)`

功能：测试参数 c 是否为控制字符（0x00~0x1F、0x7F），是则返回非零，否则返回零。

头文件：ctype.h。

（5）isdigit

原型：`int isdigit(int c)`

功能：测试参数 c 是否为数字，是则返回非零，否则返回零。

头文件：ctype.h。

（6）isgraph

原型：`int isgraph(int c)`

功能：测试参数 c 是否为可打印字符（0x21~0x7E），是则返回非零，否则返回零。

头文件：ctype.h。

（7）islower

原型：`int islower(int c)`

功能：测试参数 c 是否为小写字母，是则返回非零，否则返回零。

头文件：ctype.h。

（8）isprint

原型：`int isprint(int c)`

功能：测试参数 c 是否可打印（含空格符 0x20~0x7E），是则返回非零，否则返回零。

头文件：ctype.h。

（9）ispunct

原型：`int ispunct(int c)`

功能：测试参数 c 是否为标点符号，是则返回非零，否则返回零。

头文件：ctype.h。

（10）isupper

原型：`int isupper(inr c)`

功能：测试参数 c 是否为大写字母，是则返回非零，否则返回零。

（11）isxdigit

原型：`int isxdigit(int c)`

功能：测试参数 c 是否为十六进制数，是则返回非零，否则返回零。

2. 数学函数

（1）abs

原型：`int abs(int i)`

功能：返回整型参数 i 的绝对值。

头文件：stdlib.h、math.h。

（2）acos

原型：`double acos(double x)`

功能：返回双精度参数 x 的反余弦三角函数值。

头文件：math.h。

（3）asin

原型：`double asin(double x)`

功能：返回双精度参数 x 的反正弦三角函数值。

头文件：math.h。

（4）atan

原型：`double atan(double x)`

功能：返回双精度参数的反正切三角函数值。

头文件：math.h。

（5）atan2

原型：`double atan2(double y, double x)`

功能：返回双精度参数 y 和 x 由式 y/x 所计算的反正切三角函数值。

头文件：math.h。

（6）cabs

原型：`double cabs(struct complex znum)`

功能：返回一个双精度数，为计算出复数 znum 的绝对值。complex 的结构模式在 math.h 中给出定义。其定义如下：

```
struct complex
{
    double a,y;
};
```

头文件：stdlib.h、math.h。

（7）ceil

原型：`double ceil(double x)`

功能：返回不小于参数 x 的最小整数。

头文件：math.h。

（8）_clear87

原型：`unsigned int _clear87(void)`

功能：清除浮点运算器状态字。

头文件：float.h。

（9）_control87

原型：`unsigned int _control87(unsigned int newvals, unsigned int mask)`

功能：取得或改变浮点运算器控制字。

头文件：float.h。

（10）cos

原型：`double cos(double x)`

功能：返回参数 x 的余弦函数值。

头文件：math.h。

（11）cosh

原型：`double cosh(double x)`

功能：返回参数的双曲线余弦函数值。

头文件：math.h。

（12）ecvt

原型：`char *ecvt(double value, int ndigit, int *decpt, int *sign)`

功能：把双精度数 value 转换为 ndigit 位数字的以空格字符结束的字符串，decpt 指向小数点位置，sign 为符号标志。函数返回值为指向转换后的字符串的指针。

头文件：stdlib.h。

（13）exp

原型：`double exp(double x)`

功能：返回参数 x 的指数函数值。

头文件：math.h。

（14）fabs

原型：`double fabs(double x)`

功能：返回参数 x 的绝对值。

头文件：math.h。

（15）floor

原型：`double floor(double x)`

功能：返回不大于参数 x 的最大整数。

头文件：math.h。

（16）fmod

原型：`double fmod(double x, double y)`

功能：计算 x/y 的余数，返回值为所求的余数值。

头文件：math.h。

（17）_fprest

原型：`void _fprest(void)`

功能：重新初始化浮点型数数学包。

头文件：float.h。

（18）frexp

原型：`double frexp(double value, int*eptr)`

功能：把双精度函数 value 分解成尾数和指数。函数返回尾数值，指数值存放在 eptr 所指的单元中。

头文件：math.h。

（19）hypot

原型：`double frexp(double x, double y)`

功能：返回由参数 x 和 y 所计算的直角三角形的斜边长。

头文件：math.h。

（20）labs

原型：`long labs(long n)`

功能：返回长整数型参数 n 的绝对值。

头文件：stdlib.h。

（21）ldexp

原型：`double ldexp(double value, int exp)`

功能：返回 value*2^exp 的值。

头文件：math.h。

（22）log

原型：`double log(double x)`

功能：返回参数 x 的自然对数（ln x）的值。

头文件：math.h。

（23）log10

原型：`double log10(double x)`

功能：返回参数 x 以 10 为底的自然对数（lg x）的值。

头文件：math.h。

（24）modf

原型：`double modf(double value, double  *iptr)`

功能：把双精度数 value 分为整数部分和小数部分。整数部分保存在 iptr 中，小数部分作为函数的返回值。

头文件：math.h。

（25）poly

原型：`double poly(double x, int n, double c[ ])`

功能：根据参数产生 x 的一个 n 次多项式，其系数为 $c[0]$，$c[1]$，…，$c[n]$。函数返回值为给定 x 的多项式的值。

头文件：math.h。

（26）pow

原型：`double pow(double x, double y)`

功能：返回计算 xy 的值。

头文件：math.h。

（27）pow10

原型：`double pow10(int p)`

功能：返回计算 10^p 的值。

头文件：math.h。

（28）rand

原型：`int rand(void)`

功能：随机函数，返回一个范围在 $0 \sim 2^{15}-1$ 的随机整数。

头文件：stdlib.h。

（29）sin

原型：`double sin(double x)`

功能：返回参数 x 的正弦函数值。

头文件：math.h。

（30）sinh

原型：`double sinh(double x)`

功能：返回参数 x 的双曲正弦函数值。

头文件：math.h。

（31）sqrt

原型：`double sqrt`

功能：返回参数 x 的平方根值。

头文件：math.h。

（32）srand

原型：`void srand(unsigned seed)`

功能：初始化随机函数发生器。

头文件：stdlib.h。

（33）_status87

原型：`unsigned int_status87()`

功能：取浮点状态。

头文件：float.h。

（34）tan

原型：`dounle tan(double x)`

功能：返回参数 x 的正切函数值。

头文件：math.h。

（35）tanh

原型：`double tan(double x)`

功能：返回参数 x 的双曲正切函数值。

头文件：math.h。

3. 转换函数

（1）atof

原型：`double atof(char  *nptr)`

功能：返回一双精度型数，其由 nptr 所指字符串转换而成。

头文件：math.h、stdlib.h。

（2）atoi

原型：`int atoi(char  *nptr)`

功能：返回一整数，其由 nptr 所指字符串转换而成。

头文件：stdlib.h。

（3）atol

原型：`long atol(char  *nptr)`

功能：返回一长整型数，其由 nptr 所指字符串转换而成。

头文件：stdlib.h。

（4）fcvt

原型：`char *fcvt(double value, int ndigit, int *decpt, int  *sign)`

功能：fcvt 与 ecvt 相似，将浮点型数转换成 FORTRAN F 格式的字符串。

头文件：stdlib.h。

（5）gcvt

原型：`char *gvct(double value, int ndigit, char  *buf)`

功能：把 value 转换为以空字符结尾、长度为 ndigit 的串，结果放在 buf 中，返回所得串的指针。

头文件：stdlib.h。

（6）itoa

原型：`char *gcvt(double value, char *string, int radix)`

功能：把一个整型数 value 转换为字符串，即将 value 转换为以 '\0' 结尾的串。结果存在 string 中，radix 为转换中数的基数，函数返回值为指向字符串 string 的指针。

头文件：stdlib.h。

（7）strtod

原型：`double strtod(char *str, char **endptr)`

功能：把字符串 str 转化为双精度数。endptr 不为空，则其为指向终止扫描的字符的指针。函数返回值为双精度数。

头文件：string.h。

（8）strtol

原型：`long strtol(char *str, char *endptr, int base)`

功能：把字符串 str 转换为长整型数。endptr 不为空，则其为指向终止扫描的字符指针。函数返回值为长整型数。参数 base 为要转换整数的基数。

头文件：string.h。

（9）ultoa

原型：`char *ultoa(unsigned long value, char *string, int radix)`

功能：转换一个无符号长整型数 value 为字符串。即 value 转换为以 '\0' 结尾的字符串，结果保存在 string 中 1，radix 为转换中数的基数，返回值为指向串 string 的指针。

头文件：stdlib.h。

4. 串和内存操作函数

（1）memccpy

原型：`void *memccpy(void *destin, void *soure, unsigned char ch, unsignde n)`

功能：从源 source 中复制 n 个字节到目标 destin 中。复制直至第一次遇到 ch 中的字符为止（ch 被复制）。函数返回值为指向 destin 中紧跟 ch 后面字符的地址或为 NULL。

头文件：string.h、mem.h。

（2）memchr

原型：`void *memchr(void *s, char ch, unsigned n)`

功能：在数组 x 的前 n 个字节中搜索字符 ch。返回值为指向 s 中首次出现 ch 的指针位置。如果 ch 没有在 s 数组中出现，返回 NULL。

头文件：string.h、mem.h。

（3）memcmp

原型：`void *memcmp(void *s1, void *s2, unsigned n)`

功能：比较两个字符串 s1 和 s2 的前 n 个字符，把字节看成是无符号字符型。如果 s1<s2，返回负值；如果 s1=s2，返回零；否则 s1>s2，返回正值。

头文件：string.h，mem.h。

（4）memcpy

原型：`void *memcpy(void *destin, void *source, unsigned n)`

功能：从源 source 中复制 n 个字节到目标 destin 中。

头文件：string.h、mem.h。

（5）memicmp

原型：`int *memicmp(void *s1, void *s2, unsigned n)`

功能：比较两个串 s1 和 s2 的前 n 个字节，大小写字母同等看待。如果 s1<s2，返回负值；如果 s1=s2，返回零；如果 s1>s2，返回正值。

头文件：string.h、mem.h。

（6）memmove

原型：`void *memmove(void *destin, void *source, unsigned n)`

功能：从源 source 中复制 n 个字节到目标 destin 中。返回一个指向 destin 的指针。

头文件：string.h、mem.h。

（7）memset

原型：`void *memset(void *s, char ch, unsigned n)`

功能：设置 s 中的前 n 个字节为 ch 中的值（字符）。返回一个指向 s 的指针。

头文件：string.h、mem.h。

（8）setmem

原型：`void setmem(void *addr, int len, char value)`

功能：将 len 个字节的 value 值保存到存储区 addr 中。

头文件：mem.h。

（9）strcat

原型：`char *strcat(char *destin, const char *source)`

功能：把串 source 复制连接到串 destin 后面（串合并）。返回值为指向 destin 的指针。

头文件：string.h。

（10）strchr

原型：`char *strchr(char *str, char c)`

功能：查找串 str 中某给定字符（c 中的值）第一次出现的位置。返回值为 NULL 时表示没有找到。

头文件：string.h。

（11）strcmp

原型：`int strcmp(char *str1, char *str2)`

功能：把串 str1 与另一个串 str2 进行比较。当两字符串相等时，函数返回 0；str1<str2 时，返回负值；str1>str2 时，返回正值。

头文件：string.h。

（12）strcpy

原型：`char *strcpy(char *str1, char *str2)`

功能：把 str2 串复制到 str1 串变量中。函数返回指向 str1 的指针。

头文件：string.h。

（13）strcspn

原型：`int strcspn(char  *str1, *str2)`

功能：查找 str1 串中第一个出现在串 str2 中的字符的位置。函数返回该位置。

头文件：string.h。

（14）strdup

原型：`char  *strdup(char  *str)`

功能：分配存储空间，并将串 str 复制到该空间。返回值为指向该复制串的指针。

头文件：string.h。

（15）stricmp

原型：`int stricmp(chat  *str1, char  *str2)`

功能：将串 str1 与另一个串 str2 进行比较，不分字母大小写。返回值同 strcmp() 函数。

头文件：string.h。

（16）strlen

原型：`unsigned strlen(char  *str)`

功能：计算 str 串的长度。函数返回串长度值。

头文件：string.h。

（17）strlwr

原型：`char  *strlwr(char  *str)`

功能：转换 str 串中的大写字母为小写字母。

头文件：string.h。

（18）strncat

原型：`char  *strncat(char  *destin, char  *source, int maxlen)`

功能：把串 source 中的最多 maxlen 个字节加到串 destin 之后（合并）。函数返回指向已连接的串 destin 的指针。

头文件：string.h。

（19）strncmp

原型：`int strncmp(char  *str1, char  *str2, int maxlen)`

功能：把串 str1 与串 str2 的头 maxlen 个字节进行比较。返回值同 strcmp() 函数。

头文件：string.h。

（20）strnset

原型：`char  *strnset(char  *str, char ch, unsigned n)`

功能：将串 str 中的前 n 个字节设置为一给定字符（中的值）。

头文件：string.h。

（21）strpbrk

原型：`char  *strpbrk(char  *str1, char  *str2)`

功能：查找给定字符串 str1 中的字符在字符串 str2 中第一次出现的位置，返回位置指针。若未查到，则返回 NULL。

头文件：string.h。

（22）strrchr

原型：`char *strrchr(char *str, char c)`

功能：给定字符（c 的值）在串 str 中的最后一次出现的位置。返回指向该位置的指针，若未查到，则返回 NULL。

头文件：string.h。

（23）strrev

原型：`char *strrev(char *str)`

功能：颠倒串 str 的顺序。函数返回颠倒顺序的串的指针。

头文件：string.h。

（24）strset

原型：`char *strset(char *str, char c)`

功能：把串中所有字节设置为给定字符(c 的值)。函数返回串的指针。

头文件：string.h。

（25）strspn

原型：`int strspn(char *str1, char *str2)`

功能：在串 str1 中找出第一次出现 str2 的位置。函数返回 str2 在 str1 中的位置数。

头文件：string.h。

（26）strstr

原型：`char *strstr(char *str1, char *str2)`

功能：查找串 str2 在串 str1 中首次出现的位置，返回指向该位置的指针。如果找不到匹配的串，则返回空指针。

头文件：string.h。

（27）strtok

原型：`char *strtok(char *str1, char *str2)`

功能：把串 str1 中的单词用 str2 所给出的一个或多个字符所组成的分隔符分开。

头文件：string.h。

（28）strupr

原型：`char *strupr(char *str)`

功能：把串 str 中所有小写字母换为大写。返回转换后的串指针。

头文件：string.h。

5. 输入 / 输出函数

（1）access

原型：`int access(char *filename, int mode)`

功能：确定 filename 所指定的文件目录是否满足 mode 所指权限（00：存在，01：执行，02：写，04：读），是则返回 0，否则反回 −1。

头文件：io.h。

（2）cgets

原型：`char *cgets(char *string)`

功能：从控制台读字符串给 string。返回串指针。

头文件：conio.h。

（3）chmod

原型：`int chmod(char *filename, int permiss)`

功能：改变文件的存取方式、读写权限。filenane 为文件名，permiss 为文件权限值。函数返回值为 -1 时，表示出错。

头文件：io.h。

（4）clearer

原型：`void clearerr(FILE *stream)`

功能：复位 stream 所指流式文件的错误标志。

头文件：stdio.h。

（5）close

原型：`int close(int handle)`

功能：关闭文件。handle 为已打开的文件号。返回值为 -1 时表示出错。

头文件：io.h。

（6）cprintf

原型：`int cprintf(char *format[, argument, …])`

功能：格式化输出至屏幕。*format 为格式串；argument 为输出参数。返回所输出的字符数。

头文件：conio.h。

（7）cputs

原型：`void cputs(char *string)`

功能：写一字符串到屏幕。string 为要输出的串。

头文件：conio.h。

（8）creat

原型：`int creat(char *filename, int permiss)`

功能：创建一个新文件或重写一个已存在的文件。filename 为文件名，permiss 为权限。函数返回值为 -1 时，表示出错。

头文件：io.h。

（9）cscanf

原型：`int cscanf(char *format[, argumen, …])`

功能：从控制台格式化输入。format 为格式串，argument 为输入参数。返回被正确转换和赋值的数据项数。

头文件：conio.h。

（10）dup

原型：`int dup(int handle)`

功能：复制文件句柄（文件号）。handle 为已打开的文件号。

头文件：io.h。

（11）dup2

原型：`int dup2(int oldhandle, int newhandle)`

功能：复制文件句柄（文件号），即使 newhandle 文件号与 oldhandle 文件号指向同一文件。

头文件：io.h。

（12）eof

原型：`int eof(int  *handle)`

功能：检测文件结束。handle 为已打开的文件号。返回值为 1 时，表示文件结束；否则为 0；-1 表示出错。

头文件：io.h。

（13）fclose

原型：`int fclose(FILE *stream)`

功能：关闭一个流。stream 为流指针。返回 EOF 时，表示出错。

头文件：stdio.h。

（14）fcloseall

原型：`int fcloseall(void)`

功能：关闭所有打开的流。返回 EOF 时，表示出错。

头文件：stdio.h。

（15）feof

原型：`int feof(FILE  *stream)`

功能：检测流上文件的结束标志。返回非 0 值时，表示文件结束。

头文件：stdio.h。

（16）ferror

原型：`int ferror(FILE  *stream)`

功能：检测流上的错误。返回 0 时，表示无错。

头文件：stdio.h。

（17）fflush

原型：`int fflush(FILE  *stream)`

功能：清除一个流。返回 0 时，表示成功。

头文件：stdio.h。

（18）fgetc

原型：`int fgect(FILE  *stream)`

功能：从流中读一个字符。返回 EOF 时，表示出错或文件结束。

头文件：stdio.h。

（19）fgetchar

原型：`int fgechar(void)`

功能：从 stdin 中读取字符。返回 EOF 时，表示出错或文件结束。

头文件：stdio.h。

（20）fgets

原型：`char *fgets(char *string, int n, FILE *stream)`

功能：从流中读取一字符串。string 为存放字符串指针变量；n 为读取字节个数；stream 为流指针，返回 EOF 时，表示出错或文件结束。

头文件：stdio.h。

（21）filelength

原型：`long filelength(int handle)`

功能：取文件的长度。handle 为已打开的文件号；返回 -1 时，表示出错。

头文件：io.h。

（22）fopen

原型：`FILE *fopen(char *filename, char *type)`

功能：打开一个流。filename 为文件名；type 为允许访问方式。返回指向打开文件的指针。

头文件：stdio.h。

（23）fprintf

原型：`int fprintf(FILE *stream, char *format[, argument, …]`

功能：传送格式化输出到一个流。stream 为流指针；format 为格式串；argument 为输出参数。

头文件：stdio.h。

（24）fputc

原型：`int fpuct(int ch, FILE *stream)`

功能：送一个字符到一个流中，ch 为被写字符。stream 为流指针；返回被写字符。返回 EOF 时，表示可能出错。

头文件：stdio.h。

（25）fputchar

原型：`int fputchar(char ch)`

功能：送一个字符到标准的输出流(stdout)中，ch 为被写字符。返回被写字符。返回 EOF 时，表示可能出错。

头文件：stdio.h。

（26）fputs

原型：`int fputs(char *string, FILE *stream)`

功能：送一个字符串到流中，string 为被写字符串。stream 为流指针；返回值为 0 时，表示成功。

头文件：stdio.h。

（27）fread

原型：`int fread(void *ptr, int size, int nitems, FILE *stream)`

功能：从一个流中读数据，ptr 为数据存储缓冲区，size 为数据项大小（单位是字节），nitems 为读入数据项的个数；stream 为流指针；返回实际读入的数据项个数。

头文件：stdio.h。

（28）freopen

原型：`FILE *freopen(char *filename, char *type, FILE *stream)`

功能：关闭当前所指流式文件，使指针指向新的流。filename 为新文件名。type 为访问方式；stream 为流指针；返回新打开的文件指针。

头文件：stdio.h。

（29）fscanf

原型：`int fscanf(FILE *stream, char *format[, argument, …]`

功能：从一个流中执行格式化输入。stream 为流指针，format 为格式串，argument 为输入参数。

头文件：stdio.h。

（30）fseek

原型：`int fseek(FILE *stream, long offset, int fromwhere)`

功能：重新定位流上读 / 写指针。stream 为流指针，offset 为偏移量（字节数），fromwhere 为起始位置。返回 0 时，表示成功。

头文件：stdio.h。

（31）fstat

原型：`int fstat(char *handle, struct stat *buff)`

功能：获取打开文件的信息。handle 为已打开的文件号，buff 为指向 stat 结构的指针，用于存放文件的有关信息。返回 -1 时，表示出错。

头文件：sys\stst.h。

（32）ftell

原型：`long ftell(FILE *stream)`

功能：返回当前文件操作指针位置。

头文件：stdio.h。

（33）fwrite

原型：`int fwrite(void *ptr, int size, int nitems, FILE *stream)`

功能：写内容到流中。ptr 为被写出的数据存储缓冲区，size 为数据项大小（单位是字节），nitems 为写出的数据项个数，stream 为流指针。返回值为实际写出的完整数据项个数。

头文件：stdio.h。

（34）getc

原型：`int getc(FILE *stream)`

功能：从流中取字符。stream 为流指针；返回所读入的字符。

头文件：stdio.h。

（35）getch

原型：`int getch(void)`

功能：从控制台无回显地读取一个字符。返回所读入的字符。

头文件：conio.h。

（36）getchar

原型：`int getchar(void)`

功能：从标准输入流（stdin）中取一字符。返回所读入的字符。

头文件：conio.h。

（37）getche

原型：`int getche(void)`

功能：从控制台取一字符，并回显。返回所读入的字符。

头文件：conio.h。

（38）getpass

原型：`char *getpass(char *prompt)`

功能：读一个口令。prompt 为提示字符串。函数无回显地返回指向输入口令（超过 8 个字符的串）的指针。

头文件：conio.h。

（39）gets

原型：`char *gets(char *string)`

功能：从标准设备上（stdin）读取一个字符串。string 为存放读入串的指针。返回 NULL 时，表示出错。

头文件：conio.h。

（40）getw

原型：`int getw(FILE *stream)`

功能：从流中取一个二进制的整型数。stream 为流指针。返回所读到的数值（EOF 表示出错）。

头文件：stdio.h。

（41）kbhit

原型：`int kbhit(void)`

功能：检查控制台是否有键按动。返回非 0 时，表示有按键。

头文件：conio.h。

（42）lseek

原型：`long lseek(int handle, long offset, int fromwhere)`

功能：移动文件读 / 写指针。handle 为已打开的文件号；offset 为偏移量（字节数）；fromwhere 为初始位置。返回 -1 时，表示出错。

头文件：io.h。

（43）open

原型：`int open(char *pathname, int access[, permiss])`

功能：打开一个文件用于读或写。pathname 为文件名；access 为允许操作类型；permiss 为权限。返回所打开的文件序号。

头文件：io.h。

（44）perror

原型：`void perror(char *string)`

功能：打印系统错误信息。string 为字符串提示信息。函数打印完提示信息之后，打印一个冒号，然后打印相对于当前 errno 值的信息。

头文件：stdio.h。

（45）printf

原型：`int printf(char *format[, argument])`

功能：从标准输出设备（stdout）上格式化输出。format 为格式串，argument 为输出参数。

头文件：stdio.h。

（46）putc

原型：`int putc(int ch, FILE *stream)`

功能：输出字符到流中。ch 为被输出的字符，stream 为流指针。函数返回被输出的字符。

头文件：stdio.h。

（47）putch

原型：`int putch(int ch)`

功能：输出一个字符到控制台。ch 为要输出的字符。返回值为 EOF 时，表示出错。

头文件：conio.h

（48）putchar

原型：`int putchar(int ch)`

功能：输出一个字符到标准输出设备（stdout）上。ch 为要输出的字符。返回被输出的字符。

头文件：conio.h。

（49）puts

原型：`int puts(char *string)`

功能：输出一个字符串到标准输出设备（stdout）上。string 为要输出的字符串。返回值为 0 时，表示成功。

头文件：conio.h。

（50）putw

原型：`int putw(int w, FILE *stream)`

功能：将一个二进制整数写到流的当前位置。w 为被写的二进制整数，stream 为流指针。

头文件：stdio.h。

（51）read

原型：`int read(int handle, void *buf, nbyte)`

功能：从文件中读。handle 为已打开的文件号；buf 为存储数据的缓冲区；nbyte 为读取的最大字节。返回成功读取的字节数。

头文件：io.h。

（52）remove

原型：`int remove(char *filename)`

功能：删除一个文件。filename 为被删除的文件名；返回 -1 时，表示出错。

头文件：stdio.h。

（53）rename

原型：`int rename(char *oldname, char *newname)`

功能：改文件名。oldname 为旧名；newname 为新名。返回值为 0，表示成功。

头文件：stdio.h。

（54）rewind

原型：`int rewind(FILE *stream)`

功能：将文件内部指针指向头文件。stream 为流指针。

头文件：stdio.h。

（55）scanf

原型：`int scanf(char *format[, argument, …])`

功能：从标准输入设备上格式化输入。format 为格式串；argument 为输入参数项。

头文件：stdio.h。

（56）setbuf

原型：`void setbuf(FILE *stream, char*buf)`

功能：把缓冲区与流相联。

头文件：stdio.h。

（57）setmode

原型：`int setmode(int handle, unsigned mode)`

功能：设置打开文件方式。handle 为文件号；mode 为打开方式。

头文件：io.h。

（58）setvbuf

原型：`int setvbuf(FILE *stream, char *buf, int type, unsigned size)`

功能：把缓冲区与流相联。stream 为流指针；buf 为用户定义的缓冲区；type 为缓冲区类型；size 为缓冲区大小。

头文件：dos.h。

（59）sprint

原型：`int sprint(char *strintg, char *format[, argument, …])`

功能：格式输出到字符串 string 中。

头文件：stdio.h。

（60）sscanf

原型：`int sscanf(char *string, char format[, argument, …])`

功能：执行从串 string 中输入。

头文件：stdio.h。

（61）strerror

原型：`char *strerror(int errnum)`

功能：返回指向错误信息字符串的指针。

头文件：stdio.h。

（62）tell

原型：`long tell(int handle)`

功能：取文件读／写指针的当前位置。

头文件：io.h。

（63）ungetc

原型：`int ungetc(char ch, FILE *stream)`

功能：把一字符串退回输入流中。

头文件：stdio.h。

（64）ungetch

原型：`int ungetch(int ch)`

功能：把一个字符退回到键盘缓冲区中。

头文件：conio.h。

（65）vfprintf

原型：`int vfprintf(FILE *stream, char *format, va_list param)`

功能：送格式化输出到流 stream 中。

头文件：stdio.h。

（66）vfscanf

原型：`int vfscanf(FILE *stream, char *format, va_list param)`

功能：从流 stream 中进行格式化输入。

头文件：stdio.h。

（67）vprintf

原型：`int vprintf(char *format, va_list param)`

功能：送格式化输出到标准的输出设备。

头文件：stdio.h。

（68）vscanf

原型：`int vscanf(char *format, va_list param)`

功能：从标准的输入设备（stdin）进行格式化输入。

头文件：stdio.h。

（69）vsprintf

原型：`int vsprintf(char *string, char *format, va_list param)`

功能：送格式化输出到字符串 string 中。

头文件：stdio.h。

（70）write

原型：`int write(int handle, void *buf, int nbyte)`

功能：将缓冲区 buf 的内容写入一个文件中。handle 为已打开的文件；buf 为要写（存）的数据；nbyte 为字节数。返回值为实际所写的字节数。

头文件：io.h。

C 语言关键字

C 语言一共有 32 个关键字，如下所述：

auto：声明自动变量。

short：声明短整型变量或函数。

int：声明整型变量或函数。

long：声明长整型变量或函数。

float：声明浮点型变量或函数。

double：声明双精度变量或函数。

char：声明字符型变量或函数。

struct：声明结构体变量或函数。

union：声明共用数据类型。

enum：声明枚举类型。

typedef：用以给数据类型取别名。

const：声明只读变量。

unsigned：声明无符号类型变量或函数。

signed：声明有符号类型变量或函数。

extern：声明变量是在其他文件中。

register：声明寄存器变量。

static：声明静态变量。

volatile：说明变量在程序执行中可被隐含地改变。

void：声明函数无返回值或无参数，声明无类型指针。

if：条件语句。

else：条件语句否定分支（与 if 连用）。

switch: 用于开关语句。

case：开关语句分支。

for：一种循环语句。

do：循环语句的循环体。

while：循环语句的循环条件。

goto：无条件跳转语句。

continue：结束当前循环，开始下一轮循环。

break：跳出当前循环。

default：开关语句中的"其他"分支。

sizeof：计算数据类型长度。

return：子程序返回语句（可以带参数，也可不带参数）。

ASCII 码表

ASCII（American Standard Code for Information Interchange，ASCII）码即美国标准信息交换代码。

美国标准信息交换代码是由美国国家标准学会（American National Standard Institute，ANSI）制定的，标准的单字节字符编码方案，用于基于文本的数据。起始于 20 世纪 50 年代后期，在 1967 年定案。它最初是美国国家标准，供不同计算机在相互通信时用作共同遵守的西文字符编码标准，它已被国际标准化组织（International Organization for Standardization，ISO）定为国际标准，称为 ISO 646 标准，适用于所有拉丁文字字母。

ASCII 码使用指定的 7 位或 8 位二进制数组合来表示 128 或 256 种可能的字符。标准 ASCII 码也称基础 ASCII 码，使用 7 位二进制数来表示所有的大写和小写字母，数字 0 ~ 9、标点符号，以及在美式英语中使用的特殊控制字符。其中：

0 ~ 32 及 127（共 34 个）是控制字符或通信专用字符（其余为可显示字符），如控制符 LF（换行）、CR（回车）、FF（换页）、DEL（删除）、BS（退格）、BEL（振铃）等；通信专用字符 SOH（文头）、EOT（文尾）、ACK（确认）等；ASCII 值为 8、9、10 和 13 分别转换为退格、制表、换行和回车字符。它们并没有特定的图形显示，但会依不同的应用程序，而对文本显示有不同的影响。

33 ~ 126（共 94 个）是字符，其中 48 ~ 57 为 0 到 9 十个阿拉伯数字，65 ~ 90 为 26 个大写英文字母，97 ~ 122 号为 26 个小写英文字母，其余为一些标点符号、运算符号等。

标准 ASCII 码表

二 进 制	十 进 制	十 六 进 制	缩写 / 字符	说　明
00000000	0	00	NUL(null)	空字符
00000001	1	01	SOH(start of handing)	标题开始
00000010	2	02	STX(start of text)	正文开始
00000011	3	03	ETX(end of text)	正文结束
00000100	4	04	EOT(end of transmission)	传输结束
00000101	5	05	ENQ(enquiry)	请求
00000110	6	06	ACK(acknowledge)	收到通知
00000111	7	07	BEL(bell)	响铃

续表

二 进 制	十 进 制	十六进制	缩写 / 字符	说 明
00001000	8	08	BS(backspace)	退格
00001001	9	09	HT(horizontal tab)	水平制表
00001010	10	0A	LF(NL line feed, new line)	换行键
00001011	11	0B	VT(vertical tab)	垂直制表
00001100	12	0C	FF(NP form feed, new page)	换页键
00001101	13	0D	CR(carriage return)	回车键
00001110	14	0E	SO(shift out)	不用切换
00001111	15	0F	SI(shift in)	启用切换
00010000	16	10	DLE(data link escape)	数据链路
00010001	17	11	DC1(device control1)	设备控制
00010010	18	12	DC2(device control2)	设备控制
00010011	19	13	DC3(device control3)	设备控制
00010100	20	14	DC4(device control4)	设备控制
00010101	21	15	NAK(negative acknowledge)	拒绝接收
00010110	22	16	SYN(synchronous idle)	同步空闲
00010111	23	17	ETB(end of trans. block)	传输块结束
00011000	24	18	CAN(cancel)	取消
00011001	25	19	EM(end of medium)	介质中断
00011010	26	1A	SUB(substitute)	替补
00011011	27	1B	ESC(escape)	溢出
00011100	28	1C	FS(file separator)	文件分割
00011101	29	1D	GS(group separator)	分组符
00011110	30	1E	RS(record separator)	记录分离符
00011111	31	1F	US(unit separator)	单元分隔
00100000	32	20	空格	
00100001	33	21	!	
00100010	34	22	"	
00100011	35	23	#	
00100100	36	24	$	
00100101	37	25	%	
00100110	38	26	&	
00100111	39	27	'	
00101000	40	28	(	
00101001	41	29	)	
00101010	42	2A	*	
00101011	43	2B	+	
00101100	44	2C	,	
00101101	45	2D	-	
00101110	46	2E	.	
00101111	47	2F	/	
00110000	48	30	0	

续表

二 进 制	十 进 制	十 六 进 制	缩写/字符	说　明
00110001	49	31	1	
00110010	50	32	2	
00110011	51	33	3	
00110100	52	34	4	
00110101	53	35	5	
00110110	54	36	6	
00110111	55	37	7	
00111000	56	38	8	
00111001	57	39	9	
00111010	58	3A	:	
00111011	59	3B	;	
00111100	60	3C	<	
00111101	61	3D	=	
00111110	62	3E	>	
00111111	63	3F	?	
01000000	64	40	@	
01000001	65	41	A	
01000010	66	42	B	
01000011	67	43	C	
01000100	68	44	D	
01000101	69	45	E	
01000110	70	46	F	
01000111	71	47	G	
01001000	72	48	H	
01001001	73	49	I	
01001010	74	4A	J	
01001011	75	4B	K	
01001100	76	4C	L	
01001101	77	4D	M	
01001110	78	4E	N	
01001111	79	4F	O	
01010000	80	50	P	
01010001	81	51	Q	
01010010	82	52	R	
01010011	83	53	S	
01010100	84	54	T	
01010101	85	55	U	
01010110	86	56	V	
01010111	87	57	W	
01011000	88	58	X	
01011001	89	59	Y	

续表

二 进 制	十 进 制	十六进制	缩写 / 字符	说 明
01011010	90	5A	Z	
01011011	91	5B	[	
01011100	92	5C	\	
01011101	93	5D	]	
01011110	94	5E	^	
01011111	95	5F	_	
01100000	96	60	`	
01100001	97	61	a	
01100010	98	62	b	
01100011	99	63	c	
01100100	100	64	d	
01100101	101	65	e	
01100110	102	66	f	
01100111	103	67	g	
01101000	104	68	h	
01101001	105	69	i	
01101010	106	6A	j	
01101011	107	6B	k	
01101100	108	6C	l	
01101101	109	6D	m	
01101110	110	6E	n	
01101111	111	6F	o	
01110000	112	70	p	
01110001	113	71	q	
01110010	114	72	r	
01110011	115	73	s	
01110100	116	74	t	
01110101	117	75	u	
01110110	118	76	v	
01110111	119	77	w	
01111000	120	78	x	
01111001	121	79	y	
01111010	122	7A	z	
01111011	123	7B	{	
01111100	124	7C			
01111101	125	7D	}	
01111110	126	7E	~	
01111111	127	7F	DEL	删除

C语言常见错误举例说明

C语言的最大特点是：功能强、使用方便灵活。其灵活性给程序设计人员提供了很大方便，但也给程序的调试带来了许多不便，对初学者来说，经常会遇到一些不知道错在哪里的错误。下面是一些常见错误例子，供大家参考。

1. 忽略了大小写字母的区别

```
#include <stdio.h>
int main()
{
    int a=5;
    printf("%d",A);
    return 0;
}
```

编译程序把 a 和 A 认为是两个不同的变量名，而显示出错信息。C 语言严格区分大小写。习惯上，符号常量名用大写，变量名用小写，以增加可读性。

2. 忽略了变量的类型，进行了不合法的运算

```
#include <stdio.h>
int main()
{
    float a,b;
    int c=a%b;
    printf("%d",c);
    return 0;
}
```

其中，% 是求余运算，只适用于整型数据，而实型变量则不允许进行"求余"运算。

3. 将字符与字符串混淆

```
char c;
c="a";
```

字符是由一对单引号括起来的单个字符，字符串是一对双引号括起来的字符序列。C 语言规定以 '\0' 作为字符串结束标志，它是由系统自动加上的，所以字符串 "a" 实际上包含两个字符：'a' 和 '\0'，而把它赋给一个字符变量是不行的。

4. 忽略了 "=" 与 "==" 的区别

C 语言中，"=" 是赋值运算符，"==" 是关系运算符。例如：

```
if(a==3)
    a=b;
```

前者用于比较 a 是否和 3 相等，后者表示如果 a 和 3 相等，把 b 值赋给 a。由于习惯问题，初学者往往会犯这样的错误。

5. 忘记加分号

分号是 C 语句中不可缺少的一部分，语句末尾必须有分号。

```
a=b
c=d;
```

编译时，编译程序在 "a=b" 后面没发现分号，就把下一行 "c=d;" 也作为上一行语句的一部分，就会出现语法错误。

例如：

```
#include <stdio.h>
int main()
{
    int a,b,c;
    a=2;
    b=1;
    c=0;
    if(a<3)
    {
        b=a+c;
        c=a+b;
        printf("%6d%6d%6d\n",a,b,c)    // 此处缺失 ";"
    }
    else
    {
        c=a+b;
        printf("%d\n",c);
    }
    return 0;
}
```

对于复合语句来说，最后一条语句中最后的分号不能忽略。

6. 多加分号

对于复合语句，例如：

```
{
    b=a+c;
    c=a+b;
    printf("%6d%6d%6d\n",a,b,c);
};
```

复合语句的花括号后不应再加分号，否则将会画蛇添足。

又如：

```
if (a%3==0);
    count++;
```

本意是如果 3 整除 a，则 count 加 1。但由于 if (a%3==0) 后多加了分号，则 if 语句到此结束，程序将执行 count++ 语句，不论 3 是否整除 a，count 都将自动加 1。

再如：

```
#include <stdio.h>
int main()
{
    int i,x;
    for(i=0;i<5;i++);
    {
        scanf("%d",&x);
        printf("%6d",x);
    }
    return 0;
}
```

本意是先后输入 5 个数，每输入一个数后再将其输出。由于 for() 后多加了一个分号，使循环体变为空语句，此时只能输入一个数并输出它。

7. 输入变量时忘记加取地址运算符 "&"

例如：

```
int a,b;
scanf("%d%d",a,b);
```

是不合法的。scanf() 函数的作用是按照 a、b 在内存的地址将 a、b 的值存进去。"&a" 指 a 在内存中的地址。

8. 输入数据的方式与要求不符

（1）scanf("%d%d",&a,&b);

输入时，不能用逗号作为两个数据间的分隔符，如下面输入不合法：

```
3,4
```

输入数据时，在两个数据之间以一个或多个空格间隔，也可用回车键，跳格键 Tab。

（2）scanf("%d,%d",&a,&b);

C 语言规定：如果在"格式控制"字符串中除了格式说明以外还有其他字符，则在输入数据时应输入与这些字符相同的字符。下面输入是合法的：

```
3,4
```

此时不用逗号而用空格或其他字符是错误的。例如：

```
3 4
3: 4
```

又如：

```
scanf("a=%d,b=%d",&a,&b);
```

输入应为下形式：

```
a=3,b=4
```

9. 输入字符的格式与要求不一致

在用"%c"格式输入字符时，"空格字符"和"转义字符"都作为有效字符输入。

```
scanf("%c%c%c",&c1,&c2,&c3);
```

如输入 a b c

字符"a"送给 c1，字符" "送给 c2，字符"b"送给 c3，因为 %c 只要求读入一个字符，后面不需要用空格作为两个字符的间隔。

10. 输入 / 输出的数据类型与所用格式说明符不一致

例如，a 已定义为整型，b 定义为实型

```
a=3;b=4.5;
printf("%f%d\n",a,b);
```

编译时不会显示出错信息，但运行结果将与原意不符。

11. 输入数据时，企图规定精度

例如：

```
scanf("%7.2f",&a);
```

这样做是不合法的，输入数据时不能规定精度。

12.switch 语句中漏写 break 语句

例如，根据考试成绩的等级打印出百分制数段。

```
#include <stdio.h>
#include <conio.h>
int main()
{
    char grade;
    do
```

```
    {
        printf(" 请输入百分制成绩等级 (ABCDE)，输入 X 结束：");
        grade=getch();
        switch(grade)
        {
            case 'A':
                printf("90~100\n");
            case 'B':
                printf("80~89\n");
            case 'C':
                printf("70~79\n");
            case 'D':
                printf("60~69\n");
            case 'E':
                printf("<60\n");
            default:
                printf("error\n");
        }
    }while(grade!='X');
    return 0;
}
```

由于漏写了 break 语句，当 grade 值为 A 时，printf() 函数在执行完第一条语句后接着执行后面所有的 printf() 函数语句。正确写法应在每个分支后加上"break;"语句。具体如下：

```
#include <stdio.h>
#include <conio.h>
int main()
{
    char grade;
    do
    {
        printf(" 请输入百分制成绩等级 (ABCDE)，输入 X 结束：");
        grade=getch();
        switch(grade)
        {
            case 'A':
                printf("90~100\n");break;
            case 'B':
                printf("80~89\n");break;
            case 'C':
                printf("70~79\n");break;
            case 'D':
                printf("60~69\n");break;
            case 'E':
                printf("<60\n");break;
            default:
                printf("error\n");
        }
    }while(grade!='X');
    return 0;
}
```

13. 忽视了 while 和 do...while 语句在细节上的区别

(1) 例 1：

```c
#include <stdio.h>
int main()
{
    int s=0,i;
    scanf("%d",&i);
    while(i<=100)
    {
        s=s+i;
        i++;
    }
    printf("%d\n",s);
    return 0;
}
```

(2) 例 2：

```c
#include <stdio.h>
int main()
{
    int s=0,i;
    scanf("%d",&i);
    do
    {
        s=s+i;
        i++;
    }while(i<=100);
    printf("%d\n",s);
    return 0;
}
```

可以看到，当输入 i 的值小于或等于 100 时，二者得到的结果相同。而当 i>100 时，二者的结果就不同了。因为 while 循环是先判断后执行，而 do...while 循环是先执行后判断。对于大于 100 的数，while 循环的循环体执行 0 次，而 do...while 的循环体执行 1 次。

14. 定义数组时误用变量

例如：

```c
int n;
scanf("%d",&n);
int a[n];
```

C 语言不允许对数组的大小进行动态定义，即数组的大小必须是常量。

15. 在定义数组时，将定义的"元素个数"误认为是可使用的最大下标值

例如：

```c
#include <stdio.h>
int main()
```

```
{
    int i,a[10]={1,2,3,4,5,6,7,8,9,10};
    for(i=0;i<=10;i++)          //导致下标超界
        printf("%6d",a[i]);
    printf("\n");
    return 0;
}
```

C 语言中数组元素下标的取值范围：0 ~ 数组元素个数 -1。此例应改为：

```
#include <stdio.h>
int main()
{
    int i,a[10]={1,2,3,4,5,6,7,8,9,10};
    for(i=0;i<10;i++)
        printf("%6d",a[i]);
    printf("\n");
    return 0;
}
```

16. 在不应加地址运算符 & 的位置加了地址运算符

```
#include <stdio.h>
int main()
{
    char str[21];
    scanf("%s",&str);
    printf("%s\n",str);
}
```

C 语言中数组名代表该数组的起始地址，此时不需要再加取地址符 &。应改为：

scanf("%s",str);

17. 同一函数中的局部变量和形参同名

```
#include <stdio.h>
int max(int x,int y)
{
    int x,y,z;
    z=x>y?x:y;
    return(z);
}
int main()
{
    printf("%d\n",max(10,20));
    return 0;
}
```

同一函数中的形参和局部变量不能同名。应改为：

```
#include <stdio.h>
int max(int x,int y)
{
    int z;
    z=x>y?x:y;
    return(z);
}
int main()
{
    printf("%d\n",max(10,20));
    return 0;
}
```

18. 变量未赋初值

```
#include <stdio.h>
int main()
{
    int s,i,n;
    scanf("%d",&n);
    for(i=1;i<=n;i++)
        s=s+i;
    printf("%d\n",s);
    return 0;
}
```

变量 s 未赋初值，得不到正确结果。C 语言中变量未赋值是其真实值为一个随机数。此程序应改为如下形式：

```
#include <stdio.h>
int main()
{
    int s=0,i,n;
    scanf("%d",&n);
    for(i=1;i<=n;i++)
        s=s+i;
    printf("%d\n",s);
    return 0;
}
```

参 考 文 献

[1] 王敬华，林萍，张清国 . C 语言程序设计教程 [M].2 版 . 北京：清华大学出版社， 2009.

[2] 严蔚敏，吴伟民 . 数据结构（C 语言版）[M]. 北京：清华大学出版社， 2018.